规划设计图书馆建筑要旨

李明华　著

海洋出版社

2014 年 · 北京

内 容 简 介

本书从图书馆工作者的角度论述图书馆建筑的规划设计,是作者30余年研究心得的归纳和梳理,强调以科学发展观为指导,建造节能环保的绿色生态图书馆。全书共12章,内容涵盖图书馆建设工程的前期准备工作,设计方案的征集与评选,现代图书馆建筑的功能要求、布局、各种空间设计、结构与造型、环境设计,可持续发展与节能,设备与家具配置,扩建及利用旧房改造为图书馆,图书馆方面的作用及专业咨询。书中有若干实例的评析,并有图书馆建筑及文化艺术装饰、标志系统的照片插图300余幅,附录有图书馆规划建设纲要、项目建议书、可行性研究报告、设计方案招标文件、图书馆工程设计任务书实例。本书可供建设主管部门、图书馆工程建设单位参考,也可为建筑设计院、建筑专业师生提供参考。

图书在版编目(CIP)数据

规划设计图书馆建筑要旨/李明华著.
—北京:海洋出版社,2014.6
(21世纪图书馆学丛书. 第4辑)
ISBN 978 – 7 – 5027 – 8820 – 9

Ⅰ.①规…　Ⅱ.①李…　Ⅲ.①图书馆 – 建筑设计
Ⅳ.①TU242.3

中国版本图书馆 CIP 数据核字(2014)第 038637 号

责任编辑:杨海萍
责任印制:赵麟苏

海洋出版社　　出版发行

http://www.oceanpress.com.cn
北京市海淀区大慧寺路8号　邮编:100081
北京旺都印务有限公司印刷　新华书店北京发行所经销
2014年6月第1版　2014年6月第1次印刷
开本:787 mm×1092 mm　1/16　印张:28.25
字数:344千字　定价:90.00元
发行部:62132549　邮购部:68038093　总编室:62114335
海洋版图书印、装错误可随时退换

主编弁言

　　《21世纪图书馆学丛书》主要特点是注重图书馆实践，选题实在、新颖、信息丰富、密切结合图书馆工作实际，没有空喊令人看不懂的理论。该丛书第一、二、三辑出版以来，深受广大图书馆工作者的欢迎。

　　该丛书第四辑涵盖面较为广泛，共有6册，所涉及范围包括上海图书馆副馆长周德明研究馆员主编、上海图书馆采编中心以及上海市图书馆学会信息资源组织分委员会编著的《RDA：从理论到实践》、《数字图书馆论坛》主编顾晓光编著的《拥书权拜小诸侯——图书馆馆长访谈录》、美国南康涅狄格州立大学刘燕权教授著的《数字知识宝库纵览——美国数字图书馆案例精析》、杭州图书馆研究馆员李明华著的《规划设计图书馆建筑要旨》、《图书馆报》主编赖雪梅、姜火明编辑的《瞧，那些知名的海外图书馆》以及《图书馆专业英语最低限度词汇》。所有这些选题，都是图书馆员思考讨论的所在。相信这些务实的专业论著的出版，对图书馆现时的工作，图书馆事业未来的发展，一定会有所帮助。

　　　　　　　　　　　　　　　　　　　丘东江
　　　　　　　　　　　　　　　　2014年3月于北京

序

多年来,由于参与中国图书馆学会图书馆建筑与设备专业委员会的工作,使我有机会结识了很多的图书馆界的朋友,本书作者李明华同志就是其中之一。通过交流、合作、切磋学术,使我受益匪浅,对我研究、设计图书馆建筑帮助不少。

李明华同志非常热爱图书馆事业,数十年如一日,兢兢业业为图书馆事业默默奉献,值得学习。

李明华同志长期从事图书馆实际工作和图书馆建筑研究,对图书馆管理学造诣很深,尤其是近二十年来,直接参与新馆的策划、建设以及咨询顾问建馆工作,取得了跨专业的丰富经验。直到退休后,还致力于图书馆建筑学科的普及与教育,并著书立说,以享后人,更令人钦佩。

本书可以说是李明华同志积大半生工作经验与研究成果之大成,他归纳总结的建馆建设程序、工作中要着重关注的问题以及与建筑师的配合等,有重要的参考价值,是鲜活的管理经验与指导原则,填补了这个领域的空白,会使建馆者或是将要建馆者少走弯路,避免失误,较顺利地完成任务。

为此,我在撰写本序文时,不仅想表达我的感受,更想介绍本书是很值得参考的,同时也希望能引来关注与探讨。

从图书馆员角度来观察建筑,比之从建筑师的角度来理解图书馆,可能会有更新的体会与发现,这就是本书的特色;至于学术观点上,或许与一般的共识有所不同,可能不够很建筑,但也无碍,不能要求一位图书馆研究者,能把建筑师要研究的问题统统说清楚,这也是本书的另一特色;即便是引来切磋,展开讨论,这都会是更有意义的。

高冀生
——一名普通建筑师
2007 年元旦 写于清华园

绪　　言

　　图书馆理念的更新,引导着、推动着图书馆服务和管理的变革。图书馆服务的变革和图书馆建筑的发展互相促进、制约着。

　　现代图书馆是社会的图书馆,而作为社会的人,应该是图书馆的真正主人。

　　图书馆建筑已经变得越来越复杂,而社会越是进步就越要关怀人,人在图书馆建筑中的主体地位就越应该得到尊重。

　　人在一定的环境里生活。读者在什么样的环境里活动,建筑为读者营造什么样的环境,这是图书馆建筑规划设计的实质。

　　当社会的人作为读者的时候,其"人居环境"——读者环境,实际上是由图书馆建筑的决策者和规划、设计者来决定和完成的。规划、设计者和使用、管理者都应该思考这些问题:

　　图书馆建筑的本质属性是什么? 图书馆建筑的价值观怎样?

　　为什么而建造图书馆? 究竟为谁建造图书馆?

　　中国需要什么样的图书馆建筑?

　　读者需要怎样的图书馆建筑?

　　图书馆人希望要什么样的图书馆建筑?

　　图书馆建筑的规划设计要不要受社会政策的约束?

　　科学发展观如何在图书馆建筑的规划设计中落实?

　　规划、决策者与管理、服务者及使用者应该是什么样的关系?

　　科学技术的发展会给未来图书馆建筑带来什么样的影响?

　　中国的建筑师有能力设计好图书馆吗?

　　规划者、决策者对图书馆建设承担着什么样的社会责任? 应该怎样决策? 依据什么来决策? 如何做到科学决策?

人的生存离不开自然。社会不断发展,对于自然索取过度造成自然环境恶化的问题不断拷问着人类的良知。对此,应该如何作为?

人们对于现代化的认识是从经验教训的积累中不断加深的,在确立"生态文明"作为我国的一个建设目标的同时,科学家也发出了正义的呼声。"两院"院士、建筑学大师吴良镛教授说:在西方往往只是书本、杂志或展览会上出现的畸形建筑,目前在北京及其他少数特大城市真正开始盖起来了。"畸形建筑动辄多花费十亿、十几亿、几十亿,请建筑史家和建筑经济学家来研究一下,中国是不是已经成了最大的建筑浪费国家。"(2005 年 5 月)

图书馆建筑领域的情况同样触目惊心! 近二三十年来中国无疑是世界上图书馆建设规模第一大国,耗费巨资建造起来的畸形建筑、高能耗图书馆比比皆是。对于此种局面,我们是熟视无睹、推波助澜,还是积极应对呢?

广东省立中山图书馆前馆长李昭淳说:绿色建筑作为绿色文化的子系统,正是人们摆脱思维定势,重新审视建筑的意义所在的主流意识,也正是这种体现睿智文化价值取向的生态文明观和环境价值观的现实行动,证明了人类理智和文明的升华。20 世纪人类最重要、最深刻的觉悟之一,就是生态觉悟。正是基于人类的生态觉悟和新的文化价值观念,图书馆馆舍建设的绿色文化思考,除了绿色建筑在自然科学领域技术层面的意义外,还包含社会人文精神追求的终极价值,这也是新世纪现代化图书馆的现实追求和重要标志。

30 多年来在中国大地上建造了上千座图书馆,总的情况是喜忧参半,有一些相当好的,而更多是平庸甚至是糟糕。应该认真加以总结。

本书就现代图书馆建筑规划设计的若干方面展开论述,当然不可能提供上述问题的全面答案,而是抛砖引玉,引起更多人加以关注,展开讨论,深入研究,把握规律,从而建设起越来越多的好建筑。现代图书馆建筑涉及许许多多课题,愿有关各方一起来探讨,使图书馆建筑真正走上科学发展的道路。

希冀中国图书馆界和建筑界联手确立我们的文化自信,设计建造出大批绿色生态图书馆,成为读者的天堂,社会的骄傲,文明的印记,图书馆界建筑界的荣耀。

目　次

第1章 现代图书馆建筑概述

1.1 现代图书馆的职能与特点

图书馆是人类社会的记忆组织,是积累传播人类知识信息,提供给社会共享的机构,也是公众进行交流的场所。

现代图书馆是现代社会的基本文化设施,是建设和谐文化的组成部分,是社会积累人类智慧成果、传播先进文化的重要机构,是为最广大社会成员提供知识、信息和各种文化服务的公益性文化事业,是社会教育机构。

图书馆是社会交流系统的组成部分,是知识交流的殿堂,信息交流的枢纽,文化、艺术与学术交流的中介,是全方位、多层次的社会交流中心。

图书馆是人与知识的交流场,是读者与馆员的交流场,是社会成员人与人之间的交流场。在图书馆里,或者通过网络,进行着多种多样的交流活动。

周文骏教授对"什么是图书馆?"作了如下的回答:第一,图书馆是一种机制,是一种共享的机制,是一种文献和信息资源共享的机制。从另外一个角度说,它也是分享的机制,换句话说是精神食粮再分配的机制;第二,图书馆是一个信息技术平台,是一个信息技术应用、开发、研制、创新的平台;第三,图书馆是交流的枢纽,是文献交流的枢纽,是信息交流的枢纽;第四,图书馆对于读者来说,是一片乐土和沃土。

图书馆是为满足社会信息交流和读者阅读研究的需要而进行

文献的收藏、整理、流通及情报服务的公益性文化机构。英语中的library来源于拉丁语,包含了"收藏图书的场所"和"供阅读参考使用"的意思。

1. 现代图书馆的职能

国际图联(IFLA)1975年在法国里昂举行的图书馆职能科学研讨会上,一致认为现代图书馆具有4项社会职能:保存文化遗产;开展社会教育;传递科学信息;开发智力资源。

现代图书馆是综合性、多功能的文化机构,负担着传承文化遗产、开展社会教育、传递科学情报、开发智力资源、丰富精神生活的社会职责。其主要社会职能:

(1)积累传递文献。作为社会的文献库,积累存贮、组织报道、查询传递各种载体形式的文献资源,为社会承担文献信息交流和分配的事务,使之被社会成员广泛地共享。

(2)开展社会教育。作为社会的大课堂,广泛开展各类培训活动,为不同程度的人们提供适当的教育资源,协助公众提高各种技能和科学文化水平。

(3)开发信息资源。作为社会的信息中心,为各部门各机构及广大民众传递信息,并对各类情报加以研究和开发,使之成为经济建设和社会发展的宝贵资源和有力支撑。

(4)文化延续传承。作为公益性机构,承担积累、传播和发扬文化的事务,组织各种文化活动,满足人民日益增长的文化需要,弘扬先进文化,并开展城际和国际文化交流。

(5)组织交流活动。作为社会的交流空间,组织开展各种形式的人际交流活动,为社会成员提供良好的交流条件,活跃和扩大社会交流渠道,并成为市民之家、读者之家。

(6)提供休闲服务。为人们提供高质量的、健康有益的休息、娱乐及相关服务,丰富大家在闲暇时间的精神生活。

人类的文明智慧成果资源在图书馆汇集、整理、积累与传播,使文献信息资源得以活化、流动和辐射。

现代图书馆是社会的图书馆、读者的图书馆,以传播知识开发信息为主,兼及社会教育、科技交流、文化休闲,是全方位为社会和读者服务的文化机构,也是现代社会教育事业和科学事业的组成部分;现代图书馆可以成为城市、社区或学校的文化中心,可以成为市民的公共大书房和交流空间,应该成为非常吸引公众的地方,成为读者的天堂。

2. 现代图书馆的构成

近代图书馆是读者的图书馆,围绕读者的阅读研究和交流的需要而开展业务活动;现在图书馆则发展为社会的图书馆,依社会的需求为依归,为经济与社会发展全方位地开展各项服务,其着眼点已超越读者个体,而将注视的中心放在社会群体,包括机关团体、企业事业单位、科研机构、建设与研究开发项目,为社会用户与为众多读者服务并重。

现代图书馆有以下构成元素:

(1)读者,广义的读者包括各类社会用户群及个体读者。读者是现代图书馆的真正主人,是图书馆的拥有者和使用者,获得图书馆的服务是读者的权利。

(2)藏书,图书馆的最重要的物质基础,纸质印刷品仍然是主要收藏,而电子出版物、音像制品、数据库的收藏比例日益扩大,还有无形馆藏,形成多元化的、馆际互通的藏书体系。

(3)馆员,图书馆活动的服务员、组织者、管理者,现代图书馆的灵魂,承担着社会委托的多重使命,协助读者获取知识信息,满足读者的各种要求,并管理好图书馆事务。

(4)建筑,容纳各种类型的藏书,为读者提供阅读研究和交流空间,为馆员创造服务条件,并配置各种设备,是现代图书馆开展各项服务的重要物质条件。

(5)网络,现代图书馆的必备条件和标志,图书馆不论大小,都必须有计算机网络连接馆内各处,连接互联网与外界互通信息文献,并且也是图书馆管理和馆际合作所必需。

（6）管理，以科学的方法组织文献信息及交流活动，管理读者信息，以合理的规划使用图书馆的空间、经费、人力、物力，以适应现代社会前进趋势的管理使图书馆得以持续发展。

3. 现代图书馆的特点

（1）面向大众广泛开放，现代图书馆是一个向社会和读者广泛开放的系统，每时每刻吸纳汇集资讯和辐射传播信息，做到普遍、无障碍服务，以恪尽自身所承担的社会职责。

（2）读者用户的多样性，既有各阶层、各年龄段、不同文化层次与不同要求的读者群，也有党政机关、公司企业、教育科研单位、社会团体、医疗单位和监管场所等用户。

（3）服务方式的多样化，图书及电子文献的阅览外借，上网、咨询、查新、翻译、远程网络服务，各种培训、讲座、展览、影视、交流活动，以及休闲服务等，应有尽有。

（4）连续性与系统性，对文献信息进行连续、系统的收集和积累，形成一个有序的体系，并持续不断地开展相关活动。

（5）从内到外网络化，建立和运用网络是每个现代图书馆所必备的技术条件，网络化服务使之无远弗届，并联结成为图书馆网，共建共享，互通互补，共同为社会和读者服务。

（6）应用多种信息技术，电子出版物—数字化资源，网络传输、人造卫星信号的接收，建筑的智能化，充分应用先进的信息技术来收集与传递文献信息，提供阅览研究与交流。

（7）力求持续发展，适应社会和读者的需要不断发展，吸纳新思想、新经验、新读者、新文献、新技术、新设备，成为不断发展的有机体，保持长久地持续发展。

1.2　现代图书馆建筑

现代图书馆是社会化、开放式、多功能、综合性的学习中心、信息中心、文化中心和交流中心，是面向全社会的现代服务系统。现代图书馆建筑是按照现代图书馆理念,适应现代图书馆服务与管理的开放式的公共建筑。

1. 现代图书馆建筑的构成

(1)房屋,阅读研究房间、培训交流用房间、藏书空间、管理用房与设备用房,各种功能空间的组合。

(2)设备,书架阅览桌椅等家具、电梯、通风空调设备、变配电设备、安保监测预警及灭火设备等。

(3)交通,馆内外的交通联系安排,安全疏散紧急逃生通道,停车场地的布置等。

(4)网络,现代图书馆是集群化、网络化的,馆内、馆外的信息传输交换与服务全依赖于网络联结。

(5)氛围,图书馆建筑不仅是布置好三维空间,更要有优良的文化氛围,给人以精神的享受与陶冶。

(6)环境,从传统上的"馆中有园,园中有馆"到"馆人合一",现代图书馆更加注重环境的和谐。

规划设计现代图书馆建筑,必须全面考虑以上诸方面,加以统筹协调和优化。

2. 现代图书馆建筑的属性及价值观

图书馆是一种社会文化现象,是社会的公共文化设施。图书馆建筑的本质是供社会成员公共使用的文化建筑,其建筑艺术属公共艺术。图书馆建筑的价值观是图书馆建筑文化的内核。图书馆建筑的价值观宜从文化视野并结合建筑艺术加以审视,宜从广大公众的视角来观察。

图书馆建筑的价值观包括五个方面的内容:

一是社会价值—图书馆建筑是供社会成员平等享用知识信息和进行交流的处所,现代图书馆是社会的图书馆;

二是文化价值—图书馆建筑是用以积累、保存、传播人类智慧成果的场所,是文化的象征和文化传承的体现;

三是人文价值—尊重人,尊重人的尊严,尊重人的精神需求,

开放、亲和、平民化、无障碍,体现普遍的人文关怀;

四是艺术价值——好的图书馆建筑形象具有持久的艺术魅力,给人以美感,表现出大众喜爱和欣赏的公共艺术;

五是使用价值——归根结底图书馆建筑是用来服务于读者的,是为人建的,为使用而建造的,因此它的功能总是应该占主导地位。

现代图书馆建筑可以在多方面发挥作用,体现以上价值观。

(1)社会记忆共同财富

图书馆建筑是人类文明进步不同阶段的标记,每座建筑记录着文化服务与管理的发展变迁历史,是社会的文化财富,也成为千百万读者生活中记忆的一部分。

(2)保障平等文化权利

从为民办实事出发规划建设图书馆布局,建筑的选址、布点和规模,以方便公众利用、就近得到文献信息服务为要,切实保障广大社会成员平等享用文化权利。

(3)多元多功能交流场

图书馆建筑是保存和传播人类智慧记录及多元文化的场所,使得读者、馆员及知识文化信息相连接,成为人与知识、读者与馆员及社会成员相互间的良好的交流场。

(4)现代人文科技交融

以人为本,尊重读者的权利和馆员的要求,充分应用现代信息技术为读者获取知识和进行交流提供方便条件,采用新工艺新材料,融汇成新图书馆文化。

(5)馆人合一自然和谐

在新的文化自觉的基础之上,处理人、馆舍与自然的关系,将"天人合一"加以延伸与发挥,达到"馆人合一",与自然相和谐,重享大自然的恩惠,并成为城乡的一道亮丽文化风景线。

(6)追随文明进步潮流

人类对自然、对世界、对自身、对社会、对发展的认识已达到新高度,更加科学,建成可持续发展、节约型、绿色生态建筑,图书馆建筑要追随文明进步的潮流,落实生态文明建设。

（7）实用经济典雅为荣

图书馆建筑以实用为要,满足使用功能,立足国情馆情,考虑长远,控制建设投资和运营成本是应有之义,崇尚经济典雅,不得悖逆文化品格,鄙弃豪华靡费。

（8）尊重民族地域文化

图书馆建筑风格应既有文化特征的共性又各有独特个性,要与民族性、地域性紧密相融,所营造的整体文化氛围从外到内渗透着文化积淀和鲜明特色。

（9）艺术风格大气典雅

图书馆建筑是大众所享用和欣赏的公共空间艺术,应满足人们对建筑艺术的价值取向和文化追求,表现民主、文明、开放、亲和、交流、共享的人文精神,大气、开放、和谐。

3. 现代图书馆建筑的指导思想

科学发展观是各项现代化事业的根本指针。科学发展观就是坚持以人为本,树立全面、协调、可持续的发展观,促进经济社会和人的全面发展。科学发展观的根本着眼点是要用新的发展思路实现更好更快的发展,增强可持续发展的能力。按照科学发展观的要求建设生态文明,促进人与自然的和谐,是关系中华民族生存与长远发展的根本大计。

规划设计现代图书馆建筑必须以科学发展观为指导,适应经济社会发展的要求,把以人为本、节约能源、人与自然的和谐、可持续发展协调地结合起来。

图书馆建筑是文化建筑中一种特别的类型,从古到今它包含着极为丰富的文化内涵。

1981 年世界建筑师大会华沙宣言指出:"建筑学是为人类创造生存空间的环境的科学和艺术"。"可持续发展"及"生态建筑"绿色环保观念更突出,"以人为本",对图书馆建筑提出更高的要求。

4. 现代化图书馆建筑新理念

规划建设图书馆应有现代观念、文化观念、人本观念、开放观念、网络观念、服务观念、功能观念、环境观念和节能观念。

应充分了解和采纳与图书馆建筑密切相关的新理念：

（1）广义建筑的理念，现代建筑的内涵已经大大超出一座房子的概念，而扩展为"房舍＋设施＋网络＋管理＋文化＋环境"的综合。

（2）以人为本的理念，建筑为人，一反传统图书馆建筑以藏书为中心的格局，现代图书馆建筑以人为中心，以服务为重点，处处以读者的需求为依归，也为馆员创造良好的工作条件。

（3）传承文化基地的理念，图书馆以积累人类智慧成果、传播知识信息为自己的天职，肩负着传播先进文化的光荣职责，自觉地为社会承担传承文化基地的使命。

（4）社会交流场的理念，传统图书馆只是图书的聚合地，而现代图书馆已成为社会的交流中心，是读者与知识的交流场、读者与馆员的交流场、社会大众人与人的交流场，是三个交流场的结合体。

（5）多功能图书馆的理念，现代图书馆已是一个综合性的文化中心，传统的文献借阅服务继续发展，新的服务内容与形式不断开拓而走向多元化，多功能图书馆应运而生。

（6）协调增长的理念，图书馆建筑的藏书空间取决于对馆藏发展的预测。预计"无纸社会"不会实现，未来将是纸印书刊稳定增长，电子出版物、网络资源增长更快，两者协调增长。

（7）取得胜于拥有的理念，现代图书馆不再一味追求馆藏资源的无限增长，而信奉"服务重于收藏，取得胜于拥有"的新理念，依靠网络能取得国内外的无数资源为读者所用，就达到目的。

（8）新建筑文化的理念，应对地球气候变暖的严峻局面，顺应世界潮流，倡导生态建筑、绿色建筑，与环境友好建筑，可持续发展建筑。为了人类共同家园，建筑要大力节能减碳。

5. 图书馆建筑文化

图书馆建筑文化是很广泛的概念:图书馆建筑所体现出来的社会的图书馆观或曰图书馆的社会价值观,建筑所体现的图书馆精神,其核心是人、馆藏、建筑三者的相互关系。

图书馆建筑文化的组成包括:政府部门对图书馆建筑的有关法规、图书馆建筑的规范、关于图书馆建筑的理念,读者对图书馆的利用方法,建筑布局与图书馆服务管理模式,技术与设施的应用与影响,图书馆建筑与周边自然环境,图书馆建筑的形制与风格,建筑内外的文化特色与艺术表现力,图书馆建筑所蕴含的文化意境,等等。

图书馆建筑文化上存在于一座图书馆建筑的规划、设计、使用过程之中,存在于一个时代各地的图书馆建筑物内外,它体现着社会的物质文明和精神文明。图书馆建筑文化随着社会的进步和人们对图书馆使用要求及使用习惯的变化而不断地发展着。

图书馆建筑作为"凝固"的文化载体,记录着社会的物质文明、政治文明、精神文明和生态文明的前进步伐。一座图书馆建筑的盛衰史,它的兴建、使用、改造、扩建、迁移、拆除的历史,就是一个城市或地区的文化发展史。由人民代表大会作出决议,或由当地党政领导决定兴建图书馆工程,并引起公众的很大关注,成为当地文化生活中的大事。有的地方几年间建起一座现代化图书馆,而有的地方一拖十年八年,都反映着当地的理念思路、经济实力和精神文明发展程度。图书馆建设的意义在于缩小公众在享受文化权利、知识信息获取权方面的差距。

图书馆建筑文化有着多方面的内涵,包含着人与建筑的关系,建筑形制与风格、技术与设施、环境与氛围,及其所体现的服务精神、管理模式,它所蕴含的文化积淀。图书馆建筑文化具有文化性、民族性、地域性、时代性;每座图书馆建筑各有其个体特征,参与创造着、又显示着某一时代、某一地域、某种设计理念、某种形制和风格、某类服务管理模式的共同特性。图书馆建筑文化是由以下这些方面组成的:政府部门对图书馆建筑的有关规章、图书馆建筑的规范、关于图书馆建筑的理念、在图书馆建筑中人与建筑的关系、图书馆建筑与周边自然环境、图书馆建筑内外的文化特色、图书馆建筑的形制与风格、建筑布局与图书馆服务模式、技术与设施的变化与影响、图书馆建筑的改造及文化氛围再创造,等等。

(1)统筹考虑服务与管理两个方面

造新图书馆必须既方便读者充分利用,又要便于管理,节省管理力量和运营维护费用。

读者进馆后能畅行无阻、随心所欲地浏览、阅读、查询、借书、研究,参加各种活动,求知、怡情、交流、欣赏和休闲。

同时要能通过管理使各项服务有序地开展,管理要便于为读者提供良好的服务,通过空间的合理划分与组织,达到节省管理力量;讲求可持续发展,以较少的人力、物力为更多的读者提供更多更好的服务。

(2)兼顾读者的阅研环境与馆员的工作条件

以人为本要求重视为读者营造良好的阅读研究环境,同时也重视为馆员提供良好的工作条件。

读者:通往各处流线顺畅,空间划分、阅览室及藏书组织、检索条件都充分考虑到读者能方便地利用文献资源及参加交流活动。室内安静,不产生或尽量降低噪音,适宜的温湿度、照明度、空气清新度,以及有安全的车辆停放场所。

馆员:关心其长期工作的身心健康问题,在设计时考虑到馆员的房间朝向、温湿度等,考虑工作条件的优化、工作间的区隔、交通与运送图书的便捷,用餐、保健、休息、娱乐和停车条件等。

(3)建造绿色节能型建筑

能源供求形势越来越严峻,建设节约型社会是长期的战略方针。降低建筑能耗同样是规划建设新图书馆的重大课题。

严格执行《公共建筑节能设计标准》(GB 50189－2005),"按本标准进行的建筑节能设计,在保证相同的室内环境参数条件下,与未采取节能措施前相比,全年采暖、通风、空气调节和照明的总能耗应减少50%。"

争取大多数房间有好的朝向,大力提倡利用自然通风及天然采光,尽力避免对空调的过度依赖,否定全封闭的玻璃盒子建筑。

(4)人和自然和谐相处的建筑

把图书馆建设成为人和自然和谐相处建筑,应成为规划建设新图书馆的重要内容和重要目标,是构建和谐社会的要求,图书馆应为和谐社会作出特殊贡献。

在选址、规划要求、总平面布置阶段就要充分考虑到图书馆建筑能尽可能向人和自然和谐相处而竭尽全力。

注重馆内外环境设计与布置,室内外环境的交流,让人赏心悦目,舒适温馨,流连忘返。

(5)提升图书馆的文化品位

图书馆建筑是城市、学校文化建设的重点内容,成为城市或学校的文化标志之一。日益重视图书馆的文化氛围是社会经济文化发展的必然要求。

图书馆的文化品位是社会文明的艺术表达,是图书馆人性化的重要方面。图书馆的内外装饰对提高图书馆的文化品位起到画龙点睛的作用,要精心安排。文化氛围的营造需要进行专门的设计,在建筑设计时就要预作考虑,在施工的中后期,建筑施工与装饰工程要协同配合进行。

1.3　规划设计图书馆建筑的基本要求

1. 对现代图书馆建筑的基本要求

在科学发展观指导下,以图书馆的价值观为核心,强调人文精神、开放精神与服务精神,强调建筑的功能、环境与现代化服务管理的统一,经济、技术及特色造型相结合。

（1）以人为本

现代图书馆建筑一反传统图书馆以书为本、以书库为中心的理念,强调读者是图书馆的主人,人是建筑的主宰,建筑要为人(读者和馆员)营造出舒适、方便、安全、卫生、优雅、温馨的学习、交流与工作环境,成为人们满足精神享受的文化绿洲。

（2）多功能化

现代图书馆是多功能图书馆,其建筑更注重满足不同层次不同文化水平的读者多种多样的要求,反映在功能设计上,除传统的印刷书刊借阅外,增添了电子读物与网络资源利用、教育培训、展览陈列、学术交流、人际交流、综合服务、文化休闲等功能,越来越向多元化的交流中心发展。

（3）充分开放

现代图书馆的很大特点是不断扩大开放,其建筑更以充分开放为特征:采取对社会一切成员开放的格局,读者进馆后可以在各处自由流动;大部分图书实行藏书与借阅结合于同一空间的大开架布置,让读者可以自由浏览、随意取阅或外借。

（4）弹性空间

为能适应未来发展,应对社会进步提出的新要求和读者需求出现的新变化,图书馆的服务工作要不断地创新和开拓,其布局会需要调整,内部空间的用途要改变,房间可能需要重新分隔,因此,图书馆建筑内部应尽量设计为具有调整可能性的弹性空间。

（5）安全卫生

落实"以人为本",保障读者和馆员的健康和安全。建筑的朝向,通风、照明、温湿度,都尽可能达到适宜人的程度,尤其要吸取"非典"的教训,避免因室内通风不畅空气混浊影响健康。在消防逃生系统及对文献与设备的安全防护方面都做到周全完善。

（6）技术先进

新技术广泛应用于图书馆,是世界的潮流,推动着图书馆建筑的进步。先进信息技术的应用,使图书馆能适应现代社会的发展步伐,满足读者在快节奏生活的条件下广快精准地搜索获取文献信息的要求。同时,智能化技术和安全防护技术的应用也是不可忽视的。

(7)环境优雅

图书馆建筑存在于一定的环境之中,又为城市或学校环境增添了浓重的一笔。现代图书馆强调为人营造优雅的内外环境,选择并充分利用周边的优美景观,并加以适当加工塑造,以求得建筑群的协调及其与环境美的和谐统一,令人赏心悦目,甚至流连忘返。

(8)文化浓郁

文化对于现代社会的影响力与日俱增。图书馆内外形成的文化氛围体现着一个城市或一所学校的文化品位及文化魅力。现代图书馆以各种艺术手段营造出浓郁的文化气息,着力表现出城市或学校的文化积淀与文化蕴涵,给人们以亲和力和感染力。

(9)绿色建筑

现代人对于人与自然的关系终于醒悟,人与自然的和谐相处已确立为崇高的目标。提倡绿色建筑,已成为世界潮流和中国的战略决策。现代图书馆应当建设成绿色生态型建筑,大力节能、节地、节水、节材,不产生或尽量减少对环境的污染,遵秉可持续发展。

2. 规划现代图书馆的基本要求

(1)执行标准规范

《图书馆建筑设计规范》,是强制性行业标准,是规划设计图书馆建筑必须遵循的基本技术依据。国家有关部门颁布的《公共图书馆建设标准》和《公共图书馆建设用地指标》,是公共图书馆建设的指导性文件。高校图书馆建设须执行教育部《普通高等学校建筑规划面积指标》及《普通高等学校图书馆规程》的有关规定。设计必须严格遵循《民用建筑节能条例》、《公共建筑节能设计标准》,达到《绿色建筑评价标准》的要求。有关建筑无障碍设计、建筑采光、建筑照明、采暖通风与空气调节、建筑防火、建筑灭火器配置、建筑结构荷载、建筑内部装修、计算机房、综合布线、智能建筑、绿色建筑等相关的国家标准与规范,都是应该遵照执行的。

（2）利于服务管理

建筑应当为现代化的图书馆服务提供良好的空间条件与软环境,设计应体现新的服务理念,适应科学管理模式,充分满足现代图书馆服务管理的要求,布局应与管理方式和服务手段相适应,尽力方便读者、方便管理,使运行顺畅,富有效率,并能依发展的需要进行调整。规划设计与图书馆服务管理脱节的现象,必定给开馆后运营带来诸多问题。

（3）考虑未来需要

图书馆建筑的使用寿命至少为50年,新图书馆不仅为满足当前的需要,更是为未来而建。未来社会和读者会对图书馆提出更多样的要求,而且经济科技发展也将提供更好的条件,图书馆网络更加发展,而本馆未来10～20年也会有更大发展,在规划设计新图书馆时应有前瞻性,适当超前,留有发展的余地和灵活性。

（4）适合国情馆情

在中国土地上、在当前条件下建造现代图书馆建筑,应该是具有中国特色的现代化图书馆建筑,必须是适合中国经济社会发展、具有中国文化特点的现代图书馆建筑。由于各地经济及自然条件不同,图书馆建筑必须适合当地的情况及本馆的基础与客观环境条件。那种不符合国情的洋方案,以及不顾国情馆情生搬硬套的模式会给读者和管理造成不便,为运营带来不合理的负担。

（5）体现持续发展

在规划时应研究论证图书馆建成使用后所需的投入及效益,图书馆日常运营所需业务人员、管理人员及辅助人员数量及素质要求,物业管理、能源消耗、费用负担,及人员编制、上级拨款能否承受支持图书馆运转之需,对持续发展的各项条件因素均须加以评估,并在后续设计中加以统筹兼顾,妥善安排,落实各项要求。

(6)馆方全程参与

图书馆建筑是为读者利用文献信息资源和参加交流活动而建造的,文献信息资源服务和交流活动由图书馆馆长和馆员来组织实施,新图书馆建成后将由馆长运筹加以运行,因此,图书馆方全程参与新馆的规划设计是应有之义。馆长应自始至终全程参与新馆筹建的过程,并在许多关键环节上发挥主导作用。将馆方排除在外而产生的设计方案,必然造成许多弊病与难以弥补的缺憾。

1.4　图书馆建筑"十则"

国际上曾流行英国建筑师布朗(Harry Faulkner – Brown)提出图书馆建筑"十诫"(Ten Commandments),即:灵活性(flexible)、紧凑性(compact)、适用性(accessible)、扩展性(extensible)、多样性(varied)、条理性(organized)、舒适性(comfortable)、稳定性(constant in environment)、安全性(secure)和经济性(economic)。

新中国成立后,国家对建筑的指导原则是:适用、经济、在可能的条件下注意美观。

经过长期的探讨,我们对图书馆建筑的原则要求可以表述为以下十项准则。

1. 人本

强调以人为本。规划设计馆舍应树立馆为人所建,馆为人所用,馆为人所管的思想,而不是建藏书楼,不是为了竖立纪念碑,不是为了显示政绩。建筑的功能、布局、设施和管理,要从方便人利用的角度考虑,处处为读者和馆员着想。图书馆建筑要能满足读者和馆员对文献信息服务的多方面需求,帮助人们充分利用文献信息资源和方便参与交流活动。

2. 开放

图书馆建筑应该体现图书馆是一个开放的知识与信息中心,

体现对全社会普遍开放的理念,对社会公众平等服务的基本原则,做到"开放、平等、无障碍"。从设计理念到空间布局、内部分隔、文献陈列、管理制度、交通流线、特殊服务,以及造型风格等所有方面,都必须按照大开放的原则,全方位地加以落实,敞开大门欢迎读者公众来利用。

3. 实用

图书馆的建造目的为使用,社会要用它来积累文化、传播知识、传递信息、促进社会进步,读者要来阅读研究和交流,享受文化。能很好满足各项功能要求是好的图书馆建筑。实用的标准是现代化图书馆的服务与管理,由读者和馆员的使用来评判。无论什么条件下,都要坚持实用第一,要纠正认识误区,采取得力措施,保障新建筑切合实用。

4. 高效

为读者节省时间,这应是图书馆工作者的天职,同时馆员也要以高效地工作和学习。图书馆建筑要为读者、馆员双高效创造好条件。要求高效就要采取高标准,拿出好的设计,方案中各条流线顺畅,路线便捷,这是一,其次要采用适用的先进技术,三是适应科学管理,方便服务、方便存取,花比较少的代价,取得读者和馆员都满意的服务效果。

5. 灵活

现时代变化速度非常快,社会和读者的需求在提高,图书馆的服务必须跟着转变,服务项目、服务方式、服务功能、服务手段、管理模式、空间用途和技术装备都会变化,一方面要求在规划设计时有所预见,适当超前,而更重要的应在建筑结构、布局、管线接口等方面都为未来发展作出考虑和适当安排,使建筑能适应变化,提供灵活调整的可能。

6. 舒适

我国经济持续快速增长,综合实力不断增强,奔向小康的步伐加快,为人民谋富裕生活成为国家的大目标。在此形势下,图书馆为读者和馆员创造舒适的学习和工作条件,已是大势所求。建筑为人,舒适为上。舒适才能保障健康,舒适才能提高效率。无论空气、光线、温度、家具设备和其他各种条件,一切都应适宜于人的生理与心理需要,力求舒适。

7. 安全

图书馆内人的安全、文献信息资源的安全、设备安全,都是必须严密地加以保障的。第一位的是人的安全,包含人在图书馆内活动应该能有健康方面的保障及严密的防灾消防措施。国家有一系列法规和标准来保障人在建筑物里的安全与卫生,图书馆建筑不但在设计时要严格执行,而且在使用后也必须坚持不懈地做到,如发生意外能准确监控与应对。

8. 经济

我国的经济实力强了许多,但各地区差距很大,即使富裕地区在建造图书馆时也没有理由靡费。图书馆是公益性服务机构,其本质要求是文化,与豪华格格不入。建设时要精打细算投资效益,更要细算使用后的长期投入成本与效益之比,力求以较低的投入产出更好的服务效益。如片面节省而不能保证功能需要,投资难以发挥预期效益,反而不经济。

9. 文雅

图书馆建筑之美观,要追求神形兼修,即功能完善,布局合理,又达到环境美、造型美、装饰美、绿化美,整体协调和谐美。对现代图书馆建筑美观的要求,不是短暂的时髦,并非高、洋、奇为美,而崇尚雅、文、秀之美,讲究典雅大气、文化蕴涵、民族风格,被广大公众所欣赏,有亲和力和持久生命力。以为越高越豪华越美是误区,浅薄非美应扬弃。

10. 绿色

图书馆建筑应是一座绿色建筑,即在建筑的全寿命周期内,最大限度地节能、节地、节水、节材,保护环境和减少污染,为人们提供健康、适用和高效的使用空间,营造人与自然和谐共生的图书馆建筑。其环境要求应取高标准,争取良好的朝向,尽可能利用自然通风及天然采光,降低对能源的过度依赖及消耗,利用可再生资源,走可持续发展之路。

1.5　规划设计好图书馆建筑的若干要点

1. 以科学发展观为指导思想

科学发展观是现代化建设的根本指针,图书馆建筑也必须以科学发展观为根本的指导思想,从各方面加以贯彻落实。

新图书馆建设必须以科学发展观为指导。要以人为本、全面协调发展。以人为主体,统筹人与建筑的协调;以服务为核心,协调读者与馆员的需要;以功能为优先,协调功能与造型的结合;以人文挂帅,统筹人文与科技的融合;从当前出发,以长远为目标,统筹当前要求与未来发展;尊重环境,统筹建筑与环境的协调,建设成为人与自然和谐发展的现代图书馆。

要争取持续发展。推进节约发展、清洁发展、安全发展。规划设计要充分考虑形成有利于节约资源、减少污染的服务和运营模式,按照节约型和生态保护型社会的要求,绿色建筑的标准和建筑节能的要求,争取高效率、少人力、利健康、低能耗、低成本,充分利用馆内外资源为全社会和广大读者提供多样的、方便的、绿色的、优质服务,建设成为可持续发展的新型图书馆建筑。

2. 图书馆方面全程参与

图书馆建筑工程从提出设想到规划、设计至全面完成,涉及许多方面,决策者、投资者、设计者、基本建设管理部门,各有其权:决策权、审批权、设计权,而作为建筑未来的使用者和管理者—公众和馆长,在建设过程中是否有发言权及参与权,事关新图书馆建设的大局。许多图书馆建筑工程成败的经验反复证明,图书馆方面自始至终的参与具有举足轻重的作用,

馆长是新图书馆未来的管理者,要为新馆建设付出巨大的努

力,应自始至终积极参与,并在关键环节上发挥主导作用。无论是决策、规划与设计,都应充分听取和吸收馆长的意见。

3. 读者公众的知情权和参与权

读者公众是图书馆的真正主人,对于如何建图书馆,建造一个什么样的图书馆,理应拥有知情权和参与权。在高唱"以人为本"的今天,更应该尊重公众对建设图书馆的知情权和参与权。

以前一些图书馆工程在征集了若干设计方案后,将方案图版全部向公众展示,广泛征集读者的意见,让群众和馆员对各个方案提出看法,以意见表和留言的方式,或用投票的办法,表达喜爱哪个方案。北京图书馆工程设计第 1 轮共征集 110 多个方案,经几轮筛选,将 10 个设计单位共 29 个方案、26 个建筑模型,于 1975 争 10 月进行公开展览,征求各界意见。之后集中提出 6 种类型 9 个方案,于 1976 年 1 月再次公开展览征集意见。之后,从 1979 年 5 月开始,建设部设计院和中国建筑西北设计院共同进行新馆工程的扩大初步设计。

也有不少高校图书馆将设计方案向师生公示征集意见的。

可惜的是这种做法如今已经十分罕见,评选方案由少数几个专家做决定,读者公众被排斥在外,毫无知情权和参与权可言。

读者公众诉求的表达与采纳必须重视。图书馆建筑的规划意愿,选取设计方案要充分考虑公众喜欢不喜欢,赞成不赞成。进入网络化时代,可以将设计方案在网上公示,向公众征集意见,让市民或学校师生表达各种看法。还可以举行几次征求读者意见的座谈会、馆员座谈会,让各种意见建议充分表达,展开讨论,并做好记录加以整理,全程录像,都作为选取设计方案依据的一部分。

好的做法应当是专家的评审与读者公众的意见相结合,把公众对设计方案的意见和投票结果纳入选取设计方案的重要考量因素,赋予相当的权重。

4. 尊重客观规律,吸取经验教训

图书馆建筑是一门综合性的学科,跨图书馆学与建筑学,有自身的规律。图书馆建筑的规划设计,涉及城市或学校的规划,读者的阅读利用行为,图书馆的服务管理,现代信息技术的应用,建筑形象、建筑构造、空间格局、安全防护、内外环境,以及投资经济性,可持续发展,等等诸多方面,要应用许多学科的知识,综合融汇,力求协调。不可过分偏重某一两个方面而忽视或损害另外的方面,如只顾造型而不管使用功能,只顾自身的要求而不顾国家对节能减排的要求,只管建造不考虑运营管理费用负担,只顾自我表现不管公众的感受,等等。

中华民族有着悠久的读书藏书传统,在藏书建筑方面有丰富的经验,至今仍有许多值得继承发扬之处。中国图书馆界与建筑界在长期实践及研究、借鉴与切磋中形成了许多共识:对图书馆建筑的若干原则要求;结合国情运用国外"模数式"设计;馆长要全程参与新馆建设工程的规划设计工作;图书馆方面与建筑师应密切合作。这些都是规律性的认识。

各地图书馆建筑的规划建设中有过许多经验教训,应该重视加以学习借鉴,以使自己的建设工程顺利推进,避免走弯路造成损失误和浪费。

切忌想当然,违反客观规律,把好事办坏,造成不可弥补的后果,这种实例很多。规划建设图书馆是为民办好事、办实事,需要科学的态度和严谨细致的作风,应该很好认识图书馆建筑的规律,尊重图书馆建筑的科学规律。

希望本书对此能为领导决策部门、图书馆界和建筑界提供一些有益的参考。

第2章 建设程序与前期准备工作

一个建设项目从计划筹备到建成投入使用,一般要经过建设决策、建设实施和交付使用三个阶段。对于图书馆建设工程来说,应了解基本建设程序,并着重做好前期准备工作。

2.1 基本建设的程序

根据我国现行规定,一般大中型项目的建设程序是:

(1)提出项目建议书;

(2)进行可行性研究,编制可行性研究报告;

(3)咨询评价和项目决策;

(4)根据可行性研究报告编制设计文件;

(5)批准初步设计后做好施工前的各项准备工作;

(6)组织施工,并根据工程进度作好生产准备;

(7)竣工验收,交付使用。

上述第 4 项含义是:依据批准的项目建议书和可行性研究报告编写设计任务书,进行工程设计方案招标工作,评审选定设计方案,修改确定后上报,经审批后进行初步设计,最后成为施工图。

2.2 新图书馆的筹建过程

建设工程从开始筹划到竣工投入使用,一般可以细分为 6 个阶段:前期工作阶段;规划设计阶段;实施准备阶段;施工阶段;竣工验收阶段;投入使用阶段。

筹建新图书馆一般经以下过程：

1. 编制修订发展规划，做好申请立项的准备工作

一般先在本馆内组织力量成立以馆长为首的新馆建设专题研究小组或筹备小组，进行以下工作：

（1）编制或修订图书馆的发展规划。

需要规划建设一座新图书馆建筑，是由于原有建筑不敷应用，或城市扩展、校区搬迁而引起相应的需要。不论何种情况，规划建设新馆舍对于一座图书馆来说，都是本馆发展史上的一次重大机遇。

规划新图书馆的直接依据是图书馆的发展规划。在规划新图书馆之前，应慎重研究与编制本馆的中长期发展规划，时限 5 年至10 年或更长。

图书馆发展规划的要点，应包括：图书馆所在城市或学校的未来发展对本馆要求变化发展的预测，本馆建设的总方向及具体目标，本馆任务与服务对象的发展，图书馆服务需求发展的预测，本馆服务项目、服务窗口、服务深度与服务质量的发展开拓与提升，馆藏资源的发展，服务设施与现代信息技术应用的发展，服务理念、科学管理及图书馆文化的发展，队伍建设与提高队伍素质的措施，后勤保障系统，等等。

新图书馆必须适应图书馆发展规划的要求，图书馆中长期发展规划是新图书馆规划建设的起点。

（2）需求调研，经济社会发展或教学科研发展对本馆未来发展的要求，社会与读者需求的调查与未来需求发展变化预测，本馆现状与上级部门考核指标要求的差距，新馆建设规模与功能要求的研究。

（3）文献调研，查阅有关新馆建设的书籍、论文、图册等。

（4）对近年建成的若干同类图书馆建筑的考察。

（5）新馆建设用地的选择与争取。

（6）向上级有关部门说明本馆新馆建设的要求及调查研究情

况,取得理解与支持。

2. 学习相关标准与规范

国家有关部门制定的图书馆建设标准中有关图书馆建筑的标准,是规划建设新图书馆时首先必须遵照执行的。

与图书馆建筑相关的标准与规范很多,从图书馆方面而言,在规划阶段须学习领会几部重要的标准与规范:

《图书馆建筑设计规范 JGJ 38 – 99》

现行《图书馆建筑设计规范》是由建设部、文化部、教育部批准,作为强制性行业标准颁发的,是规划设计图书馆建筑必须遵循的依据。

《公共图书馆建设用地指标》

由住房和城乡建设部、国土资源部、文化部批准发布,于 2008 年 6 月 1 日起正式施行。

《公共图书馆建设标准 建标 108 – 2008》

由文化部主编,住房和城市建设部、国家发展和改革委员会批准,于 2008 年 11 月 1 日起施行。

本标准是公共图书馆建设项目科学决策和合理确定项目建设、投资水平的全国性统一标准;是编制、评估和审批公共图书馆建设项目建议书及可行性研究报告的依据。

《普通高等学校图书馆规程(修订)》规定:高等学校应按照国家有关标准,建造独立专用的图书馆馆舍。馆舍建筑应充分考虑学校发展规律,适应现代化管理的需要,满足图书馆业务功能的要求,具有调整的灵活性。应做好图书馆的馆舍、设备维修工作,注意内外环境的美化绿化,落实防火、防水等各项安全防护措施,改善灯光、通风、防寒防暑等条件,为师生创造良好的学习和研究环境。

高校图书馆建设须按照《普通高等学校建筑规划面积指标》进行规划。

3. 提出立项报告,获得批准立项。

立项报告的内容:项目建设的必要性、迫切性,项目建设的规模,项目性质—新建、扩建、改扩建或择地迁扩建,本图书馆的性质、任务、服务对象、功能定位,项目建设的主要内容及组成,项目建成后的预期效益,项目建设用地,项目的投资估测,项目建设年限等。

基本建设项目由地方发展改革委员会审批后发文立项,纳入地方基本建设计划,工程建设即可正式开始运作。

4. 提出项目建议书,报请主管部门审查批准。

5. 进行可行性研究,提出可行性研究报告,报请主管部门批准。

6. 申领用地规划许可证、工程规划许可证、建设用地批准书(含红线图等)。

7. 编写设计任务书,报请主管部门审查批准后作为工程设计招标文件的一部分。

8. 可行性研究报告批准后,委托有相应资质的设计单位,按照批准的可行性研究报告的要求,进行方案设计。

如进行设计方案招标,则要编写设计方案招标文件,经主管部门批准后发布。

9. 设计方案评审。或经设计方案的招标、评标工作,选定设计方案与设计单位,签订设计合同。

10. 对设计方案提出修改完善意见与要求,设计单位据以进行初步设计,并提出设计概算;审定设计方案。

初步设计批准后,设计概算即为工程投资的最高限额,未经批准,不得随意突破。确因不可抗拒因素造成投资突破设计概算时,需经上报原批准部门审批。

11. 组织对初步设计的审查,要求设计院进行修改、完善后,上报城建、规划、环保、消防、人防等相关部门审批,获得批准后设计单位进行施工图设计。

12. 对施工图进行审查,上报主管部门批准。

按照规定,由政府基本建设管理部门依据一定的办法,委托具有相当资质的建筑设计院对建设工程施工图进行专业审查,按程序上报,经主管部门对施工图进行审核批准后方能按图施工。

　　在此过程中,有条件的图书馆如也能聘请相关专业人员审阅施工图,从图书馆使用的角度发现问题,向审图单位和上级主管部门提出,会收到良好的效果。

　　13. 办理工程建设的批准手续,申领施工许可证。

　　14. 进行施工单位的招标,选定施工单位,签订施工合同。选定监理单位,签订工程监理合同。

　　15. 正式开工建设。

　　16. 竣工验收。

　　17. 设备设施的调试,家具的布置,组织搬迁。

　　18. 新馆试开放;正式启用向读者全面开放。

2.3　调查考察与资料搜集

　　1. 考察目标的选择与考察重点

　　考察目标应是与本馆性质、规模相当的近年新建的较为成功的现代化图书馆建筑。重点要了解:

　　(1)图书馆的面积、用地、总投资及其构成,建设年限,阅览座位数及设计藏书量。

　　(2)图书馆的总体布局与功能特点,读者流、文献流、信息流安排,其优点及不足。

　　(3)服务区分布、管理模式,图书馆建筑与服务管理的配合程度。

　　(4)各空间与设施利用的方便程度与舒适程度,投入使用后读者的反映和馆员的感受。

　　(5)交流培训空间、读者服务、休闲空间的安排,公共空间的安排布置。

　　(6)采用的现代化装备设施,使用后的情况。

（7）馆内外交通路线、安全疏散情况，电梯的布置，残障读者出入和利用图书馆的安排，停车场地的安排。

（8）空调系统及通风装置的配备与运转情况。

（9）安全防护、监控、消防系统情况。

（10）图书馆的内外环境，文化氛围，标志系统。进行二次装修及专门的艺术设计情况。

（11）图书馆的服务人员、物业管理人员数量，运营维护费用，耗电量，物业管理体制。

（12）筹建管理体制，图书馆的参与程度，专家顾问的作用，馆长及专务人员的体会。

对本馆规划设计有参考借鉴价值的主要问题有：是否设门禁系统；是否实行藏阅借在同一空间的格局；读者借还书是集中办理还是分散办理？是否允许读者把书包带进阅览室？读者上下楼主要走楼梯还是常乘电梯？图书馆空调系统的能源消耗及运行费用？

在参观考察过程中，边看边听边议，认真分析判断，切忌把建筑的缺点当做优点拿过来。

2. 搜集相关资料

（1）有关图书馆建筑的专著、文集、图册，刊物上的论文及图书馆建筑评介文章。

（2）网络上对图书馆建筑的介绍。

（3）性质、规模相近的图书馆公开散发的介绍性材料。

（4）借阅几个图书馆的设计任务书、设计方案图。

（5）参加专题研修班得到的专家讲稿、光盘资料。

对于各种资料有选择地阅读、研究，一些重要的理念、观点、经验与教训，应作摘录并加以整理，作为本馆规划建设的参考，有些还应汇总后上报给领导和有关部门参阅。

2.4　建设基地的选定

1. 选址的要求

图书馆的馆址,首先要符合城市或学校的发展规划及图书馆网点布局的要求。馆址应尽可能接近广大公众,以方便大量读者来利用。

图书馆馆址应选择位置适中、交通方便、环境安静、工程地质及水文地质条件较有利的地段。选址时要注意基地是否存在大气、水源、噪音、电磁辐射等污染,要尽量避开。馆址宜开阔,满足《图书馆建筑设计规范》所要求的馆区建筑物基地覆盖率不宜大于40%及绿化率不小于30%的要求,周围应留有足够的消防通道和停车场地。建设基地应留有发展余地。

《公共图书馆建设标准》中对选址的要求是:1. 宜位于人口集中、交通便利、环境相对安静、符合安全和卫生及环保标准的区域;2. 应符合当地建设的总体规划及公共文化事业专项规划,布局合理;3. 应具备良好的工程地质及水文地质条件;4. 市政配套设施条件良好。(第十三条)

图书馆建筑不宜建成高层建筑,一般以 4～5 层为宜,大型图书馆可至 6～7 层。图书馆建设基地所要求的以面积可以大体这样推算:若图书馆规模为 10 000 m^2,平均为 4 层,则建筑占地 2 500 m^2,如要求建筑物基地覆盖率小于35%、绿化率大于35%,加上馆区道路、消防通道及停车场地,并考虑预留未来发展的需要,规划用地宜为 8 000 m^2 左右。

2. 若干备选基地比较

在规划建设新图书馆之初,向上级主管部门及当地规划局申请立项的过程中,可能会有几处不同的基地供图书馆选择,图书馆宜从多方面加以比较,审慎选取馆址。

(1)要符合《图书馆建筑设计规范》的规定:"馆址的选择应符

合当地的总体规划及文化建筑的网点布局。""馆址应选择位置适中、交通方便、环境安静、工程地质及水文地质条件较有利的地段。""馆址与易燃易爆、噪声和散发有害气体、强电磁波干扰等污染源的距离,应符合有关安全卫生环境保护标准的规定。"

(2)考虑城市规划要求。图书馆应在城市规划中占据较好的位置,如能在闹中取静的地段则最为理想。城市规划要求某地点必须是高层建筑,如将图书馆建造在此处是十分不利的。图书馆以地上4层至5层、总高度不超过24 m为宜,选址时必须注意所提供选择的地块在城市规划中是否符合此项要求。在高校内,不宜选择规划必须建高层建筑的地块建造图书馆。

(3)基地的位置与交通条件。公共图书馆一般不宜离城市中心区域太远,以方便尽可能多的市民到图书馆来。如果新图书馆远离城区,很可能因地点偏僻、交通不便而造成读者不愿到图书馆来,影响效益的发挥。有的城市在远离居民的新区规划了大面积的"文化广场",考虑到尽可能接近广大市民、方便读者利用的原则,图书馆不宜也跟着到那块地方去。

高校图书馆在校区内选址,应尽量在教学区与学生宿舍区之间,并远离体育场。为了让图书馆建筑点缀校园而把它放在离学生活动路线很远的地方是不妥的。

(4)基地的周围环境。尽可能选择环境优雅、安宁的地点,如果能邻近风景区、公园、广场、大片绿地更好。应避免离城市主干道近、过分喧闹的地点。

(5)基地形状及布置建筑物的朝向。图书馆建筑的外形可以多种多样,而建筑东西向长,主要房间南北开窗则利于自然通风。若提供的基地东西向过短而南北向很长,建筑物大面积东西晒,那是不可取的。

(6)图书馆主出入口的位置。图书馆的读者主出入口以朝南或朝东南为佳,东向次之,若由于建设基地的位置而不得不将主出入口设于西面或朝北,则需采取适当措施以减弱不利朝向的影响。

(7)基地的大小及发展余地。图书馆的建设基地不宜过大或过小,应能符合"城市规划设计通知书"的要求。规划设计条件作为《建设用地规划许可证》的附件,也可单独核发,与《建设用地规划许可证》具有同等效力。

应满足《图书馆建筑设计规范》对覆盖率、绿地率的要求,并要考虑到今后发展,能够有扩建的用地。

2.5　项目建议书

项目建议书是基本建设程序中最初阶段的工作,是提供决策立项的对本工程项目的基本构想。项目建议书根据本地区或本校发展规划及其对图图书馆布局的要求,本地的经济与社会条件,结合本馆历史、现状与发展规划而编制的,上报主管部门审查批准后,作为图书馆工程立项和进行可行性研究的依据。

项目建议书的主要内容:图书馆工程建设项目提出的必要性和依据,项目建设的规模,项目建设用地,项目建设的基本要求及主要功能,项目的建设条件、建成后的社会效益初步估计,项目的投资估算及资金来源,项目的建设年限。

2.6　可行性研究报告

国家规定大中型工程建设项目必须进行可行性研究,提出可行性研究报告,报发展改革委员会审查批准后方能列入地方建设计划。

可行性研究是对建设项目在技术上是否可行和经济上是否合理进行科学的分析和论证,在研究论证的基础上编制可行性研究报告。

可行性研究报告是工程项目决策和进行初步设计的重要依据,要求有相当的深度和准确性。

可行性研究报告大致有以下几部分:

1. 建设项目的必要性和依据(图书馆的性质与定位,项目建设的必要性和迫切性,项目建设的意义,国内外情况及发展趋势等)。

2. 建设性质(新建、改建、扩建或改扩建)。

3. 建设地点。

4. 建设条件(水文地质条件,建设用电用水、市政配套等)。

5. 建设规模、建设内容和建设方案(建设规模;总体要求;功能要求;功能分区和面积分配;布局与设计要求;设备与安装要求等)。

6. 土建及工艺设备选型。

7. 投资估算和资金筹措。

8. 投资效果分析。

9. 建设年限。

10. 组织机构。

经过各方面的分析和论证,最后得出报告结论:此工程建设项目是科学的、可行的。

有些地方要求经过资格认定的规划、设计和工程咨询单位来承担可行性研究工作,但所委托进行可行性研究的机构不大熟悉建设单位图书馆的情况,实际上许多内容必然要由图书馆起草和提供,因此作为建设单位的图书馆必须参与可能性研究的过程,共同商讨,一起进行研究与论证,然后才能拿出科学的研究报告。

2.7　设计任务书

规划设计一座图书馆,其主要的核心内容就是规定其功能要求及组织安排好空间格局。建筑的功能要求和空间布局,应科学、详尽地在设计任务书中表述。设计任务书是图书馆建筑的书面蓝图,是基础文件。

设计任务书的主要依据是获得批准的建设项目可行性研究报告,将可行性研究报告中的相关要求加以具体细化。设计任务书是作为工程项目进行方案设计的具体要求提交给建筑设计单位的技术文件,是进行方案设计的重要依据,也是评判设计方案的重要依据。

一些图书馆建设工程没有设计任务书,或所谓的设计任务书非常简单,缺乏具体的功能要求和翔实的内容,这就必然造成以后的种种问题,建成使用后发现许多不适用又难以改变。没有一份像样的设计任务书,建筑师往往不得要领,自由发挥,设计方案必然与图书馆的使用要求相距甚远。而因为没有完整的设计任务书就难以评判其优劣得失,又没有能提出修改意见,急于施工,建成后问题一大堆,造成难以弥补的损失。

研拟设计任务书的过程就是对功能和空间格局进行科学论证的过程,务必重视。编制好设计任务书对于工程建设非常重要,要尽量翔实、具体。其主要内容应有:

1. 项目名称和建设性质

建设性质可分为:新建、扩建、改建、改扩建、异地扩建等。

2. 项目依据、工程规模和建设用地

项目依据为批准本工程建设的发文机关及文号。

批准的建设规模,及建筑面积。

建设用地写明规划局核发《建设用地规划许可证》的文号及规划红线图的四至,以及建设用地的面积,东西长度及南北进深,及规划意见。

3. 建设目标

图书馆的定位,本馆的性质、任务和服务对象,本工程的建设目标。

4. 指导思想与总体要求

本项目建设的理念,指导思想,建设原则(一次建成或一次设计分期建造),规划要求,体量要求(建筑总高度及层数),建设标准,设计原则,主层及主入口的位置,图书馆的服务与管理模式对布局、造型及环境的原则要求,重要设施(如中央空调)及现代技术应用、智能化方面的要求等。

5. 功能要求

(1)设计藏书量及各种类型文献的数量,密集储存量。珍本特藏的数量及保藏要求。

(2)阅览座位数,研究室座位数,电子阅览室、视听室座位数,培训教室座位数。

(3)展厅、报告厅、多功能厅、学术讨论室的容量及要求。

(4)读者入口大厅、公共检索区的功能要求。

(5)残疾读者入馆的安排及服务设施要求。

(6)读者服务部、读者休息室、休闲空间的要求。

(7)面向读者的服务部门的功能要求。

(8)内部管理部门、文献资源建设(采编、典藏)方面的要求,年加工文献量。

(9)计算机房及网络的要求,信息点的要求,综合布线的功能要求。

(10)室内空气质量、光照、温湿度要求。空调系统或采暖系统的要求。

(11)垂直交通的要求,电梯的配置与使用要求(读者用、内部工作用)。

(12)安全防范措施的要求,自动报警、消防、防盗系统要求。

(13)通讯、广播系统的要求。

(14)环境要求,工程的环境影响,工程对于馆区的环境要求,与马路的间距和环境用地要求,自然采光和通风的要求,馆区的环境布置要求等。

6. 布局及工艺、土建、造型要求

(1)总图布置:图书馆建筑的朝向,主出入口、次出入口、图书文献出入口、馆员出入口方向的设想。

（2）建筑物的高度及层数,地上、地下各若干层。

（3）建筑等级、耐久年限、耐火等级、抗震等级、防台风等级、防洪涝等级,地下人防工程要求。

（4）建筑结构,柱网尺寸、层高、荷载。平面利用系数要求。

（5）读者流、文献流、信息流的安排要求,静区、次静区、闹区的划分,各种功能用房布局的原则。

（6）馆内交通的安排,电梯(客梯、客货两用梯)的数量及大体位置。

（7）计算机网络系统、通讯系统、弱电线路、综合布线、智能化的要求。

（8）通风、采光、照明的要求。

（9）用电的要求。

（10）给排水系统的要求。

（11）消防系统的要求。

（12）安全防盗及监测监控系统的要求。

（13）馆区及内庭院的绿化及污染防治要求。

（14）对建筑的外观造型的原则要求。

（15）各类用房的要求(图书阅藏区,报刊阅览室,电子阅览室,视听资料阅览室,特藏室,培训教室,研究室,计算机房,展览厅、报告厅、学术会议室,门厅,公共查目区,读者服务区、休闲区,管理及业务办公用房,值班室、总控制室、变配电间、冷热源制备、空调机房、泵房、仓库及其他辅助用房,停车库等)。

7. 功能分区和面积分配

（1）功能分区:阅藏研究区所包含的内容,信息网络区、交流培训区、公共活动区、业务管理区、设备辅助区所包含的内容。

（2）各功能区的使用面积及所占比例。按照平面利用系数计算出图书馆的建筑面积。

（3）面积分配。列表:各功能区每一房间的名称、阅览座位数、藏书量、使用面积及说明。

8. 投资估测。

9. 进度要求。

2.8　确定建设规模

在建设项目立项报告和做可行性研究时,即要研究确定建设规模。确定建设规模取决于多种因素:领导部门的相关规定,对高校或公共图书馆考核评估条件要求,本地的人口分布与本馆的读者数量预测,图书馆的性质(中心馆或分馆)、地位(在本地区或本系统中承担的任务),对服务功能要求,本馆的历史及馆藏基础,发展规划对新馆服务及空间、设施的要求,城市或学校的投资能力,等等。

1. 公共图书馆

公共图书馆的建设规模按照《公共图书馆建设标准》规定:依据服务人口数量和相应的人均藏书量、千人阅览座席指标为基本依据,兼顾服务功能、文献资源数量与品种和当地经济发展水平确定。服务人口是指公共图书馆服务范围内的常住人口。

规模	服务人口 (万)	建筑面积	
		千人面积指标 (m²/千人)	建筑面积 控制指标(m²)
大型	400~1 000	9.5~6	38 000~60 000
	150~400	13.3~9.5	20 000~38 000
中型	100~150	13.5~13.3	13 500~20 000
	50~100	15~13.5	7 500~13 500
	20~50	22.5~15	4 500~7 500
小型	10~20	23~22.5	2 300~4 500
	3~10	27~23	800~2 300

(公共图书馆建设标准表2)

《公共图书馆建设标准》规定,在确定建筑面积时,先依据服务人口数量和上表确定相应的藏书量、阅览座席和建筑面积指标,再综合考虑服务功能、文献资源的数量与品种和当地经济发展水平因素,在一定的幅度内加以调整。总建筑面积调整幅度应控制在±20%以内。(第二十一条)

按目前的体制,公共图书馆由各级政府投资和主管,一个城市有市级图书馆,还有区级图书馆,在省会城市同时有省、市、区三级公共图书馆,如何确定各图书馆的建设规模,是需要研究和协调的。实际上,在确定图书馆的建设规模时候,地方有自主权,往往并不受文化部发布的建设标准的约束,如郑州市图书馆,在南阳路原有馆舍 10 500 m²,2009 年动工兴建新图书馆建筑面积 72 450 m²,显然超过了文化部规定的标准(2010年 11 月 1 日人口普查结果,全市常住人口为 862.65 万人)。

在经济发达地区,有着贪图规模大的倾向。其实,一座城市地域很大,集中建造一座超大型的图书馆,不如分散建几座中等规模的图书馆,对群众更为便利。

2. 高校图书馆

教育部规定,综合性大学图书馆的规划面积指标为:2.03m²/生、研究生补助 0.5 m²/生,冬季采暖地区增 4% ~6%,以上各项相加即可确定高校图书馆的建设规模。

高校扩招后在校学生数达 2 万至 3 万人的已不在少数,在新校区规划建设图书时,一般以学校规划学生数乘以相关指标来确定图书馆的建设规模,因此出现超大规模至 5 万 m² 以上的图书馆。在教育部没有发布新的规定前,这是需要慎重研究的一个课题。

研究建设规模,应考虑高校图书馆发展出现的许多新情况和新因素:图书大量开架借阅,需要相应增加藏书空间,电子阅览室、声像资料视听室的设立,学术文化交流场地(报告厅、学术讨论室、多功能厅、展览厅、文献检索课教室等)的安排,新技术新设备的应用(计算机网络中心、中央空调系统等),读者休闲与服务(书店、复印、书吧、咖啡茶座）等，这些新的功能要求都需要增加使用空间。并且，电子文献和网络资源虽然大量使用，但印刷型书刊在可以预见的将来仍然是为师生提供文献保障的主要资源，每年必须有足够数量的纸印文献入藏，并不因为电子文献和网络资源而可以缩减图书馆的建设规模。规划新图书馆需要适当超前，略为留有发展的余地。

图书馆的规模并非越大越好。笔者以为，当一所高校的在校学生超过 2 万人时，图书馆的规划规模宜在现执行的指标基础上乘以一定的系数，如 4 万学生的高校，其图书馆建筑的规模可乘以 0.9，在校生为 3 万人时，图书馆的规模可乘以 0.95，等等。

3. 平面利用系数

平面利用系数是指实际使用面积与建筑面积之比：

$$K = 使用面积／建筑面积。$$

图书馆建筑的平面利用系数一般要求达到 0.7，在某些情况下可能达到 0.72 或更高一些。

建筑面积为室内使用面积的部分之和加上墙体、走道、楼梯、电梯、卫生间、电缆管线井道、及楼层空调机房等所占的面积。

为提高平面利用系数，即充分利用空间，必须避免过大的门厅、过宽的过道、楼梯和无实用价值的空间，尽量设法避免空间的浪费。

2.9　预计建设项目的投资额

规划建设一座新图书馆，在向上级申请立项时，需要提出预计投资额度。在做可行性研究时，必须对建设项目的投资额进行研究估测，写入报告。上级部门在批准基本建设项目的文件中有投资额。以后进行方案设计及施工建设过程中必须按照批准的投资额进行控制和使用，一般不允许突破。如对建设投资估计不足或实际建设中资金不够，再向上级报告要求追加投资是很困难很麻烦的事。有些地方的图书馆工程由于投资不足而造成施工停顿,不能按照预期竣工使用发挥效益,损失很大。

图书馆项目的投资额,不同地区、不同规模、不同建设标准的工程,其单方造价会相差数倍。

建设项目投资,包括:前期费用(调研、咨询、方案评审等)、征地拆迁费、设计费,勘察费,监理费,土建、安装及二次装修费,设备家具费,馆区道路、绿化、照明设施费、电力、通讯、煤气管道接入铺设费、城市配套设施费,管理费,以及不可预见费用等。

上海图书馆建筑面积 83 000 m²,1993 年 9 月开工,1996 年底土建基本完成进行试开放,总投资 62 018 万元,平均单方造价 7 472 元/m²。投资中土建安装 44 312 万元,专用设备 12 459 万元(含视听、灯光、缩微、书库自行小车、书架家具、计算机系统等),其他(基建管理费、设计勘察、市政配套、预算编制、现场准备费、职工培训费、书刊搬运费、竣工扫尾等),预留费 1 510 万元。

绍兴图书馆,建筑面积 13 000 m²,1998 年 5 月开工建设,1999 年底竣工,总投资 5 540 万元,平均单方造价 4 262 元。其中:征地拆迁 1 400 万元,土建 2 150 万元(含网络布线在内),装修 400 万元,空调系统 350 万元,馆区室外工程(道路、绿化、照明及雕塑)300 万元,设施家具(含计算机系统及开发费用)800 万元,设计费、监理费、管理费 300 万元。总投资中包含电力配套费 150 万元。

宁波大学园区图书馆 2002 年初动工,2003 年 12 月开馆,建筑面积 28 287 m²,投资近 1.2 亿元。

2008 年 9 月 30 日开馆接待读者的杭州图书馆,建筑面积 43 000 m²,总投资 4.08 亿元,其中:土建投资 3.4 亿元(含装修、强电、空调、消防、弱电 3 000 万元、网络 1 100 万元),设备、家具 6 800 万元(计算机硬软件系统 2 600 万元、音乐图书馆设备 1 050 万元、家具及办公设备 1 200 万元)。

郑州图书馆新馆 2009 年 6 月动工兴建,2013 年开放,建筑面积 7.2 万 m^2,总投资概算 60 989 万元。

提高投资的利用效益,节约建设资金,避免投资的浪费,是一个值得重视的课题。一些地方规模贪大,装修装饰标准过高,互相攀比,就增加了投资。有的图书馆声称全部设备都是进口的,投资自然增高了。有些地方求洋,非要"国际招标",总以为外国的设计师比中国人高明,实际上洋设计方案既不实用又增加许多投资。

2.10　建筑工程设计费

工程设计收费标准是由国家发展计划委员会和建设部制定的。

工程设计收费是指设计人根据发包人的委托,提供编制建设项目初步设计文件、施工图设计文件、非标准设备设计文件、施工图预算文件、竣工图文件等服务所收取的费用。

工程设计收费计费额,为经过批准的建设项目初步设计概算中的建筑安装工程费、设备与工器具购置费和联合试运转费之和。就图书馆工程而言,计费额也就是经批准的投资额中的建筑安装费部分,包括土建、安装工程费,变配电、电梯、冷热源制备、空调通风、水泵、强电弱电线缆、电视及卫星信号接收、消防安保、中央控制、智能化等设备设施的购置及调试费,不包括家具设备、电子计算机、门禁系统、室外工程等费用。

工程勘察设计收费标准 2002 年修订版规定,计费额 1 000 万元的工程设计收费基价为 38.8 万元,计费额 3 000 万元的工程为103.8 万元,计费额 5 000 万元的工程为 163.9 万元,计费额 8 000万元的工程为 249.6 万元,计费额 10 000 万元的工程为 304.8 万元,从以上可以看出,设计费基价为工程计费额的 3.88% ~3.048%,计费额 20 000 万元的工程设计收费基价为 566.8 万元,设计费基价为工程计费额的 2.834%。(计费额处于两个数值区间的,采用直线内插法确定工程设计收费基价)

以上为设计费收费基价,而工程设计费的计算还要看工程的专业调整系数和工程复杂程度系数。工程基本设计收费 = 工程设计收费基价×专业调整系数×工程复杂程度调整系数×附加调整系数。

公共建筑工程的专业调整系数为1.0,即不必作调整。

工程复杂程度调整系数是对同一专业不同建设项目的工程设计复杂程度和工作量差异进行调整的系数。工程复杂程度分为一般、较复杂和复杂三个等级,其调整系数为:一般(Ⅰ)0.85;较复杂(Ⅱ)1.0;复杂(Ⅲ)1.15。建筑工程依复杂程度分为3级:功能单一、技术要求简单的小型建筑工程属Ⅰ级,规模在5 000 m²以下的图书馆属小型建筑工程;大中型公共建筑工程属Ⅱ级,规模5 001 – 20 000 m² 的图书馆为Ⅱ级工程,技术要求较复杂或有地区性意义的小型公共建筑工程也属此;高级大型建筑工程属Ⅲ级,规模在20 000 m² 以上的图书馆属此。(有关工程设计收费标准见:国家发展计划委员会,建设部. 工程勘察设计收费标准2002年修订本. 北京:物价出版社,2003)

有的图书馆工程招标时要求设计院在投标书中报出如果工程中标后的设计费收取标准,有些建设单位把设计费作为确定设计单位时一个因素。实际上,应该按优质优价的原则来看待工程设计费,一味压低设计费并非良策,应该基本依据国家规定的工程设计费收费标准来执行,对双方都有好处,才能确保设计质量、设计深度和设计进度。如果主要不是依据设计方案本身,而是主要看哪家设计单位的设计费低就选定那家设计院,得其结果未必就好。从规范建筑市场、保证设计质量的角度来看,不应鼓励设计单位以大幅度降低设计费来作为获得设计中标机会的竞争手段,而应倡导优质优价的原则,以高质量的设计方案求胜才是符合市场经济法则的正道。

不同地区、不同资质的建筑设计院对具体工程设计费,可能会在国家规定的收费标准基础上作一定幅度的上下浮动。也有建设单位与设计单位商定按工程规模每平方米若干设计费的。在保证设计质量、设计深度和设计进度的前提下,建设单位和设计单位协商工程设计费数额是相宜的,在签订委托设计合同中双方加以确认。

2.11　若干重要决策

在筹建新馆的全过程面临着许多选择,一些重大决策足以影响新馆建筑的成败优劣、投资的多寡及效益、功能的是否完善、读者是否方便、运行效率及维护的费用的高低。

1. 在决定申报立项之前,充分论证建设规模、选址及用地条件、投资额。

2. 是否先进行充分的前期准备工作,是否依据学校或城市规划制订图书馆的中长期发展规划,进行"概念性方案"的编制与论证,是否先有科学的、全面的"可行性研究报告"、"项目建议书"、"设计任务书",以此为依据进行工程的具体设计工作。

3. 征求设计方案的方式,是委托一家设计,还是进行招标,邀请多家设计院投标,或是进行国际招标。

4. 如何决定设计方案的取舍,方案评审委员会的组成,是否有相当比例的图书馆管理专家和图书馆建筑专家参加评选方案,图书馆馆长是否有发言权和投票权。最后选定设计院和设计方案是由领导拍板还是根据专家们的意见并听取馆长的意见。

5. 对方案的修改、初步设计与施工图纸是否再邀请专家来把关,组织专门工程技术人员进行严密的审查、论证与必要的修改,把诸多缺陷尽量消灭或减少。

6. 是否让图书馆方面参与新馆的规划与论证,并自始至终参与建设过程的关键性决策,是否给馆长有更多的发言权。

7. 当本馆力量不足时,能否下决心花代价聘请专家协助规划、全程咨询顾问,是否请专业技术人员协助进行审图及施工管理。

2.12　图书馆建设工程项目的组织领导

新图书馆建设工程相当复杂,要求高,涉及面广、建设周期长,需要强有力的领导机构及组织实施机构。

1. 图书馆新馆筹建委员会(筹建领导小组)

图书馆新馆筹建委员会(筹建领导小组)是新馆建设的领导与决策机构,制定新馆建设计划,确定建设方针、规模、投资、选址等重大问题;组织编制、审定并上报新建建设项目的可行性研究报告、项目建议书;组织编写、审定新图书馆工程设计任务书、设计要求,提出新馆设计方案招标文件,向上级主管部门提出相关要求、反映工程规划建设中的问题,协调各方面的关系。

新馆筹建委员会的组成由上级领导部门决定,图书馆馆长应为当然成员,一般任筹建委员会副主任。

2. 图书馆新馆工程筹建办公室

图书馆新馆工程筹建办公室是在新馆筹建委员会(筹建领导小组)直接领导下具体组织实施新馆工程的机构。它的职责是:进行调查考察,向筹建委员会提出建议及决策参考方案,负责编制或委托具有资质的单位编制新图书馆建设工程的项目建议书、可行性研究报告,编写新图书馆工程设计任务书、设计要求,编写新馆设计方案招标文件,协助筹建委员会做好设计方案的评选工作,汇总专家及各方面的意见建议,协助建筑设计院对设计方案、初步设计进行修改完善,协同对施工图的审查,负责上报设计文件,办理各项审批手续:申领建设用地规划许可证、建筑工程规划许可证、工程开工许可证,工程用电、市政配套项目、人防工程、消防安全要求的申请手续等。在工程进入施工阶段,检查施工进度、存在问题、局部变更设计的手续,负责协调设计单位、施工单位及监理单位的关系。在后期,负责新馆验收的准备工作,负责提出新馆内部布置安排方案、设备与家具配置方案及购置方案,组织对设备安装后的调试,与各部门配合做好新馆试开放与正式开放的准备工作。在新馆建设的全过程,做好档案收集、整理、保管与移交工作,及时反映工程建设中的问题,与有关部门和单位协商解决。

新馆建设筹建办公室往往主要由上级机关的基建处为主组建,图书馆方面须抽调得力骨干参加新馆建设筹建办公室的工作。

图书馆馆长一般联系着新馆筹建委员会和新馆筹建办公室,同时协助上级基建处做好工作,并组织馆内的力量在各阶段对相关事项努力加以配合。馆长做好各方面的协调工作对新馆工程顺利进行也是很重要的。

3. 图书馆新馆建设顾问组(顾问委员会)

新馆建设顾问组是图书馆筹建委员会的咨询顾问机构。在一些重大决策或遇疑难问题时,向顾问组咨询很必要,也是十分有益的。

新馆建设顾问组宜聘请有图书馆建设经验的图书馆馆长、图书馆建筑专家组成,有的地方高校图工委或图书馆学会之下有图书馆建设咨询小组,请他们当顾问就更为方便。

第3章 建筑设计方案的征集与评选

　　筹建图书馆的前期准备工作,除了办理各种手续外,基本上是围绕着设计方案来进行的,根本目的是为了得到一个可供实施的好方案。为求得一个功能完善、好用好管、造型美观、造价适宜的设计方案,需要做大量的工作,设计方案的征集与评选至为关键。

　　征集设计方案先要有方案招标文件,进行招标投标以后,由评审委员会进行评选,建设单位选定中标方案后,对方案进行某些调整和修改,报请主管机关审批。

3.1　建筑设计方案招标文件的编制

　　工程招标书的主要内容:

　　1. 工程概况与综合条件,包括建设单位(业主),项目名称,建设地点,建设规模,周边环境,建筑结构、高度、层数,投资限额,计划开工日期。

　　2. 项目设计依据:批准建设的文件文号,项目规划许可证,项目用地规划许可证、勘测红线图,项目可行性研究报告,项目环境影响报告,项目设计任务书。

　　3. 设计成果要求:总体要求,工程设计要求,设计方案具体成果要求,要求提供设计方案模型及比例,要求提供演示光盘及效果图模板。

　　4. 设计方案招标办法:投标单位的资质要求,对投标文件的要求。招标日程安排,含投标截止日期,评标及开标时间等。

5. 设计方案评审办法：设计方案的评审组织，主持单位，评标的形式。

6. 评标的原则要求。

7. 投标方案设计成本补偿费及后续设计办法。

8. 投标单位的责任与义务。

9. 附则：招标文件的解释权，建设单位联系人及联系方式。

3.2　建筑设计方案招标工作的组织与实施

1. 在新馆筹建委员会领导之下，成立招标工作小组，由筹建办公室负责具体工作。

2. 在报纸上、网络上发布工程项目方案设计招标公告。在接到设计单位报名后进行资质审查，按公告的办法向有资格报名投标的单位发出招标文件。当报名投标单位过多时，依据相关标准从中选取若干单位发出招标文件。

如果采取邀请某些设计单位参加投标的办法，则先向选定邀请单位发出征询投标意见函，获得对方参加投标意向信息后，向各设计单位发出正式邀请函及招标文件。

3. 接受投标单位的设计文件，进行登记，对符合投标要求的设计文件加以密封，进行编号。

4. 组织设计方案评审委员会，向专家发送邀请函。评审委员会由上级主管部门决定如何组织，及决定邀请担任评审委员的专家。

5. 召开设计方案评标会议，推选评审委员会主任，通过评标办法。在评审委员会主任主持下，对投标方案逐一评议，进行记名投票，要求评审委员会的专家对每一方案提出评价意见。宣布投票评审结果：每个方案的得票数，中标方案或得票最多的 2 个方案及其设计单位。请评审委员会专家签名确认评审结果。请评审委员会综合专家们的意见形成评审会议纪要，由评审委员会主任签字确认,同时将对中标方案或前 2 名方案提出书面的修改完善意见一并附上。

6. 向上级领导部门报告设计方案评审结果。由上级领导部门依据相关办法决定中标方案,或选取作进一步修改完善后加以实施的方案。

7. 向投标单位公布评审结果及中标方案或前 2 名方案。通知投标单位领取设计补偿费。

3.3　设计方案评审委员会的组成

对参加投标的方案要由评审委员会进行评议审查,并经投票选出优胜方案,此为必要程序。

因此,设计方案评审委员会的组成对于建设方案关系十分重大。

许多地方由基本建设的主管部门负责组织评标委员会,在开标前 1 小时从专家库中随机抽取若干名专家,组成设计方案的评标委员会。这种办法表示对设计方案评审的客观、公正与公平。然而,如果专家库里都是建筑师而没有图书馆管理专家和图书馆建筑专家,那就是评审委员会都由建筑师组成,而这些建筑师又并不熟悉现代图书馆的功能要求与发展趋势,评审时主要偏重于设计方案的造型和结构而不重视内部功能,评审的结果是所选中的方案并非最适宜于图书馆的服务与管理的。

实际上,即使由上级主管部门组织设计方案的评审委员会,按规定建设单位是有权提出建议专家名单的,可惜很多情况下建设单位不知道这样的规定,或没有向主管部门提出专家名单建议,没有要求请图书馆管理专家和图书馆建筑专家参加评标会议,使得评标会议只能偏听建筑师单方面的意见而做出决定,往往失之偏颇,以后就难以挽回了。

图书馆设计方案评审委员会的理想组成为:图书馆管理专

家＋图书馆建筑专家＋读者代表＋建筑师＋结构师＋基本建设主
管领导＋馆长。如果主管部门能考虑评审委员会的此种组成结
构,邀请几方面的专家,或从几方面的专家库中各抽取专家来组成
评审委员会,再加上读者代表,则评审时会对各投标方案从多方面
审视,全面加以衡量,评选出的中标方案就会更符合图书馆日后的
服务管理要求。

邀请经常利用、关心和了解图书馆的高水平的读者代表参加
图书馆设计方案的评审,体现了"以人为本"、尊读者为图书馆真正
主人的理念。从读者的视角审察图书馆设计方案是很有必要、大
有好处的,在设计方案评审委员会会议上读者代表的意见被认真
倾听,必定大有利于对设计方案的全面衡量与选定。

馆长为馆员的代表和图书馆的管理者,也是读者的代表,理应
是评审委员会成员。

如果按照上述几方面人员组成结构来考虑,由建设单位提出
评审委员会专家的建议名单,报请上级批准,会有良好的效果。

3.4 规划决策和方案评选的科学化民主化与透明化

建造什么样的图书馆、在哪里建、如何建,显然不能单凭权力
来决定或"拍板",更不能默许建筑师任意而为,而是必须经过制度
化的程序安排,交由所有利益相关者进行广泛讨论、民主决策来确
定。经过科学的程序,可以尽量避免制造出功能极差、耗费巨大的
建筑垃圾或怪物。

不少"标志性"新图书馆建成后,无论从功能、景观、成本、效益
方面都受到广泛的强烈质疑,从而引发思考:这些文化垃圾怎么会
经过一道道关卡的审批而建造起来的? 回过头来审视,可以发现
决策链的一些重要环节存在着制度性或操作层面的缺陷和弊端。

其中的一个关键是建筑工程设计招标及评选过程,虽有制度

安排,却未必能真正做到决策的民主化、科学化,其原因是缺乏对图书馆建筑核心价值观的共识,未能做到评选决策过程的科学化民主化与透明化。

选哪几家设计院来参加方案投标? 有的工程邀请来投标的设计单位有2/3或4/5是国外的,这就使得国内设计单位难以进行公平竞争。

邀请哪些专家组成设计方案评审委员会? 这直接影响图书馆建设方案的最终结果。一些地方的做法是,早上从建筑师专家库中随机抽取若干名,临时打电话通知这些在不同地方的建筑师,下午赶到本地的一处安全保密的地点,在短短一两个小时里,这些评审委员要看好几个设计方案,各自发表看法,接着就投票选出中标者。而这些被聘为评委的建筑师可能从来没有设计过图书馆,不见得了解现代图书馆的服务与功能,有的连图书馆建筑设计规范都没有看过,在评审过程中可能都没有能认真看完图书馆的设计任务书,主要按照各自对设计方案造型和结构的看法做出判断。这样作为法定程序的评选结果,很有可能是把有重大缺陷的设计方案强加给了建设单位。

显然此种办法貌视保密和公正,实际存在很大的弊病。

清华大学高冀生教授认为:图书馆建筑方案的评审过程,要强调讲科学、实事求是,一两个小时就要评出设计的良莠好坏真不容易,往往是事倍功半。建议事前一定要把发资料到专家手上,评审专家事先能认真看过,并做好具体准备,再来开会。因此,正式的评审会议不要仅半天就完成,至少要保证两天时间为好。评审专家人选,最好是:(1)有建筑设计经验、真设计并建造过多个图书馆的高级建筑师;(2)对图书馆建筑有研究、有理论、有实践经验的建筑学教授;(3)亲自支持建造过新馆的资深馆长;(4)上级主管图书馆项目的部门领导。参加评审的专家每人都要亲自写出书面的评审意见与建议,不宜笼统的写会议纪要,更不要简化此程序或代笔。评审程序,要讲科学,汇报要讲清,图纸要看全,发言要讲透,时间要给够。目的是要确保评审质量,一定不要走过场。

有的地方邀请院士和国外建筑师来评审方案,而院士未必对图书馆和图书馆建筑有深入的研究,外国建筑师很少了解中国国情,也不知道中国的许多相关标准规范,而真正熟悉图书馆建筑的专家却不被邀请参加方案的评选。他们评选出来的方案往往是本馆馆长、馆员、读者不赞成的、有重大缺陷的、不符合图书馆建筑设计规范的,高能耗的、甚至不符合消防要求的。有的洋方案根本不能实施,只得请中国建筑师进行重大修改,才能向建设主管部门报批。也有的专家评审委员会成为领导意图的橡皮图章,这不可取。

以科学发展观为指导,倡导反映客观规律的图书馆建筑核心价值观,将功能要求作为主要取向,充分发扬民主,增加透明度,尊重公众意愿,克服非理性倾向的做法,才能使建设方案既科学又符合读者的需要,也才能使图书馆建筑趋于完善。而在评选设计方案过程中必须有馆长的参加,有图书馆建筑专家和图书馆管理专家参加,是极其必要的。向正直正派的图书馆建筑专家咨询无疑会对工程规划设计及整体建设的完善大有助益。

3.5　建筑设计方案评价标准及方案取舍

1. 评审方案的依据和标准

评判图书馆设计方案的优劣,主要的依据和客观标准:

(1)方案是否符合《图书馆建筑设计规范》、《公共建筑节能设计标准》及相关国家标准和规范的规定,是否满足设计方案招标文件和《设计任务书》的各项基本要求。

(2)对图书馆各项功能要求的满足程度,总体布局及各功能区的安排是否合理,将来灵活调整使用功能的可能性如何。

(3)满足现代图书馆服务管理要求的程度,特别是体现以"以人为本"、"读者为中心"的原则,是否能方便读者利用,提高服务效率。

（4）交通流线是否顺畅简捷。

（5）安全与消防方面的考虑是否周到。

（6）馆区及各功能空间的环境设计效果如何。

（7）方案的经济性,平面利用系数,投资估算及投资效益比较,能否尽量节省管理力量、省能耗、降低营运维护费用。

（8）建筑造型的风格是否符合图书馆的性质及其在城市或校园内所处的地位,与周围建筑能否很好呼应与协调。

（9）设计有无突出的特点及创新之处,有无严重缺陷与问题;在深化设计时对方案进行调整的可能性。

2. 选取设计方案的主要考量

（1）选取设计方案应坚持决策民主化、科学化原则,邀请图书馆专家、图书馆建筑专家与其他相关专家及读者代表和馆长共同组成评审委员会,按照公开、公正、公平的原则,进行慎重的评选。不经专家评审而由领导拍板决定设计方案,往往带来许多弊病。

（2）向群众公示投标方案,征集群众及馆员意见。在设计方案评审会上,主持单位应报告群众的意见及图书馆馆员的倾向性意见。

（3）对设计方案的取舍应全面衡量,应以使用功能的满足程度作为首要标准,不能单纯从外观造型来选取设计方案。

（4）选取方案应遵循可持续发展要求,充分考虑投入使用后需要的管理力量、维护的方便程度、运营费用、能源消耗。

（5）最终选定实施方案时,应充分考虑图书馆的服务与管理,应充分听取图书馆方面的意见。

3.6　设计方案的修改完善

工程建设方案是新图书馆建设规划设想能在多大程度上的实现的关键,应多方论证,反复推敲,力求完善,兴利除弊,少留遗憾。

选定的方案会存在若干问题,要作为实施方案须作必要的修改,甚至可能需要做比较大的调整和变动。建设单位可邀请图书馆管理专家和图书馆建筑专家进行会商,提出对方案进行调整与修改完善的建议,对方案的修改要求以书面形式函达设计单位。

建设单位宜将专家的建议、读者的意见和馆员的要求,服务与管理的模式及具体做法与建筑师充分沟通,使设计者理解,达成共识,一起商讨对方案修改完善的具体细节。

在设计单位提交初步设计后,建设单位应及时组织审图,将各专业专家的意见汇总向设计单位提出,要求在做施工图时作修改,以使之完善,避免差错失误。

设计单位提交施工图后,按规定由基建主管部门委托具有相当资质的建筑设计院审图。建设单位也可邀请各专业的专家及技术人员分别对图纸详加审阅,将发现问题请设计单位作最后的修改。

本书第12章有一设计方案调整的实例可以参阅。

3.7　施工图审查

施工图审查是政府主管部门对建筑工程勘察设计质量监督管理的重要环节,是基本建设必不可少的一项程序。国家实施施工图设计文件(含勘察文件,以下简称施工图)审查制度。施工图未经审查合格的,不得使用。

建设单位应当将施工图报送建设行政主管部门,由建设行政主管部门委托审查机构,对施工图涉及公共利益、公众安全和工程建设强制性标准的内容进行审查。

《房屋建筑和市政基础设施工程施工图设计文件审查管理办法》(建设部2013年4月27日第13令号)规定,审查机构是专门从事施工图审查业务,不以营利为目的的独立法人。审查机构应当对施工图审查下列内容:(一)是否符合工程建设强制性标准;(二)地基基础和主体结构的安全性;(三)是否符合民用建筑节能强制性标准,对执行绿色建筑标准的项目,还应当审查是否符合绿色建筑标准;(四)勘察设计企业和注册执业人员以及相关人员是否按规定在施工图上加盖相应的图章和签字;(五)法律、法规、规章规定必须审查的其他内容。

审查机构对施工图进行审查后,对审查合格的,向建设单位出具审查合格书;审查不合格的,将施工图退建设单位并出具审查意见告知书,说明不合格原因。施工图退建设单位后,建设单位应当要求原勘察设计企业进行修改,并将修改后的施工图送原审查机构复审。

施工图一经审查批准,不得擅自进行修改。建筑工程竣工验收时,有关部门应当按照审查批准的施工图进行验收。

第4章 现代图书馆建筑的功能要求

4.1 图书馆的定位与总体要求

图书馆建筑的规划设计首先要明确图书馆本身的定位,对建筑的要求服从于图书馆的定位,并能促进其更好地实现。

1. 从社会需求出发

例如:广州图书馆新馆将建设成一个为集学习阅读、信息交流、文化休闲等功能为一体的信息化、网络化、智能化、现代化的、安全环保的、具有鲜明时代风格和浓郁岭南人文蕴涵的图书馆,成为广州市重要的知识型信息枢纽和精神文明建设基地,达到"国内一流,国际先进",成为广州市文化设施中的新标志。

又如:内蒙古民族大学新图书馆,要建设成为国内高校中先进、区内高校中一流水平的数字化、网络化、自动化的图书馆,成为全校文献信息中心和学术活动中心,在造型、色彩、环境、功能方面,都体现21世纪的时代特色和浓郁的民族风格,要成为学校的标志性建筑。

2. 满足读者不断增长的文化需求

图书馆的规划建设应充分满足社会公众或学校师生对图书馆的期望与要求。一般应突出以下几方面:

(1)公共图书馆是社会公益性文化机构,按照城市文化设施布局的要求,图书馆应成为本地区民众普遍享用的基本文化设施,满足各界读者包括残疾人、少年儿童、老龄读者等特殊群体在内的全体社会成员对文献信息资源服务的需要,提供学习研究条件、提高信息获取能力、参加科学文化活动、得到终身教育援助等。

(2)学校图书馆是全校师生的学习资源中心,也是文化活动中心和学术交流中心,应为师生方便快捷地利用各种文献信息资源创造良好的条件,也为师生获得各种文化艺术科学技术知识和开展交流活动及文化休息提供机会和条件。

3. 考虑客观条件及未来的发展

在确定建设目标时,要充分利用经济社会发展提供的良好基础,并预计到未来发展将会有更好条件,因此在确定建设目标时应适当超前,让社会公众能普遍而充分地享受到改革与发展的成果。

图书馆的建设目标和建设标准应与当地的经济文化水平相适应。不同经济科技文化发展水平的地区,应考虑当地的特点和为图书馆提供的经济技术条件,不可超越客观条件盲目攀比,制定不切实际的建设目标和过高的标准。

4.2　适应社会和读者需要的现代图书馆建筑功能

现代图书馆与传统图书馆在功能设置上的重要区别在于:传统图书馆以藏书为中心,现代图书馆以人为本,以社会需求为依归,以读者为中心。

传统图书馆的功能由图书馆方面设定,仅限于藏书、阅览与外借,读者处于被管理者到地位,没有更多的选择。

现代图书馆的功能设置是根据社会的需要和读者群的需求,读者是图书馆的主人。图书馆的各项工作都从读者的角度加以考虑,服务内容、服务方式和服务窗口不断拓展,功能越来越多样,并且不断加以延伸和完善。

图书馆建筑的功能从以下几方面加以全面考虑而设定。

1. 社会的需求

在建设现代化强国的过程中,国家和社会要求图书馆为经济建设服务,为发展科学技术教育文化服务,为提高公民的思想道德素质、科学文化素质和健康素质服务。

构建和谐社会,要不断提高人民群众物质文化生活水平,创造人们平等发展的社会环境,保障人民的文化权利,这就要让所有社会成员都能平等享受文献信息服务,特别要消除"数字鸿沟",消除弱势群体利用文献信息的障碍。这也是现代社会赋予图书馆的责任。

图书馆承担着为社会保存文明记录并加以整理和传播的职责,承担着吸收古今文化成果、传播先进文化的社会责任,图书馆建筑应为此创造条件。

图书馆往往是一座城市、一所学校文化发展与综合实力的体现,因此,许多地方都要求把图书馆建成为标志性建筑,以此显示其当代水平,展现其发展宏图。

建筑是凝固的音乐,图书馆建筑在一个城市或一所学校的规划中占据重要的地位,因此往往要求其造型独特,具有时代特征、地域文化和民族风格,成为一处引人瞩目的景观。

2. 读者利用的需要

读者对图书馆的需求是多方面的,不同读者群、不同时间,读者的需求呈多元化趋势。规划设计图书馆应充分考虑读者对象的种种需求,创造条件加以满足。

(1)阅览

读者进入图书馆大量时间是为阅览图书报刊,以及进入电子阅览室、视听室浏览非印刷文献资料。读者在阅览室停留的时间长,要求合适的座位、安静的环境和适宜的温湿度、光照及空气清新度。

(2)外借

读者到图书馆借书,量大面广。图书外借是图书馆传统的基本服务方式,有的图书馆还提供期刊外借服务。随着各种内容的光盘文献的大量涌现,图书馆向读者提供光盘外借服务。而且随书光盘也越来越多,外借图书须同时借给光盘。

图书外借与藏书组织有密切的关系,如何让读者方便地挑选到自己所需要的书,方便地办理借书手续,还书时也很方便省时,这都是在设计时要研究安排的。

（3）查检

读者查检图书资料,可以有多种途径,进入图书馆后,一般从公共检索区的终端查,而为了读者的方便,在各阅览室的终端同样可以查到。过去的目录卡片已被电子终端检索所取代,大目录厅也已不再需要。

（4）复制

读者往往需要把查到的资料加以复制,尤以报纸、杂志上的资料及外文资料为多。为满足读者的需要,需设复印室,也有在借阅区设置复印机或自助式复印机供读者使用。读者要求打印资料或刻录光盘的逐渐增多,图书馆安排了轻印刷设备和相应的房间。

（5）上网

不少读者到图书馆来要用相当的时间上网,或查找、下载资料,或消遣娱乐。图书馆设或大或小的电子阅览室以满足读者的要求,也有的在普通阅览室内设计算机终端可供读者上网。供读者上网时有收费或不收费两种,收费的需要相应的管理设备。高校图书馆为学生提供一定时间的免费上网服务,则要有相应的管理措施。

（6）视听

图书馆为读者提供唱片、录音带,光盘、录像带,很受欢迎,这些方面的收藏图书馆也不断增加着。现在图书馆大多设视听阅览室或多媒体视听室以满足读者要求,有的既设集体视听室又有个人视听小间。视听室内需有管理区,以及收藏视听资料的专用架柜。

(7)研究

部分读者为完成研究课题到图书馆查阅资料,并进行思考和写作,图书馆往往设有研究室或研究厢供研究型读者使用,在研究室或研究厢内为研究者提供书架、网络接口等设备和较好的条件。设置小组讨论室,或在信息共享空间内安排,是近年来的新趋势。

(8)咨询

读者在查目过程中、阅读研究中或从网络查找资料中遇到疑难问题,会向图书馆员提出要求帮助,馆员有义务帮助读者,为他们解答,指导他们查找。图书馆设总咨询台,并在各阅览区也设有咨询台。一些图书馆专设咨询室,研究型高校图书馆设查新站。

(9)自修

由于图书馆的阅读环境好,安静且室内温度适宜,因此许多读者十分喜爱到图书馆来自修。许多公共图书馆则据当地读者的需要设置自修室,现在已很少见到收费的自修室。许多高校图书馆允许学生带书包进入阅览室,因此不一定专设很大的自修室。

(10)培训

图书馆为帮助读者提高知识技能,举办继续教育活动,据社会需求举办各种内容、长短不一的培训班,甚至经过批准设立业余学校的,为此需要用于培训的是多媒体教室。公共图书馆的儿童部更要有适应少年儿童的教室。高校图书馆往往需要设文献检索课教室与实习室。

(11)交流

进行公共文化鉴赏、参与公共文化活动也是人民的基本文化权益。读者可以到图书馆听报告讲座,参加讨论,参观展览,参与各种活动。图书馆作为社会的交流中心,其作用越来越突出,组织多种多样交流活动越来越受到欢迎。需设报告厅、多功能厅、学术讨论室、展览厅。

(12)观赏

读者需要观赏音乐、影视,图书馆为此设放映厅、音艺室、音乐图书馆,或设多功能厅提供给读者进行各种娱乐、游艺或聚会活动。在多功能报告厅放映电影或举行音乐会,演出话剧、地方戏、儿童剧或杂技、魔术也是群众乐意观赏的。

（13）休闲

读者有时想要在轻松的环境中休闲阅读,或在阅读研究之余放松情绪,或个别交谈,故图书馆设休闲阅览室、书吧、茶吧等。

（14）餐饮

读者长时间在图书馆内,需补充饮料、点心或午餐,图书馆设咖啡吧、简餐饮料供应点。

（15）其他

读者希望在图书馆能购书、购买文具用品、纪念品。图书馆设书店、读者服务部,以满足读者的需要。

3.　文献收藏与利用的需要

（1）传统纸质书刊的收藏与利用

纸质图书与报刊仍是一般读者学习研究需要的主要文献源。在图书馆建筑中纸质文献收藏所需面积仍占着很大的比例。在规划设计新图书馆时一般预留20年的藏书发展量所需的空间。

在对公共图书馆的考核定级中,在对高等学校的评估中,都对藏书量有明确的要求,这也是确定图书馆藏书量及空间需求的重要依据。中等学校图书馆也相类似。

图书报刊的开本不同,收藏空间的需求也有很大差异。

为读者提供图书报刊阅览外借有不同的方式,开架、半开架与闭架藏书区的书架排列及书架容书量不同,因此所需空间也不同。

古籍珍善本是馆藏中特别需要保护的部分,故采取闭架方式,并有特殊的防护条件和设施,现在往往将古籍的电子文本或缩微品提供给读者利用,如需将古籍原件提供给读者,则需作妥善的安排。

国内外有调研报告认为图书馆的发展出现了新趋势,即随着信息共享空间（Information Commons 简称 IC）的出现和发展,数字信息已经或正在成为学术信息的主流形态,网络成为用户利用信息的主要环境,图书馆的发展从印刷文献为主(p – first)向纸质文献 + 电子文献的复合图书馆(hybrid)过渡,再到电子文献(e – first)为主,正迅速走向纯数字化图书馆(e – only),同时带来图书馆空间结构的巨大变化。如同"图书馆消亡"论没有成为事实一样,估计此种所谓趋势的预见也不会成为现实,在相当长时间里,中国图书馆事业发展的主流仍然是纸质印刷物和电子文献兼收并蓄,就大众阅读而言,纸印书刊毕竟是经常普遍大量利用的。不过,近几年在高校图书馆里已经出现不少信息共享空间的布置。

(2)非书文献的收藏与利用

图书馆收藏的光盘、随书光盘、录音带、录像带等非书资料越来越多,所占比例也越来越大。在一些图书馆仍有相当数量的缩微制品收藏。各种载体的非书资料的收藏利用均需要特殊的条件与设施,电子阅览室、声像资料视听室、听音室的设立成为现代图书馆的所必须安排的内容。

(3)网络资源的组织与利用

全国文化信息资源共享工程正在大力推行。许多图书馆都在将特色文献加以数字化及建设特色数据库,加上国内外专业数据库、专题数据库被大规模引进,虚拟馆藏越来越大,不少图书馆开展了远程咨询服务,能让读者在图书馆内各处都可以利用网络资源,也可以在图书馆外任何地方利用网络超时空地利用文献信息资源。处理信息流成为图书馆建筑设计中的重要课题。

4. 服务与管理的需要

为使各项服务工作按部就班地开展,图书馆内设若干业务部门各司其职,如设立读者工作部、流通阅览部、信息部、查新站、参考咨询部、社会教育部,自动化技术部等等;为方便读者利用,将文献资源适当划分加以布置,设期刊部、古籍特藏部、地方文献部等;为做好文献信息资源的收集整理工作,设资源建设部或采编部。

除以上业务部门外,还需要管理中枢加以指挥和协调,有馆领导办公室、图书馆办公室或综合办公室,及财务、档案等办公室,中心城市公共图书馆还设有辅导协作办公室、图书馆学会办公室。有的图书馆还为馆员设了休息室。

5. 计算机房、网络布线、安全防护及各种保障设施的需要

(1)机算机房,布置计算机及网络设备、辅助设备,文献资源数字化工作用房,其他配套的房间,以及进出网络线路。

(2)综合布线系统,按照图书馆各种信息(语音、数据、图形、图像及多媒体信息等)的传输要求,与读者服务自动化、业务自动化、监控自动化等统一考虑设计布局各种线缆,以保障信息处理和通信能力,并能适应未来发展。需要选择适当型级的布线系统,安排设备间(网络设备和程控交换机)及进出线缆管道、井道。

(3)卫星通讯信号接收设备,大型图书馆需接收人造通讯卫星的信息时,需有专门的地面卫星信号接收设备,并设专用机房。

(4)内部食堂,在大型图书馆,需设供馆员用餐的内部食堂。

(5)其他机器设备用房:变配电室、电梯井及机房、消防水池、自动灭火设施机房、贮气罐房、冷热源制备、通风空调机房、绿化用房等。

(6)自行车库、汽车库、仓库。供读者及馆员使用的存车位,以及本馆汽车、图书流动车车位。

4.3　不同类型图书馆功能要求的特点

1. 公共图书馆

公共图书馆是面向全社会的,服务面广,读者量大,要求功能尽可能齐全。

不同地区、不同经济条件、不同历史基础、不同规模的图书馆,在基本功能设置上大致相同,而有些功能要求则要因地制宜。

公共图书馆的门厅既是交通枢纽,又可安排办证、借还书、导览、咨询、宣传、休息、存物等,其旁可为公共查目区,一侧通往书

店、服务部。

一般都设有电子阅览室、视听阅览室，兼为文化信息共享工程分支中心。也有不单设读者阅览室而是在借阅区内遍设电脑终端给读者使用。有的图书馆还设音艺室。

历史悠久的公共图书馆，古籍收藏丰富，故需单设古籍书库及古籍阅览室，并设古籍修复裱糊室。地方文献的收集整理与保存也是公共图书馆的功能要求之一。

不少公共图书馆设有研究室，有的图书馆据本地的历史文化积淀和经济发展特点而设专题研究室。

一些图书馆为弱视读者设专用的阅览室，让这一部分人也能得到图书馆服务，利用专门的设施克服障碍，分享阅听人类的文化知识成果，这是社会文明的一种体现。

有的图书馆设有老年人阅览室，专供老年读者阅读书报，进行交流。

公共图书馆一般都设有儿童部，其中既有阅览、外借区、也有电子阅览区，更有亲子阅览区、幼儿活动区、玩具图书馆，还需要培训室等。

图书馆的展览厅不但自己用来办展览，也常被社会团体所借用，举办各种主题的展览。报告厅、多功能厅、读者交流区都是必要的。

近年来一些地区的图书馆辟出场地设"24小时自助图书馆"，其实，人类有几十万年遗传下来形成的生物钟，白天工作学习，夜里睡眠，这是自然规律。凡保健养生节目，医生无一例外都说过分晚睡、少睡眠不利于健康。故不应该提倡半夜里到图书馆里来来，不必提供这样的条件。况且如今通过网络读者可以得到 7×24 小时的远程服务，夜间也可以从网上阅读和查资料。一套自助图书馆设备大约40万元，只能放400册书，性价比太差。

设印刷装订室是为修补旧书、装订期刊报纸，为读者复印及打印加工制作文件资料，也可承担修复古籍的任务。

公共图书馆往往举办许多培训班,因此需要培训教室,有的图书馆在主体建筑之外另建一座培训楼。

有图书馆设供读者使用的健身房。设馆员活动室的也越来越多了。

大型公共图书馆往往设有读者餐厅,有的设员工食堂。

不少公共图书馆设有分馆、流通点,配备有汽车图书馆,为此需设馆外流通书库及专用汽车库。

解决读者和馆员停车场地是必要的。

《公共图书馆建设标准 建标 108 - 2008》对于不同规模图书馆内部设置作出规定:

大型图书馆的藏书区应设:基本书库(保存本库、辅助书库等)、阅览室藏书区、特藏书库;借阅区应设:一般阅览室、少年儿童阅览室、特藏阅览室、视障阅览室、多媒体阅览室,可设老龄阅览室;咨询服务区应设:办证、检索、总出纳台、咨询;公共活动与辅助服务区应设:寄存、饮水处、读者休息处、陈列展览、报告厅、培训室、交流接待、读者服务(复印等),可设综合活动室;业务区应设:采编、加工、辅导、协调、典藏、研究、美工、信息处理(含数字资源),可设配送中心;行政办公区应设:行政办公室、会议室;技术设备区应设:中心机房(主机房、服务器)、计算机网络管理和维护用房、文献消毒、卫星接收、音像控制,可设微缩、装裱整修;后勤保障区应设:变配电室、电话机房、水池/水箱/水泵房、通风/空调机房、锅炉房/换热站、维修、各种库房、监控室,可设餐厅。

中型图书馆与大型图书馆的差别是:基本书库、音像控制变为可设。

小型图书馆规定为:应设综合活动室、配送中心;不设基本书库、总出纳台、陈列展览、报告厅、培训室、交流接待、典藏、研究、美工、信息处理、音像控制、微缩、装裱整修、监控室、餐厅。2 300 m^{2}以上的小型图书馆可设:特藏书库、老龄阅览室、特藏阅览室、视障阅览室、咨询、读者休息处、计算机网络管理和维护用房、卫星接收、变配电室、电话机房、水池/水箱/水泵房、通风/空调机房、锅炉房/换热站、维修、各种库房。

各项目的内容及说明,基本书库:保存本库、辅助书库等(包括工作人员工作、休息使用面积。开架书库还包括出纳台和读者活动区。);特藏书库:古籍善本库、地方文献库、视听资料库、微缩文献库、外文书库以及保存书画、唱片、木版、地图等文献的库等;一般阅览室:报刊阅览室、图书借阅室等(包括工作人员工作、休息使用面积,出纳台和读者活动区);少年儿童阅览室:少年儿童的期刊阅览室、图书借阅室、玩具阅览室等;特藏阅览室:古籍阅览室、外文阅览室、工具书阅览室、舆图阅览室、地方文献阅览室、微缩文献阅览室、参考书阅览室、研究阅览室等;多媒体阅览室:电子阅览室、视听文献阅览室等;咨询:专门设置的咨询服务台、咨询服务机构、咨询服务专用的计算机位等;陈列展览:大型馆: $400 \sim 800 \ m^2$,中型馆 $150 \sim 400 \ m^2$;报告厅:大型馆 $300 \sim 500$ 席位,应与阅览区隔离、单独设置,中型馆 $100 \sim 300$ 席位;综合活动室:小型馆不设单独报告厅、陈列展览室、培训室,只设 $50 \sim 300 \ m^2$ 的综合活动室,用于陈列展览、讲座、读者活动、培训等,大、中型馆可另设综合活动室;培训室:用于读者培训的教室或场地,大型馆 $3 \sim 5$ 个,中型馆 $1 \sim 3$ 个;配送中心:为街道、乡镇图书馆统一采编、配送图书用房;辅导、协调:用于指导、协调下级馆业务。技术设备区包括"全国文化信息资源共享工程"设备使用面积,以及工作人员工作、休息使用面积。

2. 少年儿童图书馆

少年儿童图书馆应设低幼儿童游乐室、玩具室、亲子活动室。

故事室、教室、兴趣小组活动室都是需要的。

电子阅览室、视听室应据少年儿童的特点来设立。

应设报告厅、多功能厅,在多功能厅可举办展览。

少年儿童图书馆应有户外活动场地。

3. 中学图书馆

中学图书馆的功能依据学校的规模而定。

　　有住校学生的中学,图书馆的功能和设施应更加完备。

　　中学图书馆应有宽敞的阅览室,特别是报刊阅览室。

　　中学图书馆一般设有教师阅览室。

　　中学图书馆对学生借书有不同的做法:个人凭证借阅,或以班组为单位在指定日期时间集体办理借阅手续,图书馆的书库也宜尽可能向学生开放。

　　中学图书馆宜设多媒体阅览室让学生上网和观赏视听资料,辅助学习,开阔视野,提高鉴赏辨别能力。

　　4. 高校图书馆

　　高校图书馆的功能应该十分完备。

　　高校图书馆的读者大厅及其旁可以安排许多功能:门禁系统、总咨询台,借还书台,办证处,导览触摸屏,大型电子屏,公共检索终端,休息区,展示牌展览框,存包柜,读者服务部,复印室,等等。一些高校图书馆安装了自助借还书机。

　　许多高校图书馆设有门禁系统,读者可带书包进入阅览室。

　　有的高校图书馆设有教师研究生阅览室、外文阅览室,而不少高校已不单设。研究室、研究厢是需要的。

　　电子阅览室、多媒体视听室,其规模可大可小。在阅览室内设一些终端,并沿墙或在柱上安有网络与电源插座,以方便读者自带电脑的使用。近年新建的图书馆已普遍设无线上网覆盖全馆。

　　高校图书馆有相当数量的过刊,故专设过刊阅览室,也有不少图书馆将过刊放置于期刊室内的一个区,不另设过刊室。

　　文献检索课教室、教研室、实习室是必需安排的。

　　高校图书馆大多设有许多座位的自修室,而随着允许读者带书包入馆,在任何阅藏区都可自修,故自修室的数量和座位减少了。

　　高校图书馆设有本校文库,负责收集、保存、展示并提供利用本校教师研究人员的著作。

　　存包柜在大厅及各层都要有,而在读者可以带书包进阅览室的情况下,存包柜的设置数量就不必太多。

复印室可为学生打印、装帧毕业论文、毕业设计及求职简历。同时在各层阅览室的服务台设复印机或走廊上安放自助式复印机。

有的高校将图书馆作为学校的学术交流中心,图书馆设置高规格的报告厅、多功能厅、学术讨论室,以及展览厅。

书店、休闲吧的设置在不少高校图书馆作了安排。

存车处的安排是必不可少的,不但是学生、馆员存自行车,而且也要考虑员工自备汽车的存放。

5. 专业图书馆

专业图书馆包括科研系统、机关团体、医院图书馆等,需要规划建造专门的图书馆建筑的是大型的专业图书馆,如各研究院、所图书馆。

专业图书馆是研究型图书馆,其服务对象是本单位专业人员,图书馆建筑的功能视规模而定。

中国科学院文献情报中心是国内最大的、现代化、智能化的专业图书馆。

6. 公共图书馆与高校图书馆合一

公共图书馆与高校图书馆合为一体,以金华市严济慈图书馆为始,既是金华市图书馆,又是金华职业技术学院图书馆,同时还是严济慈纪念馆,于1997年10月1日开馆。由于金华职业技术学院扩大和整体搬迁到新校区,建造了学院图书馆,现在的严济慈图书馆与金华职业技术学院图书馆已经分开,不再是两者合一的体制了。

宁波大学园区图书馆是由宁波市教育局投资建设的,也是一座高校图书兼公共图书馆,既是宁波市第二图书馆,同时还是鄞州区图书馆、宁波市少年儿童图书馆,于2003年12月28日开馆。

公共图书馆与高校图书馆合一,成为一座完全形态的图书馆建筑,在功能方面尽可能完善,兼顾社会读者与高校师生的需要,而阅览、藏书、信息咨询及各项服务均不分设。

有将公共图书馆和高校图书馆相邻合而建的,但两家单位各自管理,分别服务、并无资源共享。即使是报告厅、多功能厅、配电间、采暖、空调机组等也各自单独配置。

7. 图书馆与档案馆结合

图书馆与档案馆在同一座建筑之中,以中国科学院图书馆(中国科学院文献情报中心)为代表,新建筑于 2002 年开放使用。

温州图书馆与档案馆合建为一座建筑,各自进出,分别管理。

高校有将档案馆与图书馆建在一起的,有的各自运营,也有的将档案馆作为图书馆的一部分来管理。

图书馆与档案馆各自承担社会职能,分别服务与运营。

图书馆与档案馆合建,其功能两方面齐备,但不必重复设置报告厅及制冷供热机房、中央空调等设备。

现代档案馆不但是收集、保管档案资料的基地,更是提供利用档案资料的信息中心。

《档案馆建筑设计规范 JGJ25 - 2010》规定:档案馆分特级、甲级、乙级三个等级,其建筑根据不同等级、不同规模和职能配置各类用房。

档案馆建筑应根据其等级、规模和功能设置各类用房,并宜由档案库、对外服务用房、档案业务和技术用房、办公用房和附属用房组成。

档案馆建筑设计应使各类档案及资料保管安全、调阅方便,查阅室环境安静,馆员有较好的工作条件。建筑的主要用房应具有良好的朝向。

档案库包括纸质档案库、音像档案库、光盘库、缩微拷贝片库、母片库、特藏库、实物档案库、图书资料库、其他特殊载体档案库等,并应根据档案馆的等级、规模和实际需要选择设置或合并设置。

对外服务用房包括服务大厅(含门厅、寄存处等)、展览厅、报告厅、接待室、查阅登记室、目录室、开放档案阅览室、未开放档案阅览室、缩微阅览室、音像档案阅览室、电子档案阅览室、政府公开信息查阅中心等。

保护技术用房由去酸室、理化试验室、档案有害生物防治室、裱糊修复室、装订室、仿真复制室等组成。

音像档案技术用房可由音像档案技术处理室、编辑室等组成。

信息化技术用房由服务器机房、计算机房、电子档案接收室、电子文件采集室、数字化用房组成。数字化用房由档案前期处理室、纸质档案扫描室、其他载体档案数字化室、数字化质量检测室、档案中转室组成。

接收档案用房由接收室、除尘室、消毒室等组成。

整理编目用房可由整理室、编目室、修史编志室、展览加工制作室、出版发行室组成。

保护技术用房可由去酸室、理化试验室、档案有害生物防治室、裱糊修复室、装订室、仿真复制室等组成。

附属用房可包括警卫室、车库、卫生间、浴室、医务室、变配电室、水泵房、电梯机房、空调机房、通信机房、消防用房等,并应根据档案馆的等级、规模和实际需要选择设置或合并设置。

4.4　无障碍设计及消防和安全要求

1. 无障碍设计

联合国组织提出,在科学技术高度发展的现代社会,一切有关人类衣食住行的公共空间环境以及各类建筑设施、设备的规划设计,都必须充分考虑具有不同程度生理伤残缺陷者和正常活动能力衰退者(如残疾人、老年人)群众的使用需求,配备能够应答、满足这些需求的服务功能与装置,营造一个充满爱与关怀、切实保障人类安全、方便、

舒适的现代生活环境。

为保障残障人士也能享受图书馆的服务、平等参与图书馆的各项活动,体现社会公平和对残障人士的关爱,图书馆建筑必须按照《城市道路和建筑物无障碍设计规范 GB50763 - 2012》的规定,准备相应的条件和设施。

主要人行通道当有高差或台阶时应设置轮椅坡道或电梯,在读者主入口宜设置坡度不小于1: 30 的平坡出入口;安有检测仪的出入口应便于乘轮椅者出入;公共检索区应设置低位检索台;报告厅、展览厅、视听室等至少设 1 个轮椅席位;借阅台、饮水机应设低位服务实施;县、市级及以上图书馆应设盲人专用图书室(角),在无障碍入口、服务台、楼梯间和电梯间入口、盲人图书室前应设行进盲道和提示盲道;在电梯内应有低位选层按钮;卫生间内应设置无障碍厕位和无障碍洗手盆。

2. 消防和安全疏散要求

图书馆的功能要求中应特别重视安全问题,从"以人为本"出发,尤其应关注读者和馆员的安全。

国家对建筑物的消防和安全疏散发布了许多严格的规定,有《建筑设计防火规范 GB 50016—2012》、《建筑内部装修设计防火规范 GB50222 - 95》等,文化部发布了《公共图书馆建筑防火安全技术标准 WH0502 - 96》,在《图书馆建筑设计规范 JGJ38 - 99》中有专门一章"消防和疏散"。

图书馆建筑设计应严格执行相关标准和规范,从各方面采取严密的措施以确保人员、资源和设施的安全,包括建筑的耐火等级、防火分区、消防设施、安全疏散等。有图书馆建造完成后却不能通过消防安全检查,因而无法开馆接待读者,此种尴尬局面应防止发生。

第5章 现代图书馆建筑的构成和布局

5.1 现代图书馆建筑的构成

现代图书馆建筑由8项要素构成。

1. 内部空间

图书馆建筑内部有效的空间,主体是人活动的空间、藏书空间和机器设备占用的空间3大部分。

(1)人的空间:包括读者阅读研究用房,交流活动用房,公共活动空间,馆员业务工作和管理用房。

(2)藏书空间:书库、报刊库、古籍珍本书库,非书资料库等。

(3)设备空间:电子计算机房,机器设备用房,仓库、车库等。

图书馆建筑内部是三大空间加上平面与垂直交通等辅助空间的组合。

2. 管理模式

规划设计图书馆建筑,不仅要设计建造物理实体空间这样一个硬件,同时要考虑如何使用和运转这座建筑物的管理模式这样一个软件,二者应该相辅相成。

指导思想、服务理念和管理模式是无形的,但却是图书馆建筑的灵魂:有什么样指导思想、服务理念和管理模式,就有什么样的图书馆建筑。

以书为本的理念和闭架管理的模式,产生以书库为中心的图书馆建筑;而在科学发展观和以人为本原则指导下的现代图书馆

理念和开放式服务管理模式,就要求有与之相适应的图书馆建筑
新格局。

体现科学发展观的以人为本的服务管理模式,应是现代图书
馆建筑的构成条件,是现代图书馆建筑的主心骨。

在规划设计一座新图书馆时,应该把握住机遇,首先设计好一
整套服务管理模式,这一套服务管理模式应该是以人为本的、先进
的、科学的、符合国情馆情的,其核心为开放服务、方便读者、提高
效率,并要方便管理、节省人力、降低消耗。

3. 信息网络

先进信息技术的应用是现代图书馆的必备要素,延展到图书
馆各个角落的信息网络是现代图书馆内部的神经系统,并且通过
网络对外连接,可以超时空地把服务延伸到千家万户、国内海外,
经过网络线路或无线上网把自己一座图书馆与万千图书馆及信息
库联结起来,实现非常广泛的资源共享,让读者随时得到人类智慧
的滋养,快速获得最新的思想艺术科技成果。

4. 技术装置

现代图书馆是用各种先进技术装备起来的。

(1)记录设备:用于图书上的磁记录、无线视频(RFID)标签及
借还书识别、消磁。自动借还书机。

(2)电脑及网路设备:大型服务器、光盘塔光盘库、电脑工作
站,电脑终端,无线上网接续器。

(3)音像设备:广播设备、投影仪、视听室监控设备、多媒体视
听设备、报告厅多功能厅的音像设备,同声传译设备等。

(4)显示设备:大型电子屏幕,触摸式导览屏,电子阅报屏。

(5)展览陈列设备,告知牌、展示牌、展板、展框、展台。

(6)复印设备:静电复印机,缩微文献阅读复印设备。

(7)广电设备:广播系统、有线电视设备、卫星信号接收
设备。

(8)暖通设备:采暖设备、空调设备、通风设备、除湿设备。

（9）监测设备：门禁设备、图书监测仪、摄像器、监管屏等。

（10）消防设备：自动监测报警设备、自动或半自动灭火设备——水喷淋、气体或雾剂灭火设备，消火栓。

（11）汽车图书馆，流动送书车。

（12）综合布线：综合布线系统是建筑物内信息通信网络的基础传输通道，将全馆计算机信息处理和通信（包括语音、数据、图形、图像及多媒体信息等）线路进行统筹安排，系统布局管线，包括主干布线子系统、水平布线子系统和工作区布线。

（13）智能化设备：建筑智能化将楼宇、通信及办公自动化三大系统纳为一体、提高建筑物运行、管理、安保和信息服务等方面的自动化程度，为读者和工作人员提供高效、便利、舒适、安全的工作环境，同时，节约能耗、降低人工成本、提高管理效率。

文献智能化管理设备（RFID——无线射频图书管理系统）是一种新的图书自动化管理系统，用特殊编码标签贴在书上表示书的架位（楼层、区位、巷道、架号和架层）为基础，可用以实现图书的自动查找寻检、办理借还书手续，加上配置智能书车，可在图书归架时自动寻址、引导归架、及架位整理等工作。

5. 家具设备

成系列的家具设备是读者利用文献信息和馆员工作的必备条件。

图书馆专用家具包括阅览桌椅系列、书架系列、非书资料柜、陈列展示柜、出纳台、咨询治、存包柜等。

随着电子网络资源的广泛应用，各种新颖配套家具越来越多，包括检索台、电子阅览、视听室卡座、多媒体书架、多功能柜台、办公家具等。

家具的尺寸须与房间开间进深尺度相配合，并能让人方便地查检使用各种类型的文献信息资源。

家具的质感、外形与协调的色彩，能起到美化室内空间环境的作用。

6. 内外环境

图书馆的理想境界是"馆中有园、园中有馆"的花园式图书馆,图书馆建筑不仅是一座建筑物,而是庭院加建筑物的整个馆区环境。

馆区的环境是图书馆建筑的烘托,也是图书馆建筑形象的组成部分。

馆前广场绿地是读者进入图书馆之前的心理准备缓冲过渡地带,也是吸引读者的元素,供群众休憩的场所。

馆区绿树花卉、水塘盆栽、雕塑小品不仅是点缀美化庭院,更体现了某种价值观念,体现着人与自然和谐的精神追求。

图书馆的室内环境,包括光照、通风、温湿度、安静度等物理环境,加上家具排列组合、色彩、标志提示系统、室内绿化美化布置等,形成雅静、清新、温馨宜人的研读环境。

室内与室外环境的沟通,人在室内可以看到户外的旎丽风光或庭院景色,感觉接近自然,精神爽朗。

7. 文化氛围

图书馆是广大公众利用得最频繁的文化建筑,应该有丰富的文化蕴涵和高雅的文化品位,以反映人的精神追求,既满足读者的欣赏欲望,又能影响读者的情绪。

图书馆建筑的文化氛围,构成图书馆的文化影响力。现代图书馆建筑应具有高雅、清新、浓郁的文化氛围,高品位、艺术化、有感染力的文化氛围的营造,是现代图书馆建筑不可或缺的一部分。

8. 外观造型

建筑物当然有着一定的形体,这个形体与周围环境及建筑群相协调,或许起到画龙点睛的作用,其形象甚至可能成为一座城市、一所学校在某个特定时代的标志物。

图书馆建筑的外观造型不拘一格,建筑师各显其能,可以别出心裁。而图书馆建筑的外观造型不但是设计师个人艺术风格的表现,更重要的是用以表现出具体图书馆的品格与气质,反映出时代特点、地域特色与民族风格,甚至表征城市或学校的综合实力与艺术鉴赏力。

建筑的形体对其内部使用功能有着重大影响,并对运行维护提出相当的要求,现代图书馆建筑应追求使用功能与外观造型的和谐统一。

5.2　图书馆内部空间的布置与相互联系

1. 内部空间的划分

图书馆建筑的内部空间可分为阅藏研究区、电子网络区、交流培训区、公共活动区、业务管理区、设备辅助区等6大部分。

(1)阅藏研究区:普通阅览室、报刊阅览室、专题阅览室、特种阅览室、检索工具书室、信息咨询室、科技查新站、研究室、自修室、开架书库、基藏书库、过刊库、古籍珍本书库、非书资料库、贮存书库等。

(2)电子网络区:电子阅览室、多媒体视听室、语音室、电子文献开发加工室、网站维护、计算机网络机房等。

(3)交流培训区:报告厅、展览厅、多功能厅、学术讨论室、文献检索课教室、培训教室等。

(4)公共活动区:门厅、咨询台、办证处、存物处、公共检索区、总出纳台、复印室、服务部、书店、读者休息室、休闲书吧茶座等。

(5)业务管理区:读者工作部、社会教育部、业务研究室、采编部,馆长室、办公室、接待室、会议室、财务室、档案室、馆员活动室等。

(6)设备辅助区:总控制室、配电变电间、冷热源制备、空调机房、泵房、消防水池、贮气瓶间、仓库、车库等。

2. 内部空间的组织

图书馆的内部空间首先按照读者利用的方便来加以划分和组织,同时兼顾管理的方便,更好地为读者服务。要让好的位置、读者最容易接近的位置发挥更大的使用效益。

（1）读者量大、使用频率高房间安排在低层位置。阅报廊当然设在底层，报刊阅览室读者也宜在低层。图书外借室读者流量大，不宜在较高的楼层。

（2）读者量少的研究性阅览室在上层布置。参考咨询部、检索工具书室、信息部、科技查新站、古籍特藏阅览室、研究室等，均可安排在较高的楼层。

（3）藏书与借阅可结合在同一房间内。将一个大空间布置为文献借阅区，藏书、阅览、外借、检索、咨询均在其中，还可上网查找资料，做到"人在书中、书在人旁、网络资源随手可得"，使读者得到极大方便。

（4）闭架书库宜在后部，与出纳台互相靠拢。贮存书库现多为密集书库，一般在地下层，也可在顶层，如占据 1 层空间殊为可惜。

（5）性质相近的房间相邻布置。文献检索课教室、实习室、检索工具书室与教研室应相邻布置。古籍特藏与地方文献阅览室宜与古籍特藏、地方文献库及古籍修复室相邻。

（6）同一部门的房间尽量布置在一个楼层。期刊部、报纸期刊阅览室、过刊室，宜在同一楼层。不单设过刊室而在报刊阅览室内的一个区块放置过刊合订本更方便利用和管理。

（7）电子文献与网络资源开发利用房间统一安排。电子阅览室、视听室与电子计算机房相近布置，自动化部（技术部）、电子文献开发加工室、网站管理等，均宜布置在一起。有不少图书馆的音像资料可供读者外借，其位置可与图书外借合在一起，也可以设在电子阅览室近旁。

（8）读者大厅发挥其枢纽与辐射作用。大厅起着组织读者人流的交通枢纽作用，经由走廊或楼梯电梯通达各种房间，通往展厅、报告厅、服务部，同时在大厅内及近旁设有咨询台、检索台、借还书处、休息区、存包区。

（9）报告厅展览厅宜布置在辅楼或裙房内自成一区。报告厅、展览厅的使用频率有高有低，且应有方便的独立出入口，设在主体建筑之外，既方便读者出入，便于安全疏散，又适于单独管理。报告厅不宜设于地下层、顶层,也不宜放在楼层的中间部位,没有直接对外的出入口。

(10)读者休闲用房设在底层。有直接向外的出入口,既方便公众和读者,又便于单独开放。把最接近读者的底层空间安排为读者服务部门,受读者欢迎,能发挥更大的效益。

(11)内部业务与管理用房可在上层安排。采编部、馆长室、馆办公室、活动室等内部用房布置在上层,不影响业务与管理工作,且可争取较好的朝向。将底层空间让给读者使用,效果更好。

3. 内部空间的联系

内部空间的联系主要考虑读者的便捷,兼顾馆员的服务管理。

图书馆内部空间的联系要安排好读者活动流线、馆员工作流线、图书运送流线,安排好馆内交通,尽可能避免交叉干扰。

(1)读者流线

读者进入图书馆各有其目的与要求,为读者安排的活动路线

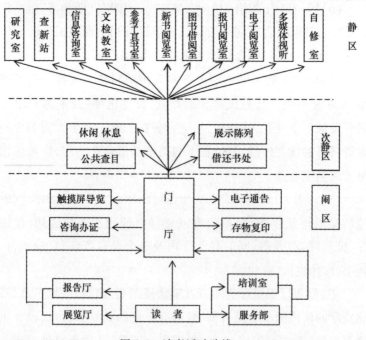

图5.1　读者活动路线

应明确、简洁、便捷。

读者经由走廊、楼梯或电梯能顺畅到达各处,不应绕道迂回曲折,或使读者找不着方向、不知需要去的阅览室在哪个位置和路线。

上下楼的主楼梯一般为开放楼梯,应在大厅近旁,读者进图书馆后能很快到达楼梯上楼。如果图书馆是高层建筑,供读者乘用的电梯亦应布置在易接近且不与大量人流交叉的位置。

公共图书馆设有少年儿童部时,应为小读者及家长设单独的出入口,同时也可经图书馆的门厅进入儿童阅览室。

(2)馆员流线

馆员入馆出入口可以单独设置,也可和读者从同一入口进出。

当图书馆规模很大设馆员出入口时,往往将此工作出入口设于图书馆的侧面或后背一面。工作出入口的位置要考虑馆员进馆的方便,北方地区要尽量避免馆员入口开门朝北或朝西北等不利的朝向。

如果图书馆为高层建筑,或有许多馆员在较高的楼层工作,则工作出入口附近就应有电梯。

(3)图书流线

图书的流线包括 2 条流线。一是图书进馆入口,以及经编目加工后送到收藏地点的路线。二是读者还回的图书,送到各阅览室、书库的路线。

宜为图书进馆设专用入口,小型图书馆的图书进馆也可与馆员同一入口。图书入口应与采编部相接近,通道较短而便捷,适于书车推送。现采编部往往设在建筑的顶层,故图书入口近旁应有电梯。

进馆图书经拆包验收、登录、编目、加工之后,分配送往各阅览室或基藏书库。采编部的拆包验收室一般与编目室相邻布置,或在同一大空间内。经编目加工过的书送往各楼层阅览室、基藏书库时,必需用电梯,故内部工作电梯的位置成为图书流线的重要一环。

　　也有先将编目加工过的书移交给典藏室,由典藏室分别发送的。典藏室一般与编目室相近布置。典藏室与电梯间之间的距离宜近,推车运送图书方便,路线不宜迂回曲折。

　　还书地点的安排:各图书馆对还书手续和地点的安排各不相同,现以集中在总还书台办理的较多。总还书台一般设在读者大厅内的一侧,以方便读者进馆即可先把书还掉,然后轻松地到借阅区。

　　读者还回的图书经总还书台分检之后,即可用手推书车送还阅览室或基本书库,或经电梯分送往各楼层的阅藏区。总还书台与电梯间的联系应近便,距离不宜过长,其路线要避开读者之大量人流。

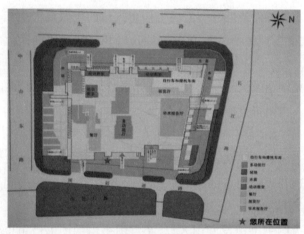

图 5.2　南京图书馆的布局

5.3　图书馆出入口的安排

　　图书馆的出入口至少应 2 个以上,而大型、特大型图书馆根据平面布局和消防疏散的要求需在各个朝向都设出入口。

读者主出入口的位置服从于城市或校园规划的要求,及馆区周围道路与环境。图书馆的入口的朝向以朝南、朝东或朝东南为佳。

主出入口的安排与主层直接相关联。图书馆的主层和主出入口设在建筑的底层时读者进出图书馆方便。现在不少图书馆建筑为求气势而在大门外设高台阶,将主出入口设在2层,千万读者进出图书馆必须走过大台阶,这是很不方便的。

高校图书馆常因其主出入口并非读者必经之路,故另在面向学生宿舍区设另一入口,实际上成为读者的主要出入口。

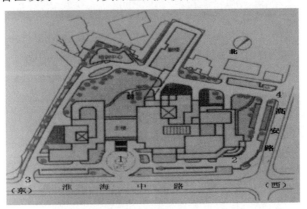

图5.3　上海图书馆的主出入口布置(1 读者主出入口在淮海中路上;2 展厅报告厅入口在高安路口;3 工作人员出入口在馆区东侧;4 车辆出入口在高安路上)

5.4　阅览藏书空间的组织

读者的阅读行为及图书外借以相应的藏书为依托。

阅览、藏书、借书三者可分可合,各图书馆可有不同的空间组织办法。

开架阅览方式已成为通行的做法,即在阅览室内有开架藏书

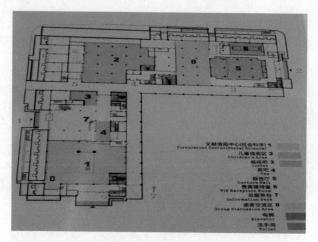

图5.4　杭州图书馆的出入口布置(1 读者主出入口；2 报告厅出入口；3 报告厅、读者交流区出入口；4 小展厅出入口；5 儿童借阅区出入口；6 工作人员出入口；7 大展览厅在地下一层)

图5.5　华北电力大学图书馆(保定)两个出入口(左图正对学校大门的出入口平时不开)

区。许多图书馆阅览室的图书同时可让读者外借。参考阅览室、保障本阅览室也称保存本阅览室或基藏图书阅览室、工具书阅览室的图书一般不外借。

目前单独设立外借书库的仍不在少数,非书资料库、古籍特藏库等当然是单独设立的。

1. 阅览空间的布局

阅览室是图书馆接纳读者最多的地方,是图书馆内部空间的主体部分,所占的比例最大,一般达到使用面积的 35～40% 左右。

阅览室的划分以方便读者利用文献信息资源为首要原则,与读者群的组成及需求有关,又和图书馆的服务模式、藏书组织密切相关,并考虑到图书馆的服务内容、服务方式与管理。

来到图书馆的读者有不同的阅读目的,大致可分为学习型、研究型、消遣型 3 大类,阅览室也相应地配置。从既方便读者又便于管理考虑,读者量大的阅览室在下层,读者量相对少的、研究型阅览室在上层。

(1)按文献类型划分阅览空间。为读者利用的方便和藏书组织的便利,多数图书馆将不同类型的文献分别布置,故分为图书阅览室、报刊阅览室、过刊阅藏室、电子阅览室、视听阅览室、古籍特藏阅览室等。

(2)按楼层划分阅藏空间。阅览室的划分常与图书馆每一层楼有多少房间、有多大的连续大空间相关。按楼层布置,如 2 层为报刊阅览室,3 层为图书阅览室,4 层为电子阅览室和多媒体视听室,5 层为古籍特藏阅览室和研究室。这样的布置既方便读者,又便于图书馆的服务与管理。

(3)按图书的学科门类划分阅览室。普通图书阅览室、新书阅览室、社会科学阅览室、自然科学阅览室、经济管理阅览室、艺术阅览室、特种文献阅览室等。有的图书馆阅览室内既有专业图书也有期刊。外文图书与期刊常合在一起为外文阅览室。

(4)按读者对象划分阅览空间。设少年儿童阅览室、老年阅览室、盲人阅览室等。高校图书馆设教师研究生阅览室的现已逐渐少见。

图 5.6　上海图书馆中庭周围的阅览室

图 5.7　上海图书馆的"世博信息阅览室"

2. 阅藏借结合的布局

如今许多图书馆在阅览室里配置藏书,人在书中,书近人旁,藏书开架供读者自由取阅,也可外借。

通常是阅览座位在邻近窗户的一侧,藏书区在内侧。在进深很大的阅览室,房间里靠近窗户的两侧布置阅览桌椅,藏书区居于中间。也有专辟特色阅览区的。

图 5.8　杭州图书馆没有单设电子阅览室，在图书借阅区都可以上网

图 5.9　西北师范大学老图书馆阅览室的布置

　　很多图书馆的外借书库兼有阅览功能，布置很多阅览座位，读者可以在内浏览或长时间地阅读研究。也有的仅在窗边设一排单人阅览桌。

　　3. 自修室的安排。

　　高校图书馆设自修室的位置较为灵活，有不少图书馆在大厅一侧或利用宽大的走道回廊布置自修区。在底层设自修室有单独

图 5.10　深圳大学城图书馆阅览室

图 5.11　成都电信工程学院图书馆阅览室

出口,便于学生出入,不受图书馆主体闭馆的影响,可延长开放时间。如果将自修室布置在高层建筑的较高的楼层,而电梯数量又不多,则会造成交通拥挤和不方便。

公共图书馆常设有相当多座位的自修室,甚至不止一处,可以在底层、地下室,也可在上面几层,或利用大厅的一部分及回廊布置自修区。

图 5.12　杭州图书馆 3 楼的阅览室布置

图 5.13　杭州图书馆专题文献阅览室

图 5.14　浙江理工大学图书馆艺术书刊阅览室

图 5.15　大连图书馆在读者大厅布置的自修区

图 5.16　上海大学图书馆利用大厅的一部分布置自修座位

图 5.17　台北市立图书馆天母分馆的自修室也常满座

5.5　书库的布局

图书馆的文献收藏空间分布已向多方位发展。不同类型、不同规模的图书馆其藏书组织不同,但有大体相同的处理办法。

1. 阅览室藏书

依据藏书接近读者的原则,很多图书馆将读者常用书放到阅览室,读者可以直接到书架上浏览、选择,取书阅读。

大型图书馆有将工具书集中在一起的,字典词典、手册、年鉴、百科全书,以及中外检索类刊物印刷本等,集中在工具书阅览室或称检索工具书阅览室,开架管理,读者可自行取阅。其位置一般在图书馆的较高楼层。有的图书馆将大型百科全书等放入书柜加锁,使读者难以查用。

也有阅览室在其一侧或靠里面设半开架藏书区的,称为辅助书库,配置常用热门书,读者可入内挑选后在管理人员处登记后阅读。

一些图书馆将刚编目加工完成的书先放到新书阅览室内,过一段时间后再将这批书移到其他阅览室或外借室。

2. 基藏书库

大型图书馆将大量非常用书集中于闭架的基藏书库,内设少量阅览座位。有的图书馆将每种图书取 1 册设为保存本书库或保障本书库,也称之为基藏书库,只供阅览不外借或允许短期外借。

3. 期刊库

将合订本期刊和报纸集中存放,称为过刊阅览室,如单独设置时一般安排在较高的楼层。也有将合订本报刊安排在报刊阅览室一侧而不单设期刊库的,使用和管理更为方便。

4. 古籍珍本库

在有古籍珍本收藏的图书馆,设古籍书库,而其中特别珍贵的善本图书,又在古籍书库之内另隔出一间善本书库,采取更严密的保护措施。

古籍珍本书库一般在图书馆的较高楼层位置,特别要考虑其安全。古籍书库与古籍阅览室相邻布置,其近旁设有古籍修复室。

5. 特藏书库

各图书馆会有自己的特藏,如名人赠书字画、捐赠图书、地方文献特藏等,往往设专室保存陈列,也有将某类特藏集中于开架藏书区内专架上的,如本地本校两院院士或文化名人的著作专藏。

许多高校设有本校文库,收藏教师、校友的著作。

图 5.18　浙江大学紫金港校区图书馆的浙大文库

6. 非书资料库

各种光盘,录音带、录像带、唱片等视听资料,以及缩微文献,由非书资料库收藏保存。一般都是将不同的资料分别由不同的部门来保存,如提供外借的光盘收藏在外借处,音像资料在视听阅览室内收藏和供读者利用,缩微资料放在缩微阅览室内保存利用。

图 5.19　浙江万里学院图书随书光盘外借布置

7. 馆外流通书库

公共图书馆配备汽车巡回往馆外流通点送书,向当地读者提供外借阅览服务,与之相配合,馆内专设流通书库。馆外流通书库的位置,宜在与基本书库相接近、又能有直接对外出入口的地方。

8. 盲文书库

图书馆与残疾人联合会合作,收藏盲文图书,专供盲人、弱视者利用,盲文书库就在盲人阅览室内,或与盲人阅览室相连。

9. 贮存书库

将出版年代久远的非常用书、过多的复本书、贮存备用图书、准备调剂使用或调拨的图书,集中存放在贮存书库。

贮存书库往往采用密集书架,故也常称为密集书库。

贮存书库的位置通常在地下层,或设置于顶层或较高楼层。

也可将贮存书库设于旧建筑内。特大规模的图书馆可在城市边缘建贮存书库、租用旧厂房改作贮存书库,或几家图书馆合建一座贮存书库。

10. 阅藏借结合空间的藏书

将常用书放到阅览室内,读者可以随意从书架上取书阅览,也可选书外借,这已是开架服务管理相当普遍的做法。

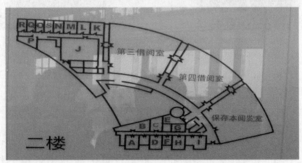

图5.20　浙江万里学院图书馆每一层3间阅览室连通由1人负责服务和管理

藏阅借结合空间是图书馆建筑的主体部分,可能占图书馆建筑总面积的 60% ~ 70% 左右。藏阅结合空间中划分为若干阅览室、外借室,前一类以图书阅览为主,后一类以图书外借为主。阅览与藏书结合有仍称为阅览室的,有称为外借室的,有称为或某学科书库的,也有称为借阅区。

藏阅借结合空间的各阅览室依读者的使用频度及管理的方便来分层布置。大型图书馆有将 2 层或 3 层阅览室内部设楼梯供读者上下选书借阅的,也有将同一层的几个阅览室贯通。室内还可设电脑终端供读者上网。

5.6　借还书处的安排

图书借还手续在何处办理,有几种不同的安排。

1. 在总出纳台集中借还

不少图书馆设总出纳台于大厅一侧,读者借还书手续集中在此办理。

办理借书手续:读者从分布在各层的外借书库或阅览室选好图书后,全到总出纳台办理借书手续。图书续借手续也在此办理。设电话续借、网上续借服务的,专线电话及记录办理续借的终端也设在这里。

办理还书手续:读者还书全在总出纳台办理手续。馆员将还回的图书分检后运送至各室归架。

有的图书馆配置了自助借还书机,读者选好书以后可到自助借还机上办理借书手续,还书手续也可以在自助借还书机上办理。

2. 分借总还

读者在外借书库或阅览室选好书后,在本室门口的借书台办理借书手续,馆员将书消磁后读者即可携书出馆。读者还书手续集中在总还书台办理,总还书台一般设在主层。浙江图书馆就是如此安排的,借书在 2 楼,总还书台在 1 楼大厅。

图 5.21　浙江工商大学图书馆总出纳台

图 5.22　自助借还书机　　　　图 5.23　浙江图书馆大厅的总还书台

3. 分台出纳

读者借书在外借处或阅览室办理手续,还书时仍将书还回该处。出纳台设在外借室或阅览室的门口位置。

4. 还书箱

为方便读者在夜间或节假日图书馆不开放的时候还书,图书馆设还书箱,一般放置在图书馆门口读者方便还书的地方。还书箱内一般有斜板,以防止图书放入时损坏。还书箱要足够大,书的入口也要能放入相当厚度的书。如今已有技术上更加先进的 24

小时还书设备,如下右图。

图 5.24　辽宁师范大
图书馆的还书箱

图 5.25　自助还书机

5.7 "自助图书馆"的安排

全国第一家"自助图书馆"是东莞图书馆于 2005 年开出来的,在图书馆的南大门外,面积 100 余平方米,内有图书 1 万余册,自助借还书机一台。在图书馆闭馆以后的晚上 21 点到次日早上 9 为读者提供自助借还书服务。2007 年 12 月东莞图书馆又推出了"图书自助服务站"。

近年来在一些地方也起办 24 小时图书馆,常是在图书馆建筑的邻近马路旁辟出一间房子,布置若干书架,设一些阅览座位,以及自助借还书机。读者在门口刷一下借书证即可进入阅览和选书。

图 5.26　东莞图书馆在自助图书馆在晚间为读者提供借还书服务

图 5.27　东莞图书馆的"图书自助服务站"是全国最早的

5.8　交流培训空间的安排

各界人士到图书馆参加文化学术交流活动,成为现代图书馆活力的表现,交流活动空间也成为图书馆建筑的一大亮点,规划设计时重点着墨之处。

图书馆常将交流培训空间安排在主体建筑的一侧或后部。有的将交流空间集中安排在裙房或另一座建筑内,与主体建筑又有方便的联系。

1. 报告厅

报告厅一般设在图书馆底层的一侧或后部,或专为交流活动设计的裙房之中。报告厅应有直接的对外出入口,同时与图书馆的主体部分有方便的通道,即读者也可以从图书馆内部走向报告厅。

报告厅一般不宜设在图书馆的顶层或较高楼层,以避免出入不便、疏散困难。为确保安全疏散,报告厅不宜设于地下层,也不宜设在楼层的中间部位。

有的大学以图书馆为全校的交流中心,图书馆就不止设有 1 个报告厅,如南京师范大学图书馆,2 个报告厅门对门布置。

2. 学术讨论室

与报告厅相配套,图书馆内应有数间大小不等的学术讨论室。

学术讨论室可在报告厅附近布置,也可不在同一楼层安排。

学术讨论室与报告厅及图书馆主体部分均应有方便的交通联系。

图 5.28　大连理工大学图书馆
　　　　　学术讨论室

3. 多功能厅

可供开展多种交流活动之用的多功能厅,宜设在底层。如设楼上,需有电梯相配合。中小型图书馆可将多功能厅也作为展览厅结合使用。

4. 展览厅、展廊

展览厅一般布置在图书馆底层的一侧或裙房之中,有直接对外的出入口,以方便参观者,又方便展品展版展台的运送,且利于安全疏散。大中型展厅内,需有办公室。

展廊可在底层或主层布置以吸引读者的注意力,方便参观,也可利用大厅的一部分作来布置展览。

图 5.29　中国科学院图书馆展廊的爱因斯坦百年展

图 5.30　东莞市长安镇图书馆有 4 个展厅同时布展,这是其中之一

5. 美工室

展览厅要求与之相配套的美工室,其位置宜在展厅同层相距不太远的地方,既有运送美工作品往展厅的便捷通道,又有从馆外运入相关物品的方便通道。

6. 培训空间

图书馆是社会教育中心,应有相当的培训空间。公共图书馆尤其要求培训空间更为宽敞。少年儿童图书馆要有较多的教室,以便举办各种针对不同年龄段少年儿童特点的兴趣班及暑假寒假期间儿童参加活动的需要。

大中型公共图书馆有在馆区单独建一座培训楼的,如绍兴图书馆。东莞市长安镇图书馆的培训中心有培训场地 1,600 m^2。

(1)培训教室

培训教室可在图书馆的较高楼层布置,也可在底层一侧或裙楼内安排。有的图书馆空间较紧张,就利用地下室安排一些培训教室。培训教室有直接对外的出口更为方便,也应与图书馆的主体部分有方便的联系通道。

绍兴图书馆、苏州图书馆都专门建造一座培训楼。

(2)文献检索课教室

文献检索课已列为高校的选修课或必修课,图书馆担当着开设文献检索课的重任,故在高校图书馆建筑设有文献检索课教室和教研室。培训教室和教研室相邻近为方便。

文献检索课教室的位置宜与文献检索课实习室、检索工具书阅览室相邻。文献检索课需多媒体教室。

图 5.31　深圳大学城图书馆培训教室

5.9　公共活动空间的安排

公共活动空间是读者必经之地,人流量大,利用频繁,且是图书馆的门面与窗口,故其布置特别引人注目。

1. 门厅、读者大厅

图书馆因规模不同而对门厅与读者大厅的安排有所不同。一般图书馆只设一处门厅于读者主出入口,而规模大的图书馆还设有读者的次出入口,或馆员另有出入口,故有数处门厅设在各入口之内。高校图书馆往往在读者入口设有门禁系统。

门厅是全馆交通流线的枢纽,应具有辐射功能。门厅的位置和朝向对于整座建筑影响很大。门厅宜居于建筑物的中心位置,从门厅入内后到达各处都较便捷。非对称平面布局的图书馆,其门厅在一侧时,不应发生经门厅往某个方向的距离过长的情况。

有的图书馆出入口面向学校大门或城市干道,但读者经常出入的是另一出入口,此时外观上的主出入口成为礼仪性出入口,读者出入口的门厅才是主门厅—读者大厅。

有的图书馆进入门厅后向里还有一个读者大厅,布置面向读者的许多公共服务功能。

2. 咨询台

总咨询台设在大厅内,读者进入图书馆一眼就能看到的地方。

3. 存物处

读者存物现多采用存包柜,往往在门厅的一侧设存包区,而在各楼层、各阅览室外也设置存包柜。

在阅览室内也需要有供读者放饮水杯的架柜。

图 5.32 西南财经大学图书馆大厅有马克思塑像和一架钢琴

图 5.33 北京大学图书馆阳光大厅里的"?"形咨询台

图 5.34 浙江大学图书馆紫金港分馆咨询台

4. 公共检索区

公共检索区设在大厅的一侧或在总出纳台不远处,都是可行的。馆藏目录的检索终端不必过多,现各阅览室的终端都可以进行书目检索。

卡片目录已基本退出读者检索之用,目录厅设置已成为历史。

图 5.35　江南大学图书馆公共检索台

5. 读者休息区

读者休息区可多设,在门厅内、借还书处、各楼层的走廊过道,都可设若干座椅或沙发,供读者休息或个别交流。

阅览室内放置供休息的沙发,成为很多读者惬意地看书的地方。

图 5.36　浙江大学图书馆紫金港分馆大厅读者休息座

图 5.37　浙江理工大学图书馆大厅两侧为读者休息区,
右图为阅览室读者休息座席

图 5.38　浙江财经学院图书馆的书吧

图 5.39　苏州大学图书馆休闲阅览室

图 5.40   成都图书馆的石室书屋

6. 读者休闲区

读者休闲空间有书吧、茶座、咖啡吧等,其位置可在底层或主层,也有设在顶层或其他楼层的,还可以在主体建筑之外布置。

7. 读者服务部

读者服务部的内容多样,如书店、复印复制、文本制作、供应文具纪念品、饮料餐点等。设在底层对外开门方便读者便于经营,也可以和读者休闲阅览室一起安排,成为一个相对独立的服务区。

8. 饮水间

每一楼层都应该有为读者提供饮水的地方,可在过道旁等读者常经过容易看到之处。

9. 卫生间

卫生间应离阅览区等人群集中处稍远些,设在较为隐蔽的地方,不应有碍观瞻。卫生间要能直接向外开窗。要有残障人厕位。卫生间的设置不应破坏阅览区空间的完整性,妨碍大空间布置。

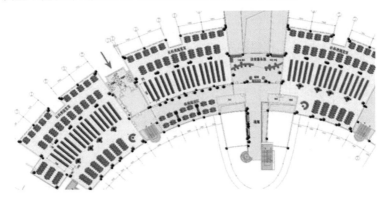

图 5.41　这个图书馆原可以有一个大阅览室却被
卫生间(箭头处)隔断为 2 个。

5.10　业务及管理空间的安排

1. 采编部及各业务部门办公室

采编部的位置过去一直在底层,为的是便于图书运入。在图书馆有电梯的情况下,采编部可以安排到顶层。

各业务部门的办公室宜与各相关阅览室一起安排,如期刊部办公室在期刊阅览室近旁,可与阅览室相通;流通部、咨询部、古籍特藏部等均宜与阅览室一起布置;自动化技术部办公室与计算机房及电子阅览室等相邻。

2. 馆办公室

馆长办公室、馆办公室、接待室、会议室、活动室、档案室、财会室等,以前都在底层,现今可安排在顶层。

图书馆各类房间楼层分布

馆　名	建成年份	门厅	报告厅	讨论·教室	多功能厅	展厅展廊	电子·视听	机房	采编	办公	休闲	服务·餐厅	总层数
中国科学院图书馆	2002	2	1		1	1	2		1	6	2	1	7-1
上海图书馆	1997	2	2	2	4	1	1		1	3	1	2	5-1
金华严济慈图书馆	1997	2	3			1	1		4	5		1	5-1
浙江图书馆	1998	1	2		1	2	2	-1	2	23	1	1	3-1
东莞图书馆	2005	1	4	4		1	2		5	5	4	5	5-1
南京图书馆	2006	2	1	1	1	1	6	6	1	8	2	1	8
杭州图书馆	2008	1	1	1		-1	/	3	-1	4	1	-1	4-1
义乌图书馆	2011	1	1	1	2	1	2		5	5	2	1	5-1
广州图书馆	2013	1	-1	-1 8	-1	-1	5 6	2	10	10	-1	-1	10-1
嘉定图书馆	2013	1	1	1	1	1	2	2	2	2	1	1	2-1
北京大学图书馆	1998	1	1	1		1	1		1	1			4-1
中国海洋大学图书馆	2007	1	-1	-1	-1	1	5		2	3	-1	-1	5-1
中国矿业大学图书馆	2007	1	1		-1	1	23		1	3	-1	-15	5-1
东南大学图书馆	2007	2	3	5	1	2	2 3	3	1	5	1	1	5
武汉大学图书馆	2011	1	1	1 2			1	4	1	2		1	7

上表总层数栏内下面的数字为地下层数

5.11　设备及辅助用房的安排

　　现代图书馆需要许多各种门类的设备,其用房的安排按设备的使用要求及与业务工作是否有某种程度的联系,以及管线的水平、垂直布置。

1. 计算机房

计算机机房宜在建筑的较为中心的部位,以使通往各室的线路尽可能短。实际布置时,往往考虑与电子阅览室等相邻近。

2. 总控制室

总控制室配置机器和监测屏,集中监控和记录着全馆各重要部位的情况,24 小时不间断。

总控制室的位置,应在底层一侧,需直接对外开门。

3. 变配电间

从外面引入建筑物的电流经变电压后通过线路配送给各处使用。在大型图书馆可在主体建筑之外另建变配电房。变配电间安装着变电和配电设备,有强大的电流,其位置须远离电子计算机房等,以免引起干扰。

4. 冷热源机房、空调通风机房和泵房

冷冻和制热机房制备了冷源、热源后,由空调机组向各楼层传输,其机房设施一般在地下层,或在主体建筑外另建机房,也有将空调热泵机组置于楼顶的。空调冷却水塔多置于建筑物的楼顶。在各楼层都需要有空调机房,将冷气或暖气分送到各房间。各楼层机房的位置不能影响连续大空间的布置。机房要注意防噪音设计。

水泵供给生活及消防用水,可与冷热源机房、空调机房相邻布置。

图 5.42　这家图书馆的设备放置的地方有碍观瞻

图 5.43　浙江农林大学图书馆的机器在屋顶上,不影响观瞻

5. 水池

消防备用水池一般在地下室。如图书馆建设基地内或邻近有天然水塘河道,或设计了人工水池,则可以利用来作为消防用水源。

图 5.44　山东交通学院图书馆旁有池塘用作夏季空调机冷源并兼消防水源

6. 车库与仓库

(1)自行车库。读者和馆员停放自行车的场地宜分设,可以利用地下室,也可以在馆区外围靠近主入口大门不远处布置。

自行车停车场宜与主体建筑有方便的通道,有遮阳避雨的廊道更好。当自行车库在建筑物以外时,要求有防雨棚。

读者自行车停车场的车位数难以统一规定,宜调查读者来馆使用交通工具的情况,按读者数的一定比例确定停车位数量。

（2）汽车库。图书馆自有汽车的不少,公共图书馆更多些,除公务用车外,还有汽车图书馆等。馆员开着汽车来上班的、读者开着汽车到图书馆的都日益增多,故原规定停车场按 0.2 车位/$100m^2$ 估算车位数就不够了。公共图书馆和高校图书馆情况不同,需要更多的停车位。

汽车库宜安排在地下室,同时在馆区地面也有适当的停车区。如图书馆没有地下层,则应在馆区留出足够的面积设为汽车停车场。《图书馆建筑设计规范》说明,单位停车面积可按 25～35 m^2 计算。

（3）仓库。存放备用家具设备、配件的仓库,宜在地下层安排,需安排好方便搬运家具设备的路线,其位置离电梯要比较近。

5.12　交通线路的安排

1. 交通枢纽

图书馆的交通枢纽主要是门厅。

组织得好的交通布置使读者经门厅很方便地到达各自的目的地。

门厅的交通路线是经通道、走廊及楼梯、电梯来实现的。门厅内的或门厅近旁的主楼梯要宽敞,便于大量读者同时进出图书馆。

2. 楼梯的安排

楼梯可分为读者用楼梯、工作区楼梯、阅览室内楼梯、书库楼梯、消防疏散楼梯。

大中型图书馆供读者使用的主楼梯至少应为对面各 2 人并排通行的楼梯,其位置应在入口大厅内近旁紧邻布置。

有的图书馆在几个楼层的同一区位安排阅藏空间,设楼梯以便利读者上下楼选书阅借。此种布置应符合消防分区要求,以及疏散宽度及疏散距离的要求。此种楼梯不能作为疏散楼梯来使用,更不能因设了此种楼梯而在几层阅览室只设 1 个出入口。

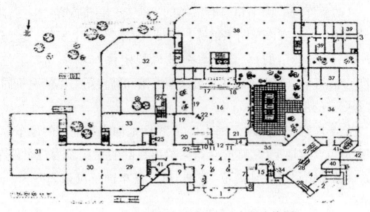

图 5.45 浙江图书馆 1 层平面及交通流线图：

1 - 读者主入口，2 - 展厅报告厅入口，3 - 工作入口，4 - 门厅，5 - 咨询台，6 - 宣传展板，7 - 读者休息座，8 - 公用电话间，9 - 存包处，10 - 还书箱，11 - 触摸屏导览，12 - 电子屏幕(门上方)，13 - 银行取款机，14 - 书亭，15 - 复印室，16 - 读者大厅，17 - 还书处，18 - 办证，19 - 公共检索终端，20 - 卡片目录，21 - 读者培训，22 - 旋转楼梯：向上往图书外借室、展廊、信息中心，向下往古籍善本阅览室、过报室等，23 - 主楼梯：向上往电子阅览室、图书外借室等，24 - 楼梯：向上往中文图书外借室，向下往工具书检索室、中文过报室，25 - 电梯，26 - 楼梯：下往读者开水间、自修室，27 - 楼梯：向上往视听室、报告厅、办公区，28 - 楼梯向上往报告厅，29 - 自修室，30 - 中文报纸阅览室，31 - 中文期刊阅览室，32 - 中外文过刊阅览室、盲人图书馆，33 - 英语中心，34 - 小卖部，35 - 读者休息或布置展览，6 - 展览厅，37 - 美工室，38 - 基本书库，39 - 办公区，40 - 消防控制室，41 - 卫生间，42 - 地下室入口。

图 5.46 阅览室内楼梯

3. 电梯的安排

图书馆的四层及四层以上设有阅览室时，宜设乘客电梯或客货两用电梯。在现代图书馆中电梯的作用很大。现今图书馆大多设有多部电梯，有的在工作区设有内部用的工作电梯。电梯在交通流线中往往处于核心地位。专门上下传送图书的书梯也仍有设置的。

电梯的布置需着重处理好以下几个问题：

（1）读者使用电梯的频率

读者上下楼主要是走楼梯还是乘电梯？一般来说，电梯是为到达高层时使用，读者从主层向上 2～3 层时走楼梯即可，乘电梯并非必要。当图书馆是 4 层或 5 层建筑，且总规模并不很大时，供读者乘用的电梯不必多设。如果图书馆为高层建筑，读者乘坐电梯很频繁，电梯的数量应能满足大量读者上下楼乘用之需，其位置不应离入口太远，且应让读者易于看到。

（2）读者用电梯

规模在 10 000 m² 左右、建筑不超过 5 层的图书馆，可考虑设 2 部电梯。规模大、建筑层数多的图书馆，读者电梯应多设，并均匀分布。读者出入口有 2 个或 2 个以上时，每个出入口附近均应布置电梯。

（3）工作电梯设置

规模在 10 000 m² 以下的图书馆，可不专设工作电梯，读者与馆员可共用，而其位置应离还书台较近，以方便还回的图书运送到各楼层。规模大的图书馆，宜在离采编部较近处设 1 部工作用电梯，既方便运送图书，同时又供工作人员使用。

（4）当图书馆为高层建筑时，应按相关规定设消防电梯。

（5）电梯的相邻布置

当图书馆设 2 部电梯供读者使用时，宜并排布置在一起，不宜离得过远，以免造成等候乘用的不便。

（6）方便残障人士的措施

为方便残障人士和老年读者利用，主层设在 2 层的图书馆，应在底层安排好方便他们乘用电梯的通道、坡道和电梯入口。在电梯口及电梯内均应为乘坐轮椅的读者提供方便条件，在低处有指示按钮。

（7）书梯的安排

图书馆内部的专用书梯，一种是用作采编部将编目加工完成的书传送到各层，另一种是大型图书馆用于出纳台与各层书库之间互相传送图书。书梯只能传送书而不能进人,其实从采编部将加工完的图书送至各楼层,用手推书车经电梯上下更为方便,人和书可同行。

4. 走廊过道的安排

图书馆内的走廊依平面布局作直线型、辐射形或环形布置,使得每一房间都在走廊旁,与馆内其他部分有便利的交通联系,并方便安全疏散。勿使某些部位成为交通死角。要尽量减少走道的长度及所占面积。为保持安静的阅读环境,阅览室内不得作为过道穿行。

5. 报告厅展厅的交通流线

报告厅、展厅宜方便地直接对外出入。当报告厅、展厅等交流空间设在裙楼自成一区时,应与主体建筑有方便的通道。

按照防火规范的要求,不宜将报告厅、展厅布置在地下层。

6. 安全疏散路线及出口

从管理来说不希望有过多门,但出入门的设置必须符合消防疏散的要求。在满足疏散要求的条件下,宜减去并非必要设置的门。

必须严格按照相关规范设置疏散楼梯、消防楼梯,及高层建筑应设置消防电梯,以保证发生紧急情况时人员能安全疏散。

5.13　各部分空间的比例

现代图书馆建筑的内部空间增添了电子网络区、交流培训区,扩大了公共活动和机器设备用房。藏书阅览外借的空间并未减少,但在总面积中所占的比例下降了。

《公共图书馆建设标准》中各类用房使用面积比例是:

序号	用房类别	比例（%）		
		大型	中型	小型
1	藏书区	30～35	55～60	55
2	借阅区	30		
3	咨询服务区	3～2	5～3	5
4	公共活动与辅助服务区	13～10	15～13	15
5	业务区	9	10～9	10
6	行政办公区	5	5	5
7	技术设备区	4～3	4	4
8	后勤保障区	6	6	6

参考近年来一些新建图书馆建筑的安排,对高校图书馆内部空间使用面积的大致比例提出参考建议如右表。

各图书馆的情况有很大差别,各种空间的安排不可能套用某种现成的比例,重要的是要满足功能需求,按照馆情实际来研究确定。

各功能区使用面积比例建议表

功能区	比例（%）	
文献阅藏区	60～65	65～70
电子网络区	5～7	
交流培训区	7～9	15～18
公共活动区	7～9	
业务管理区	8～10	15～18
设备辅助区	7～10	

5.14　空间组合与布局形式

图书馆建筑内部空间的布局与组合,可以有多种形式。

1. 花园式分散布局

花园式格局人与自然环境协调和谐,是很理想的图书馆布局。

苏州图书馆的布局是典型的花园式图书馆,"天香小筑"园林居中,主体建筑居北部,报告厅、多功能厅在花园之南,展览厅及儿童部在另一座楼,培训楼在最南面靠近围墙处。图书馆有 3 处入口,人民中路上北入口为主入口,南大门为交流培训区及少年儿童部入口,工作人员入口在主体建筑的后面。南入口内有高大古树及池塘,前有宽敞的停车场。

图 5.47   苏州图书馆阅览室外就是"天香小筑"花园

图 5.48   苏州图书馆布局模型,上图为北区,是阅览藏书主楼,天香小筑花园居中,下图为南区:报告厅、多功能厅,展厅、少年儿童部,培训楼。

图 5.49　苏州图书馆的报告厅和多功能厅在天香小筑南侧,前有大树小池

2. 天井围合式布局

图书馆有几个开敞式天井,图书馆的功能区块适当组合,布置在天井周围,传统的工字形、山字形、田字形、∏形布局均属此种布局,其特点是充分利用自然通风和天然采光,加上建筑周围的花园绿地,同样形成良好的环境,达到人与自然和谐相处的效果。

图 5.50　浙江工业大学之江学院图书馆内庭园四周为阅览室

浙江图书馆是中庭围合式布局的很好实例,一座主体建筑加

上一座副楼。主楼设4个出入口：进大门经馆前广场、读者主出入口；大楼西侧门为展览厅、报告厅入口；大楼西南的门为工作人员出入口；南面2层设图书入口。主楼内有4处内庭院，使阅览区、办公区都有良好的采光通风条件。（其平面布局可参阅本书第106页插图）

3. 矩形长条式布局

20世纪70年代苏州医学院图书馆、上海中医学院图书馆等，采用与过去不同的"一"字形长条布局，使用效果相当好。

在规模不太大，场地条件允许的情况下，"一"字形矩形长条式布局，或L形、T形、矩形组合布局，仍不失为实用的选择，此类布局方式具有很多优点：进深不大，两面开窗，天然采光，自然通风，符合卫生要求，读者舒适，维护运营费用低。

4. 中庭共享空间式布局

图书馆设中庭，上有玻璃顶棚，形成相当高的大面积共享空间。

此种布局多用于大型图书馆，在进深大楼层面积很大时，中庭玻璃顶棚有利于部分阅藏空间的采光，但同时却要耗费巨大的空调负荷，运行成本极高。较之不带玻璃顶棚的天井周围布置阅藏空间，当然是开敞的天井内庭院优于封闭的中庭"共享空间"布局。

图5.51　厦门大学漳州分校图书馆的高大中厅共享空间

5. 整块集中式布局

多层或高层建筑,平面 5 跨甚至更大的进深形成大空间。连续成片的楼层在布置使用上具有很大灵活性。而整块集中式布局完全依赖于中央空调及人工照明,能耗巨大运营费用极高,如果遇到能源紧张不能开空调就会非常麻烦。

5.15　"模数式"、"模块式"及"开放式"图书馆设计

1. "模数式"图书馆

"模数式图书馆"是不带天井、形体方整、柱网划一、按一定的模数进行设计的块状布局的图书馆,4 根柱间成 1 基本单元,可任意布置为阅览室或书库,也可作为公共活动空间、业务办公、设备辅助用房。为便于灵活调整使用功能,柱间尺寸考虑书架和阅览桌布置的适配尺寸,各楼面荷载统一按书库的荷载设计,层高则依书架高度及人在阅览室内的舒适高度而取统一的尺寸。模数式图书馆一般须采用人工照明和空调设备。

1982 年全国图书馆建筑设计研讨会上,建筑师介绍了国外的"模数式"图书馆,此后逐渐被国内图书馆界和建筑界接受和推广。20 多年来"三同一大"(同柱网、同层高、同荷载、大空间)在图书馆建筑中被广泛应用。模数式图书馆的突出优点是空间使用有很大的灵活性,而同时也带来了部分空间浪费和结构浪费的毛病。从许多图书馆建成运行后的情况看,此种格局能很好地适应现代图书馆服务与管理,也暴露出其能源耗太大、运行费用极高、很不经济又不舒适等缺陷,过分依赖空调和人工照明,与《图书馆建筑设计规范》中"应利用天然采光和自然通风"的规定存在着很大矛盾。这种原产生于世界第一能耗大国美国的图书馆建筑模式,并不完全适合于中国国情,一些照搬模数式设计的图书馆建成后用不起,造成极大浪费和一系列问题;而结合国情应用模数式设计,加以适

当变通,则获得相当好的效果。

2.“模块式”图书馆

鲍家声教授总结中外图书馆建筑设计的经验教训,在“模数式图书馆”的基础上,于在 2000 年提出了“模块式”图书馆设计方法,既吸取了“模数式”的优点,又尽力避免它的缺陷。

“模块式”把“模数式”与“功能块”结合起来,按不同职能的空间进行分区,不同的功能块按其空间需要设计不同的结构柱网、层高和荷载,即按功能分区进行模数式设计。

模块式图书馆按最基本的必要的功能及空间组成划分与组合:

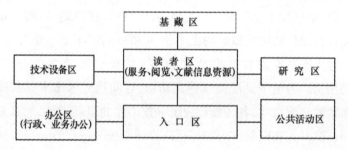

分区模数化设计采取具体分析、区别对待的较为灵活的方式,在不同分区内实行不同的模数化设计原则。它的特点是:

(1)分区确定荷载,既可避免不必要的浪费,又能在分区内获得很大的灵活性。

(2)分区设计柱网。读者区有较大的柱网尺寸,以满足较大的灵活性。公共活动区的报告厅、多功能厅设计更大跨度的无柱空间,室内空间也较高。而办公区的柱网适当取小。这样就能更好地满足不同的使用功能。

(3)分区确定层高。在各分区内统一层高的基础上,某些分区的层高作出调整以求得空间多样性与适用性,如公共活动区要求较大的空间容量,分区以后更可以按需求来设计较大的层高。

(4)统一规划设备。各个分区统一规划现代化设备的要求,统一做好布线设计。同时考虑到图书馆现代化的过程性及现实的适用性而分步实施,可据目前的财力与需要对某些分区先行实施,将来再逐步全面完成。

模块式图书馆还特别设置了"服务功能块"。将楼梯、电梯、卫生间等组合成"服务功能块",位置相对独立,尽量避免对主要使用空间的切割或插入。服务功能块一般布置于主体空间(读者空间)的外缘和内环,尽量集中或均匀布置,根据图书馆规模的大小和交通、防火疏散的要求决定服务功能块的多少及大小,并考虑未来可以成为扩建的"活接口"。

模块式图书馆的主要功能分区由若干 $1000m^2$ 以内的"空间单元"组合构成,能利用自然通风和采光,又符合防火规范的要求。单元中实行"三统一"的模数化设计。这种灵活空间与相应的"服务功能块"结合成"灵活空间单元",可以作为阅藏空间单元或其他功能分区使用。

模块式图书馆的组织方式有:平面并联组织、垂直串联组织及混合式空间组织,可因地制宜决定采用何种空间组织方式。

模块式图书馆建筑具有更大的空间使用灵活性。能充分利用自然光线及自然通风,投资和运营费用更加经济,节省能源,减少运营后的能源开支,同时减少了许多不必要的空间和结构上的浪费,降低建筑造价。

模块式图书馆设计是适合中国国情、符合科学发展观的,是有创新意义和经济效益的研究成果,有较好的应用价值。

3. 开放的图书馆建筑设计

鲍家声教授总结其经验于 1999 年提出一种新的现代图书馆建筑设计模式:开放的图书馆建筑设计,他阐述道:

环境是人的场所,人是其中最活跃的能动因素。社会形态的动态性和个体生活形态的多样性应在建筑环境中得到充分的体现。建筑师可以创造建筑,却不可能创造人的生活,最了解生活意义的正是使用者自己。新的设计思想使用者从被动走向主动,重

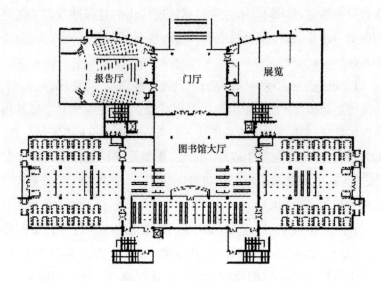

报告厅　　门厅　　展览

图书馆大厅

图 5.52　深圳高等职业技术学院图书馆是按"模块式"图书馆设计的,
这是 1 层平面图

(资料来源:参考文献 25)

新挖掘参与式自营建构环境的潜力,开放设计决策的权限范围,使
由专家主宰的环境建构体系与由使用者主宰的建构体系二者之间
得到合理有效的承传。

　　建筑师的任务是建构一个合理的空框,让使用者根据时空变
化的情况在自营建构活动中可以在这个空框内自由驰骋。同时,
人的社会生活和个体生活又是一个动态的历时过程,无论从人与
建筑的互适性出发,还是从建筑产业的经济效益出发,建筑环境都
是一个不断与外界环境进行物质、能源、信息对流的动态过程。建
筑环境应该成为类似生命体的组织系统,在这样开放的组织系统
内潜伏着各种更替代换的可能性,以创造可变的条件下不断使建
成环境适应变化的新要求。

　　总之,"人"的概念,未来的观念和变化的观念是开放建筑的基
本宗旨(即 Building for People,B for Future,B for Change)。变化的
观念既指横向的多样性,又指其纵向的过程性,二者相互交织构成

建筑环境动态的时空网络。对"人"的关注,使"人"在建筑创造活动中从后台走向前台。这是开放建筑最本质的宗旨,动态性则是其根本特征。由此决定了开放建筑创作设计的原则和方法。

设计无终极目标,人们生活形态的动态特征决定了人与建筑环境的关系决非一成不变,设计者对建筑形态的控制权最终将移交给使用者,专业设计者对建筑环境的建构作用必将由使用者或业主直接操纵的建构活动来延续。只要条件允许,使用者总是要在与环境的对话中不断调整改善自己的环境,建筑的使用过程与自营建构的活动总是相伴相随。建筑环境总是处于一个不断变化的动态过程之中。按照开放建筑的观点,我们并不仅仅追求建立空间和物质要素之间的理想图构或者寻求纪念碑式的终极设计目标,而是建立适度的秩序或原型,努力达成使用者与建筑环境之间的良好关系;另一方面为使用者的自营建构活动留下活口,从而形成配合使用行为不断发展的建筑环境。这种无终极目标的图书馆设计强调建筑形态中要素的重组和流动,并保障要素重组和流动的调节组织机制,为图书馆适应使用过程中的变化要求提供了广阔的天地。

他指出:根据空间的职能差异我们已经把空间分为"服务空间"和"目的空间"二大类。"服务空间"通常是稳定的,它的各个单元只完成单一的功能,因此是非弹性空间。而被服务空间即"目的空间"是活跃的、易变的,它常常要完成综合的、周时性的功能,因此是一种弹性空间。在建筑从诞生到消亡的生命期内,上述两种不同空间所扮演的角色是不同,各自变化的周期是不同步的,将这二者区别开来,使其各完成不同的使命,将会给建筑带来生命活力。这是开放建筑观对建筑空间的认识,也是与一般所谓「通用空间」的根本区别。

传统的图书馆设计方式往往依据设计者对"现时"使用方式的理解对空间作过细分隔,并用固定的物质结构体系来作空间的限定。这种静态单一的时空观带来两个弊端,一是设计者对"使用方式"的主观理解与使用者需求常常并不一致，而使用者又无法对此作出调整；二是"使用方式"具有周期性，使用期间一种功能常常被另一种功能所替代，固定的空间组织不能适应变化的需求而得到重组。弹性空间是一种无终极目标的空间。

把空间划分为弹性和非弹性空间是一次设计，在弹性空间内再建空间组织秩序是二次设计。这就把整体的决策分成两个步骤，二次设计的主要控制权显然是属于用户自身的，在此设计者创作活动的意义在于为使用者自营建构提供一个合理的文脉背景和适当的空间容量，图书馆采用这种设计方法，将为图书馆可持续发展功能创造极有利条件，使其具有永续性。弹性空间和非弹性空间的布局一般应遵循下列几点原则：

1. 保障弹性空间的完整性。非弹性空间的位置应相对独立，尽量避免对弹性空间的切割或插入，这有益于弹性空间内各单元最大的通达程度和互换能力以及灵活划分的多种可能性。

2. 弹性空间是建筑主要的"目的空间"因此应当占据最佳的空间位置，如最佳景向、朝向，最好的自然通风和采光条件等等。

3. 弹性空间尽量采用规则的几何形态，越具简洁性的空间便于多样分割秩序；反之，则不然。

4. 为弹性空间的进一步开发留下伏笔。这里不仅仅指二维平面上的发展，也指三维空间内竖向开发的潜伏设计（比如考虑在剖面上增设夹层空间的可能性）。

开放的图书馆设计就是按照上述观念、原则和方法进行设计，它将能很好地适应新世纪的需要。（以上见：鲍家声：现代图书馆建筑开放设计观—图书馆新的建筑设计模式．南方建筑，1999（3）：16－20）

十多年来，鲍家声教授及其团队做过多个图书馆工程项目，都按此设计模式进行，受到了图书馆界的欢迎和好评，产生了良好的效果和影响。

第 6 章　现代图书馆建筑
各种空间设计

现代图书馆建筑各种空间,依据功能的要求进行设计。

6.1　阅览室及阅藏合一空间设计

阅览室空间是图书馆内部空间中最重要的部分,其面积在建筑中所占的比重最大,在设计中需要重点着力加以安排布置。

图 6.1　南京师范大学图书馆有一层原设计夹层书库,后建成为夹层阅览室

　　读者在图书馆的阅览室可以享用许多服务,这里有各种开架书刊,可以随意阅览、借阅、利用终端查书目或上网,用手提电脑查资料和写作,可以向馆员咨询疑难,阅览室集藏书、阅览、外借、咨询、上网查检多功能于一体,还可以从网络下载资料,可以复印。

图 6.2　汕头大学图书馆阅览室

1. 阅览室的功能要求

现代图书馆的阅览室既是读者阅读研究的地方,也是馆员直接为读者提供咨询服务的窗口。阅览室担负着多种功能:读者阅读、开架藏书、咨询服务、电脑检索上网、复印服务、读者休息区等。

阅览室接待读者量大,读者停留时间长,要求有舒适宜人的物理环境条件、适当的阅览座位及书架布置,以及相应的电脑设备、上网条件、复印设备、管理条件这几方面,并要有较好的文化氛围。

(1)良好的朝向,自然通风和采光,防止直射阳光和眩光,人工照明的布置和照度恰当,室内空气清新,温湿度适宜,环境安静。

(2)舒适的阅览座位,进出方便。

(3)开架藏书,书架间的距离宜宽,书架布置应与阅览座位相配合,方便读者选取图书。

(4)设电脑终端,可供读者查检馆藏目录,也可上网查资料。

(5)阅览桌上布置网络接口及电源,也可在墙柱或地板上设置。

(6)设咨询台,近旁有复印机。在阅览室办理借书手续的,设借书台,可和咨询台结合在一起。

(7)设读者休息区。

(8)间隔出工作间,供馆员处理内部业务及休息更衣。

图6.3　浙江理工大学图书馆阅览室

图6.4　浙江大学图书馆无中柱阅览室布置灵活

图6.5　无中柱阅览室

（9）读者到达阅览室流线便捷,在室内交通顺畅。阅览室不宜让读者穿行

2. 阅览桌的基本尺寸

国家标准《图书用品设备阅览桌椅技术条件》（GB/T 14531—93）规定阅览桌的尺寸（单位:mm）:

单位:mm

单人桌		二人桌		三人桌		四人桌		六人桌	
宽	深	宽	深	宽	深	宽	深	宽	深
750	500	1 500	500	2 100	500	1 500	1 000	2 100	10 000
800	550	1 600	550	2 200	550	1 600	1 100	2 200	1 100
900	600	1 800	600	2 400	600	1 800	1 200	2 400	1 200

表6.1　国家标准规定阅览桌的尺寸

从读者使用阅览座位的情况表明,大多喜爱选单人阅览桌、二人阅览桌或四人阅览桌。三人、六人阅览桌不方便读者进入中间那个座位。

读者在使用阅览座位看书时,舒适宽度为 0.65 m,写字时的宽度为 0.8 m。许多图书馆在阅览室内安排阅览桌时,较多地使用宽 1.6 m 深 1.2 m 的四人阅览桌,及宽 0.8~0.9 m 深 0.6 m 的单人阅览桌。

3. 阅览桌椅排列间距

阅览室内阅览桌椅之间的距离,要考虑读者的出入及通行的方便。

《图书馆建筑设计规范》规定了阅览桌椅排列的最小间隔尺寸:4 人双面阅览桌前后间隔净宽不小于 1.3 m,阅览桌左右间净宽 0.9 m,阅览桌之间的主通道净宽 1.5 m,阅览桌侧沿与侧墙之间净宽,靠墙有书架时 1.3 m,靠墙无书架时 0.6 m。

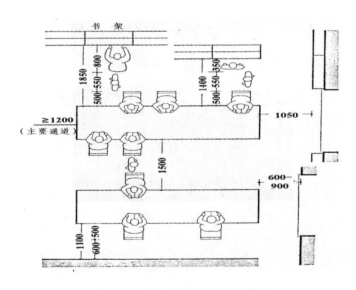

图 6.6　阅览桌椅排列间距示意图

4. 阅览桌椅和书架的排列组合形式

开架阅览室内阅览桌椅和书架的排列,依照阅览桌椅的位置,有几种常用的组合方式。

(1)靠窗布置式

阅藏合一空间内,阅览桌椅靠窗户的南面一边布置,藏书区在北面一边布置。在连续3跨或3跨以上进深的阅藏合一空间内,两面靠窗户一跨布置阅览桌椅,中间1跨或2跨布置为藏书区。这是最为常见的布置方式,对于读者来说,可以方便地从书架选书到桌上阅读。

(2)内外布置式

阅览桌椅布置在阅览室靠近门的区块,藏书区在阅览室的里面区块。以半开架管理方式采用这种布置的为多。

(3)凹室式布置

在靠墙一侧垂直于每个窗间柱排放一列书架,从而形成一个个临窗的凹室来布置阅览桌椅。期刊阅览室、专业图书馆的阅览室采用此种布置办法的为多。

图6.7　凹室布置的阅览室

5. 阅览室的开间和阅览桌椅及书架的排列

阅藏合一空间内阅览桌椅及书架的排列,与阅览室的开间尺寸有着适配关系。标准书架的长度为1 m,书架常一排连续5~9架。书架的深度按原标准是0.45 m,如前所述,现今出版的图书大开本的增加,双面书架的深度宜为0.5 m。

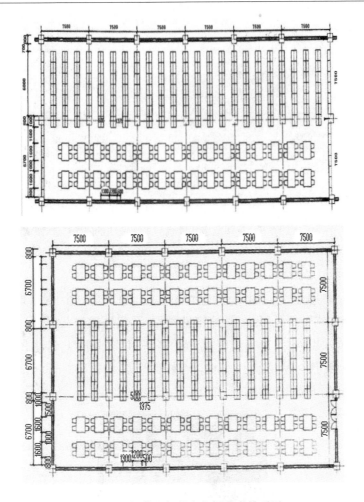

图 6.8　阅藏空间的书架阅览桌排列图

　　阅览桌和书架排列布置可见上图(以 7.5 m × 7.5 m 柱网为例)：

　　柱距为 7.5 m 时,两个柱间形成的单元可放置深度为 1.2 m 的 4 人阅览桌椅 3 排;放置深度为 0.5 m 的双面书架 4 排,书架间行道 1.375 m,若放置 5 排书架,行道为 1.0 m。

　　如柱距为 8.0 m,柱间单元放置深度为 1.2 m 的 4 人或 6 人阅览桌椅 3 排,座位前后较为宽舒;可放置双面书架排 5 排,行道为 1.1 m。

图6.9　从阅览室看读者与书架及墙的间距

6. 信息共享空间设计

信息共享空间(Information Commons, IC)是一个协同学习环境,把印刷型、数字化等各种信息资源,及相关设施及讨论室等组合在同一空间,为个人读者、小组或学术团队的学习、讨论和研究等活动提供一站式服务,包括联合咨询服务、培训等。

武汉大学新图书馆设有学习共享空间,意思是一样的。

图 6.10　上海视觉艺术学院图书馆的信息共享区

7. 电子阅览室、视听室设计

电子阅览室和视听阅览室可以分设,也可以合为一室,现有称为多媒体阅览室的。一般将管理人员的位子放在进门的附近。

图 6.11　电子阅览室架空活动地板

电子阅览室和视听阅览室的座位要与线路的相配合,故地面大多是便于敷设和更换电缆的专门的架空地板。

电子阅览室和视听阅览室的座位排列方式多种多样,以互不干扰为原则。现在有不少读者自带手提电脑来,故电子阅览室内也要有供读者用的电源插座。有的高校图书馆的电子阅览室还兼作为学生开设信息课程之用,则需在一侧布置讲台和显示屏幕。

视听阅览室内往往有个人的座位也有集体欣赏的区域,有的图书馆还设独立性很强的个人卡座。集体欣赏区当然有大屏幕和播放设备,有的图书馆还设容纳二三十人的音乐室,可以定期举办活动,边讲解边欣赏。

图6.12   杭州图书馆的音乐图书馆

图6.13   杭州图书馆音乐图书馆的集体视听区

图 6.14 杭州图书馆音乐图书馆的 Hi-Fi 室

视听阅览室内要有存放大量音像资料的架柜,有的可由读者自由选取;有些音像资料则由馆员管理,读者要办理手续后去播放。

广州图书馆的多媒体鉴赏区配备听音室、录音室、3D 影院等设备设施,提供高品质影音鉴赏服务。

图 6.15 大连外语学院图书馆语言实验室

有些高校图书馆专设语音室,公共图书馆也有设的,如广州图书馆就有语言学习馆,提供国内各地方言、世界主要语言学习资源借阅和语言培训服务。

8. 古籍特藏阅阅览室设计

古籍特藏阅览室常与古籍书库为邻,便于服务和管理,古籍书库常为闭架的特藏书库。

提供给读者阅读研究的古籍、家谱往往不是善本原书,而是复印件或数字化了的复制品,也有一些普通的线装古籍。古籍阅览室就需要配置相应的阅读设备。为便于读者摘录抄写,在阅览桌上备有可将古籍稳妥放置而不至于损坏的小搁架。

中小型图书馆往往将地方文献和古籍一起管理,地方文献则常是开架的,读者可以自己选取阅读研究。

图6.16　杭州古籍阅览室一角

图 6.17　上海图书馆古籍阅览室

9. 少年儿童阅览室设计

公共图书馆设少年儿童部,应分别按年龄段设置幼儿游艺室、玩具室、借阅览区、电子阅览区、活动室、教室等,还应有室外活动场地。

幼儿游艺室、玩具室为学龄前儿童最喜爱的地方,也要放置幼儿读物,有小书架、小桌椅,且为家长准备坐凳,成为温馨的亲子游艺厅。

少年儿童图书馆的电子阅览室也应有儿童特点。

图 6.18　上海市黄浦区少年儿童图书馆

图 6.19   福建省少儿图书馆的动漫体验区

图 6.20   深圳少儿图书馆童话乐园

图 6.21　北京西城区青少年儿童图书馆玩具室

图 6.22　杭州少年儿童图书馆的幼儿室

图 6.23　上海嘉定区图书馆在天井里布置儿童户外活动场

图 6.24 台北市立图书馆儿童室

图 6.25 台北市立图书馆天母分馆儿童室

图 6.26 原香港九龙中央图书馆的室外儿童活动场地

10. 老年阅览室设计

随着老龄化社会的到来,满足老年人的文化生活及休闲需要,让他们老有所学、老有所乐,成为的一个社会课题。老年人的生活情趣各异,而城市老年人的文化层次在提升,有相当一部分喜爱阅读并喜欢到图书馆看书报杂志和参加活动,因此公共图书馆设老年阅览室很有必要,今后设置老年阅览室的会越来越多,而与老龄工作委员会合作犹佳。

老年人多为知识性消遣性阅读,以保健文化休闲读物为主,布置宜松宽,让老人感觉舒适,室内可以很随意地阅读、交谈或弈棋、休闲。

老年阅览室要布置在朝向好的地方,有阳光和自然通风,室内空气清新,通风换气良好。室内温度应适宜于老人,不可过高或过低,要有益于他们的健康。有老龄保健服务志愿者在近旁更好。

老年阅览室不必按普通阅览室放矩形四人桌,而可代之以小方桌、圆桌及围合的沙发,也不必按开架阅览室那样安放成排的书架,可布置矮期刊陈列架及报纸架。

老年阅览室还宜布置进行小型讲座和座谈讨论的区域。配备供老人泼墨挥毫的书画长桌也是受欢迎的。

老年阅览室可以与儿童阅览室相邻布置,往来近便,以方便老人带着儿童一起来阅览或参加活动,各得其所又能适当照顾。

老年阅览室宜安排在底层,也可在2层,要安排好交通流线,既方便老人进出,又保证老人的安全。

11. 残障人士阅览室设计

视障阅览室有一些特殊的要求,要给予读者导引,能顺利入内,到达座位进行阅读。盲文书体积大,室内需安排较大的空间来收藏。

视障阅览室要配备很多现代化的辅助设备,以帮助视障读者阅读,也要有供读者聆听有声读物的设备。馆员要指导帮助视障读者学会用好相关的设备。

图 6.27　南京特殊教育职业技术学院图书馆的布置

图 6.28　南京图书馆视障人
　　　　书刊阅览室

图 6.29　青岛市图书馆
　　　　残疾人借阅室

图 6.30　台湾淡江大学图书馆无障碍资源室及大厅
内通往无障碍资源室的盲道

图 6.31　浙江万里学院图书馆　　　　图 6.32　汕头大学
阅览室内的研究厢　　　　　　　图书馆的研讨室

图 6.33　武汉大学图书馆个人研修室

12. 研究室研究厢设计

公共图书馆、高校图书馆和专业图书馆往往都设有数量不等的研究室或研究厢,内配备小书架、网络及电源插座,有的还布置沙发,或可供导师与学生讨论的空间。研究室每间面积可为 2 ~ 10 m² 不等。

研究室有集中布置在较高楼层的,也有分层设置的。北京大学图书馆在各层阅览室的东面临窗处均布置为研究室。浙江万里学院图书馆在每间阅览室的两侧都设有开放式研究厢,读者可随意使用,很受欢迎。

6.2　书库设计

书库要满足收藏及保护文献的要求,并考虑读者浏览、选书,及馆员将图书上架的方便。

书库的设计包括书架的尺寸、书架及行道的排列,库内阅览座位的安排,库内楼梯、书梯的布置,书库与外借处的交通联系,架位标志,库内灯光的布置,以及保洁卫生用水的安排。当书库朝向不利时,要有遮阳措施。

书库可分为闭架书库、开架书库、辅助书库、密集书库。

1. 书架尺寸

书架的尺寸依据图书的开本。用 850 × 1 168 的纸张印制的 16 开书精装本的书脊高 286 mm。现今图书用纸采用国际标准的纸张尺寸,用 880 × 1 230 的纸张印制的 16 开精装本书脊高 305 mm。书架每层搁板净高宜为 320 mm。用 880 × 1 230 的纸张印制的 16 开精装本书的宽度 220 mm,故双面钢书架的深度宜为 500 mm。

书架的长度和深度宜为 1.0 m 和 0.5 m。6 层搁板钢书架的高度为 2.2 m。在开架阅览室用 5 层搁板的书架,其高度可为 1.8 m,4 层搁板的书架高度可为 1.5 m,3 层搁板的书架高度可为 1.2 m。

密集书架的长度和深度可为 1.0 m 和 0.5 m,高度可为 2.1 m。

合订本报纸架,双面存放报纸合订本的专用钢书架,其长度和深度尺寸为 1.2 m 和 0.9 m,高度宜为 2.0 m。

2. 书架排列

(1)闭架书库。

闭架书库内两排书架之间的行道宽可为 0.75 m,加上书架深度 0.5 m,2 排书架的中心距为 1.25 m,垂直于书架的主通道宽度可为 1.2 m,次要通道为 0.8 m。当书库的柱距为 7.5 m 时可排放 6 排书架。

若书库的柱网为 7.5 m×7.5 m,一间 5 开间 3 跨进深的书库(37.5 m×22.5 m 约为 840 m²),全部放书架,可布置长 1.0 m 深 0.5 m 的双面书架 530 个,平均 0.63 架/m²。在闭架书库内宜设若干单人阅览桌椅。

(2)开架书库。

开架书库内 2 排书架间的行道宽宜为 1.3 m,当书库的柱距为 7.5 m 时可排放 4 排书架,2 排书架的中心距为 1.875 m,行距为 1.375 m;若放 5 排书架,2 排书架的中心距为 1.5 m,行道宽 1.0 m,显得狭窄。书库内主通道宽宜为 1.3~1.5 m,书架端的次通道宽宜为 1.2~1.3 m。

若 5 开间 3 跨进深的房间(37.5 m×22.5 m 约为 840 m²)布置为开架书库,两柱之间放 4 排书架,全部放满可放双面架 334 个,平均 0.4 架/m²;两柱之间放 5 排书架,全部放满时可放 424 个,平均 0.5 架/m²。

若柱距为 8 m,开架书库布置 5 排双面书架时,架间行道为 1.1 m。

当 8 m×8 m 柱网 5 开间 3 跨进深的房间(960 m²)全部布置为开架书库时,共有 1.0 m 长的双面钢书架 472 个,平均 0.49 架/m²。

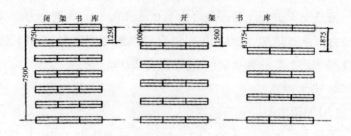

图 6.34 书架排列(柱距 7.5 m)

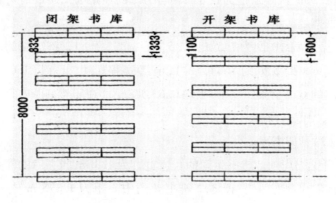

图 6.35 书架排列(柱距 8.0 m)

3. 书库容量

书库容书量指标是图书馆规划设计的一个重要指标,切不可大意。《图书馆建筑设计规范》附录 A 为"藏书空间容书量设计估算指标",应作为重要的依据。需要注意的是:此指标体系是按开架藏书的书架为 6 层搁板、闭架藏书 7 层搁板来估算的,且指标有±25%的增减度。在规划设计图书馆建筑时,需研究估算本馆具体采用的藏书容量指标。

在估算书库容量时,还要应注意到图书的厚度及开本的变化。由于图书厚度呈不断增加的趋势,每 1 格书架上放书的数量随之减少;而由于近年来出版的图书开本已更多采用以 880 mm × 1 230 mm纸张来印书,16 开本精装本的书脊可达30.5 cm。现在许多图书馆的开架书库书架为 5 层搁板,闭架书库也常为 6 层搁板,故单位面积藏书量减少了。在参照《图书馆建筑设计规范》附录 A 估算藏书容量时,宜取低值而不应取高值。

由于图书分类排架,书架的每格搁板需留出 1/4 的空余,故书架的容书充填系数按 0.75 计,标准书架每架长 1 m,除去立柱可用来放书的长度为 950 mm。书的平均厚度以 18 mm 计,每格存放中文书 40 册,闭架书每架 6 层搁板放 240 册,1 个双面书架放中文书 480 册;书库每个书架 6 格搁板,1 个双面书架放中文书 480 ~ 500 册。

(1)闭架书库容书量。

按书库的柱网为 7.5 m×7.5 m,一间 5 开间 3 跨进深的书库(约为 840 m²),放双面书架 530 个,每架 6 格搁板,藏书 25.4 万册,平均 300 册/m²。

(2)开架书库容书量。

若书库的柱网为 7.5 m×7.5 m,5 开间 3 跨进深的书库,每个柱间单元放 5 排书架时,书架间行道宽为 1.0 m,共可放双面书架 424 个,每架 6 格搁板,共藏书 20 万册,平均约 240 册/m²。

若为使读者选取图书更宽敞,两柱之间安放 4 排书架,7.5 m 柱距时 2 排书架的中心距为 1.875 m,书架间行道宽度改为 1.375 m,同为 840 m² 的开架书库放置双面 6 格书架 334 个,容书量 16 万册,平均 190 册/m²。

如柱网为 8 m×8 m,5 开间 3 跨进深的书库(960 m²),每个柱间单元 5 排书架时,书架间的行道为 1.1 m,共可放双面书架 472 个,每架 6 格搁板,总藏书容量约 22.7 万册,平均约 240 册/m²。

(3)密集书库。

密集书库内用密集书架存贮非常用书,其容书量为闭架书库的 1.5 ~ 2 倍(见《图书馆建筑设计规范》附录 A 注 3),可达 450 ~ 600 册/m²。

如果密集书架上图书的排列依照书的开本,把开本相同的书集中排列在一起,不按分类排架而按顺序号排,则书架搁板上可将书排满不必留有余量,此时密集书库的容书量可为同面积的闭架书库容书量的 2.5 倍,即可按 750 册/m² 计。

6.3　图书出纳空间和查目区设计

1. 出纳空间设计

图书馆的出纳空间包括出纳台、读者办理和等候办理借还书手续的空间。咨询台、公共检索区、办证处及读者休息区也在其近旁。

总出纳台一般设于大厅内一侧,有的专设出纳大厅。

特大型图书馆有相当数量的图书收藏在闭架书库内,在主层专设出纳厅,出纳台的后面紧靠着书库区,在多层书库设有图书传送装置。

出纳台外应有宽敞的空间供读者办理手续。出纳台内要有足够的空间存放和整理还回的图书。出纳台的出入口应适合书车进出,并与电梯间相接近,通道顺畅。

咨询台或总服务台可设在出纳台的一边。

出纳台附近宜设座位供读者等候取书及休息。

出纳台有借还书机,馆员下班后,读者可自己办理借还书手续。

2. 公共查目区设计

公共检索终端宜在大厅一侧布置,读者可以查目,也可以检索其他资讯。由于大量图书开架借阅,加上在馆内各处都可以差目,故在公共查目区不需要多设检索终端。杭州图书馆就没有设查目区。

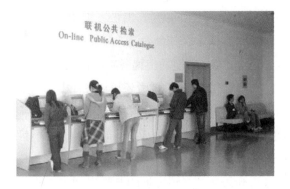

图 6.36　南京师范大学图书馆的联机公共检索区

图 6.37　汕头大学图书馆书库旁布置了数目检索专用机

6.4　公共活动空间设计

1. 门厅设计

门厅是图书馆的门面,门厅往往有艺术雕塑或壁画,彰显本地、本校的历史与文化,营造高雅的文化品位。

现代图书馆的门厅承担了许多功能。门厅的是全馆的交通枢纽,是读者登堂入室跨进知识宫殿的必经之路,门厅内有图书馆历史、现状与服务的介绍,设有全馆布局示意图,又有触摸式电子屏导览。高校图书馆在此设有识别读者身份的管理验证系统。

它是读者的大厅、交流的空间,也是可供休息的场所。

门厅内设咨询台或总服务台为读者答复询问,提供指引和帮助。门厅可设大型电子屏幕,向读者传递各类新闻与公告。门厅内可办小型展览。门厅内设借还书处,读者还可在此办理借书证。

经门厅可以到达报告厅、展览厅、书店、读者服务部、休闲吧。

门厅功能多,又是流动空间,要布局有序,活而不乱,内外呼应,格调高雅。

大厅以2层高为佳。直到房顶的共享空间中庭很不好,造成空调负荷巨大且效果差,还可能会有读者说话的声音扩散到上面楼层。

图 6.38　首都师范大学图书馆大厅

图 6.39　上海交通大学图书馆大厅

图 6.40　宁波大学园区图书馆大厅一侧

图 6.41　山东交通学院图书馆门厅

图 6.42　东莞图书馆大厅的服务台

图 6.43　台湾淡江大学图书馆大厅

2. 展览厅设计

专设的展览厅要有足够大的面积,配置相应的设施,能满足布置各种文化、艺术、科技、图书、产品展出的要求。

展览厅要有独立的对外出口,方便参观者出入和安全疏散,搬运展品。展览厅或邻近处内宜有办公室、供展览工作人员用。

展览厅外要有供参观者休息和供应饮料的地方。

图 6.44　上海图书馆展览厅

图 6.45　浙江图书馆展览厅外的读者休息厅和小卖部

3. 报告厅、多功能厅设计

图书馆的报告厅是多功能的,应参照《剧场建筑设计规范 JGJ 57—2000》、《电影院建筑设计规范 JGJ58—2008》进行设计。

报告厅应自成一区,包括舞台、控制室、观众厅、门厅、休息厅、化妆间、贵宾室、小卖部、卫生间。贵宾室宜与舞台相邻,便于被告人直接上讲台。

大型报告厅的听众坐席当然是阶梯式排列,特别要注意两排座椅之间的距离不可过小,以至于有人进出时这一排人都必须起立。曾有图书馆因为排间距不当而把坐席拆除重新改装的实例。

有的图书馆在大报告厅的后部 1/3 处设一道可移动的屏风,在参加人数较少的时候可以拉上,这不失为一种灵活的做法。

若报告厅的规模不大,可以设计为多功能报告厅,室内地面是平的,不设阶梯式的固定座位,而据需要布置折叠椅、长桌,可以是一排一排布置,也可以围合式布置,既可以举办报告讲座,也可以办座谈会、联谊会等,用途很灵活。

报告厅、多功能厅要有好的音响设备和灯光设备。大型报告厅应该有专门的声学设计,以保证坐在各不同位置的听众都能听到好声音。报告厅、多功能厅要有大屏幕。如果报告厅很大,还要在中间、后部加设中型显示屏。

上海图书馆设有大型报告厅,又有一个相当大的多功能厅。多功能厅的前部 2/3 是平地面,后部为高差不大的阶梯式座位区。

有国际交流任务的大型图书馆、高校图书馆,在报告厅宜设同声传译工作间,配备相应的设施。

4. 培训教室和读者交流区设计

高校图书馆有对学生开设信息技能课的任务,都设培训教室,当然要按照教学任务的要求进行布置。

公共图书馆都设有相当数量的教室,以作为开展社会教育之用。教室里都应该配置供演示课件幻灯片的设备,并也为学员准备使用手提电脑的电源插座。

东莞图书馆的教学区包括 5 间教室、2 间集体研究室,1 间教学办公室。

杭州图书馆有培训教室,又有面积很大的读者交流区,用可移动的隔断分成同样大小的 4 间,既可以作为教室之用,也可以举行各种活动,并可据需要把隔扇移开随意扩大,这是一种很好的办法。

图 6.46　东莞图书馆的报告厅座位

这个报告厅座位排列太挤了

5. 读者休闲空间设计

现代图书馆将休闲正式列为自己的一项功能,是现代读者的需要,适应了小康社会的要求。

休闲空间可以满足读者多方面的要求,如消遣阅读,聊天交流,咖啡品茗,点心快餐,打牌下棋,让读者获得轻松,舒缓情绪。休闲空间往往陈列时尚杂志和知识性、趣味性休闲读物。

图书馆的休闲空间设计当然是各显特色,独具一格,别出心裁,可以设计为休闲阅览室、书吧、茶室、咖啡吧,但不能有明火。室内布置随意而不凌乱,富有情趣,多用沙发圆桌及矮书架杂志架。

休闲空间内要有网络接口或无线网络覆盖,供读者带手提电脑之用。室内播放背景音乐。休闲空间有供应饮料茶点简餐的服务台,其设计也颇值为意,要既方便实用,又营造文化气息和温馨氛围。

图6.47　浙江大学图书馆紫金港分馆的港湾茶吧,外面是屋顶花园

图 6.48 浙江理工大学图书馆的书吧

图 6.49 南京师范大学图书馆读者休闲室——思怡园

6.5 业务管理用房设计

1. 计算机房、网络中心设计

电子计算机房应按照《电子信息系统机房设计规范 GB 50174 - 2008 》的规定进行设计。

图书馆的网站维护、数字化建设任务日益繁重,应该投入更多的人力,不少图书馆有着将本馆特色专藏和地方文献数字化的任务,或未来规划必然要开展这方面的工作,故网络中心机数字化工作室要预留空间以准备应对未来发展的需要。

图 6.50　浙江大学图书馆紫金港分馆大规模地进行文献数字化工作

2. 采编部设计

不同规模、不同工作模式的图书馆,采编部工作内容不尽相同。

一种是将所有载体形式的文献采编全部集中在采编部,包括中外文图书、期刊、光盘、数据库等,包括期刊报纸装订后合订本的编目工作在内;一种是报刊的采编工作由期刊部负责。以前大型图书馆采编部将编目加工完后的书先移交给典藏室,由典藏室分发到阅览室、书库、系资料室及分馆,现许多图书馆不设典藏室,图书分发工作由采编部承担。

随着地区图书馆之间协作的加强,某些地方的大型图书馆成立采编中心,若干个图书馆的图书采编工作集中于此。

图书编目工作的社会化在近几年有很大进展。有的图书馆将编目工作外包;还有由图书供应商做编目工作,依照统一规则和图书馆的要求对进行编目和加工,书商将图书馆所订购的书送来时一并交付编目数据。

采编部空间设计,要按照具体图书馆的不同的工作内容与要求来安排。一般说来,采编部往往将采访室与编目室分成两个相邻的房间,有门相通。采访室要有图书拆包验收用的大工作台,有书架存放图书。编目室需要更大的空间,有相当数量的书架靠墙布置,有放置几部手推书车及书车回旋的空间,馆员工作台旁有放置工具书的书架。现今采访编目工作都用电脑来做,但编目室永久保存一套完整的卡片目录是必要的,因此编目室必须安排卡片目录柜的位置。采编部要有足够的网络接口。

采编部房间应有较好的朝向。按《图书馆建筑设计规范》规定,采编室的使用面积定额为每 1 工作人员 10 m^2,由于图书馆有时可能会集中到书,相当一批图书在采编部会存放一段时间陆续进行编目加工,因此采编部的空间宜稍宽敞些。

如今一些中心图书馆承担了若干分馆和基层图书馆室的图书采购和编目任务,其采编部要有更大的空间,包括储存和分配调拨图书的地方。而一些小型图书馆、基层图书馆自己不进行图书编目工作,只是接受中心图书馆分拨来的书,或已经把图书采编工作外包给图书发行单位,则只要有验收图书的房间即可。

3. 办公室设计

图 6.51　杭州图书馆馆长室里馆长的办公桌不大很普通

图书馆的管理办公用房有两种安排办法,近年来很多图书馆用大空间办公而以带挡板的办公桌来适当区隔和避免互相干扰。

馆长室、馆办公等应该按照国家的相关规定执行,不能超标准。室内应该有几个人商讨工作或接待读者、访客的座位,有书架、书柜可以存放资料。把馆长室设计得很大、布置得特别高档是不适宜的,有的甚至想在馆长室里辟一内间专供休息之用,更为不妥。

4. 馆员活动室休息室设计

在为馆员创造良好的工作条件的同时,也关心馆员的休息和健康,这是"以人为本"的一个重要方面。在内部业务与管理区宜设置馆员活动室,配备若干健身器材、乒乓球台、台球桌等。同时还要有专门的馆员休息室,供大家休息、交流、用餐,特别是大城市的图书馆,以及有些高校图书馆在新校区实行连续 10 多小时上班,更需在馆员休息室内配置冰、微波炉等。

图 6.52　东莞图书馆馆员之家　　　　图 6.53　浙江理工
大学图书馆馆员休息室

6.6　垂直交通及停车场地设计

供读者和馆员上下楼及图书运送的垂直交通组织,在现代图书馆的服务与管理体系中占着重要地位。

1. 垂直交通组织的基本原则

垂直交通的安排以方便读者、便于管理为原则,并要顾及相关设备的运行效率与消耗。

垂直交通的组织与安排,和整个建筑的布局是密切结合着的,垂直交通系统服从于、服务于建筑的布局,而组织得好的垂直交通会对全馆的运营带来很大方便。

在布置垂直交通体系时,应与全馆的布局统一起来研究,并从交通顺畅的角度看设计方案,通过全盘考虑和统一平衡,使得全馆的方案布局及水平与垂直交通系统都更加完善便捷与协调。

在布置垂直交通系统时,首先要明确读者、馆员及图书的流线,不但要研究流线的走向,更要研究各自的流量与频度,以及垂直交通体系中楼梯、电梯各担负多少运量。首先,必须确定主要读者群上下楼的交通模式,主要是从楼梯上下楼还是主要乘坐电梯;

其次,明确电梯承担的任务,其服务对象、数量及乘用频度;再次,确定图书上下运送的起止点、运量、频度与最佳途径,是用电梯还是电动书斗提升设备来运送图书报刊。

一般说来,能方便地经楼梯上下的,不必使用电梯运载。读者上下楼应以楼梯为主,辅以电梯。有图书馆的设计任务书竟然要求读者上下楼主要以电梯为主,这明显是不对的。

2. 楼梯

楼梯可分为读者主楼梯、次楼梯、书库内楼梯及消防楼梯。

(1)主入口和次入口楼梯。读者主楼梯的部位应在读者主入口大厅内较接近大门之处,不能过远及设于隐蔽部位。主楼梯宜宽敞,踏步不可高,坡度要小。楼梯不宜用金属扶手,手触摸金属扶手的感觉是冷冰冰的。楼梯间宜有天然光线透入,白天不必开灯。

读者次入口的人流量也不小,其近旁也应设置较宽的楼梯。

(2)阅览空间内楼梯。在开架借阅室 2 层或 3 层上下贯通时,往往设有楼梯供读者上下,其位置据借阅室面积大小而安排,在中间部位布置较为方便,但会造成藏书区的割裂。在室内一侧或两端都设楼梯的较多见。室内楼梯的设置必须考虑到安全疏散的要求,几层借阅室只设一道门供读者出入不符合防火及安全疏散要求。

(3)书库楼梯。当图书馆上下几层同一部位为书库时,书库内所设的楼梯可以在中间部位,也可以靠近书库门,如书库面积大,则要在两端都设楼梯。库内楼梯坡度不宜过大,必须有防滑措施。

(4)疏散楼梯。必须严格按照消防法规的要求设置疏散楼梯,且应为封闭楼梯间,高层楼房应为防烟楼梯间,并且至少应有一部楼梯是天然采光和自然通风。

2. 电梯

图书馆电梯有分设读者、工作用电梯的,或读者馆员共用电梯。

(1)读者电梯

《图书馆建筑设计规范》规定图书馆在 4 层或 4 层以上设阅览

室时,必须设置电梯供读者乘用。如图书馆的主层在 2 层,从主层到 3 层、4 层,一般读者走楼梯上楼并无困难,电梯主要为老年读者、残障读者及往 5 层及 5 层以上的读者乘用。图书馆建筑为 5 层或 5 层以下时,可考虑电梯主要不作为一般读者乘用,在此情形下,电梯的位置可在图书馆内靠后的部位,电梯数量不必多,也不必是大运载量的。

如图书馆为高层建筑,电梯成为读者常用的上下楼交通工具。如果图书馆规模大、读者众多,则要配置较多的电梯,其位置宜在大厅一侧读者容易看到的地方,且走向电梯的步行距离不宜大远。电梯间的前室要大些,可容较多的读者同时等候电梯及出入疏散的缓冲。设置的电梯厢位必须大些,至少是能容 14 人的电梯。

（2）工作电梯

规模大、平面布局铺得很开的图书馆,常专设工作用电梯。工作电梯一是供馆员上下楼,二是供采编部将加工好的新书运送到各楼层,三是供出纳台将读者还回的图书分送到各阅览室或书库。

工作电梯的位置,宜设在馆员出入口、图书进馆入口附近,也可设在图书馆的内侧靠近总出纳台、同时距采编部较近的位置。

工作电梯多为客货两用梯,载重量不宜过小。在新馆舍建成安装书架设备及布置阅览桌椅、办公家具时,以及图书搬迁时,工作电梯承担着繁重的运输任务。

（3）消防电梯

高层图书馆建筑,必须按有关规范的要求设置。

（4）自动扶梯和观光电梯

国内图书馆首先设置自动扶梯的是 1997 年 11 月开放使用的上海图书馆,它每天接待读者 1 万人左右,故安装使用自动电梯是必要的,多年使用以来效果显著。

对于一般图书馆来说,没有设置自动扶梯的必要。高校学生从主层向上走几层楼梯上楼是很轻松的事,不需自动扶梯供他们代步。有的高校图书馆从 1 层到 4 层每层之间都设自动扶梯,是不必要的。

自动扶梯占空间大,投资较高,整天开着相当耗电,又需要经常维护保养。因此对于设置自动扶梯需经严密论证其必要性与可行性,防止设置了自动扶梯耗费过大,或经常停运当摆设的情况。

近几年有些新建图书馆在封闭的中庭共享空间安装了观光电梯,其实实观光电梯是大型商场的做派,图书馆是传播知识、学术交流的场所,需要的是浓郁的书香气息和雅致的环境,观光电梯与图书馆作为文化建筑的品格不相符,实在没有设置的必要。

图 6.54　东莞图书馆
大厅的旋转楼梯

(5)内部书梯

书斗(书梯)是书库内的提升装置,过去闭架管理的大中型图书馆所需的设备,在开架服务管理成为主流、普遍设电梯以后,内部书梯的必要性大降。但在特大型图书馆,闭架书库的图书仍有相当数量,故仍有在书库与出纳台之间设书梯的。

图 6.55　厦门大学漳州分校图书
馆自动扶梯与楼梯并排布置

图 6.56　浙江理工大学图书
馆的工作电梯

图 6.57　台湾大学图书馆的楼　　　　　图 6.58　中国科学院图书馆大厅
梯间有一张网以防止人或物跌落　　　　　旁的旋转楼梯有防滑措施

　　编目加工完的书经书梯送至各楼层不是很好的办法,书梯只能运书不能进人,人与书分离很不方便。且书梯只能装书或书箱不能连车带书一起传送,书梯把书传至某楼层后馆员要从书梯口取出书装上车还是比较更麻烦。把编目加工完的图书装上书车,由馆员推着书车进电梯运送到各阅览室或书库当面交接,这样更加方便妥帖。

　　3. 停车场地设计

　　越来越多的人拥有汽车、电动车,读者开着汽车到图书馆来的阅读或参加活动的、馆员开着汽车来上班的有着相当的数量,而且会更多;图书馆的公务用汽车也增加了不少。这都要求图书馆安排更多的停车位。

　　充分利用地下空间安排汽车库是很好的办法,同时在馆区也要有一些地面的停车位,可布置在主体建筑的一侧或馆前区。

　　如今提倡绿色出行、低碳环保。中国有着几十年以自行车为主要交通工具的传统,以后有可能重新获得发展。在规划图书馆的总体布局时,自行车、电动车停车场地的安排应该予以重视,妥善安排。在馆区地面能划出一块非机动车停车场,对于读者来说是比较方便的。上海图书馆原在馆前靠近马路处设有半地下式的自行车停车区,既方便读者,又不影响观瞻,可惜在建设地铁时不得不拆除了。浙江图书馆在馆区前广场的一侧、与主体建筑有相当距离的地方辟出很大的读者自行车棚,在工作人员入口处也有一片自行车棚,这是很好的做法。

很多高校校园很大,自行车成为相当多的学生必备的代步工具,而图书馆没有很好安排自行车停车场地,学生的自行车只能在馆前乱停放,既无序不雅观,又容易发生矛盾,而且学生的自行车日晒雨淋让人心疼。浙江大学紫金港图书馆在馆前大厅的地下安排了很大的自行车库,学生存车后到地面进图书馆、出馆后取自行车离图书馆的上下路线,安排得很紧凑便捷。

图 6.59　浙江大学图书馆紫金港分馆大厅外平台
有通往地下自行车库的出入口

第7章 现代图书馆建筑的结构与造型

7.1 建筑结构的特点

现代建筑一般均采用钢筋混凝土框架结构,房屋是由地基基础、柱、梁、楼板、墙和窗,以及屋面组构而成的。

混凝土框架结构可以建造起有很大开间和进深的房子,每层楼的面积可达数千平方米或更大。楼面可以承受很大的重量,楼板上所有的重量通过梁、柱传到基础、地层,房屋内部不需要内墙来承重。楼面除了柱子以外,间隔物可有可无,可以很灵活地设置各种隔断物,既可以是墙体,也可以用玻璃、书架书柜或其他来间隔,并且允许将这些间隔物移动或拆除。楼房可以造得很高。

框架结构给现代图书馆建筑带来了种种便到,创造了许多可能性。框架结构和其他新的工艺、技术与材料相结合,加上现代信息科技等,使得图书馆建筑跃升到新的水平。

7.2 图书馆建筑的柱网布置

建筑的柱网尺寸,柱与柱之间横向与纵向尺寸的选择,形成不同大小的内部空间的基本单元。在一个个基本单元用于布置阅览桌椅、书架、服务管理设施,人活动需要的其他空间,及通道、楼梯、电梯、管线等。

一般说来,柱网尺寸大,空间利用的灵活性就大。而柱网尺寸的大小要考虑功能上的需要，及使用的方便、经济合理性和建造的成本，并不是柱网尺寸越大越好。

图书馆建筑内部空间中最大的比例用来安排阅览桌椅和书架，因此，柱网单元要既能安排好阅览桌椅又能恰当地安放书架。现今柱网尺寸采用 7.5 m×7.5 m 柱网的为多，适于阅藏合一的布置，又比较经济。也有用 7.8 m×7.8 m、8 m×8 m、8.1 m×8.1 m、8.4 m×8.4 m 或 9 m×9 m 的。

由于建筑的地下层都作为汽车库之用，故柱网的尺度要兼顾阅藏空间的布置要求与汽车库内车辆停放的要求，如今很多图书馆建筑的柱网采取 8 m×8 m、8.1 m×8.1 m 或 8.4 m×8.4 m，一个柱网单元可以停放 3 辆汽车。

如果柱网为 8 m×16 m，即 8 m 开间 16 m 进深，也就是 2 跨 8 m×8 m 的空间去掉了中间一排柱子，更便于布置阅藏结合的开架借阅室，如果两面各挑出 1.5 m 或 2 m 用作走廊，建筑的进深为 19 m 或 20 m，则室内更好布置，空间更能充分利用，并且能很好地利用天然光线和自然通风，读者感到舒适。8 m×16 m 的柱网比之 8 m×8 m×2 m 的柱网，虽然增加了梁的高度和钢筋用量，但去掉中柱增加了室内空间的利用率，其效果更好，不能说是不经济。

20 世纪 80 年代已有一批图书馆的阅览室是无中柱的，如浙江大学图书馆、湘潭大学图书馆、河北农业大学图书馆、杭州图书馆等，阅览室的跨度达 10～13.2 m 不等。21 世纪初建成的浙江财经学院图书馆，其阅览室部分空间无中柱，跨度为 15 m。

7.3　楼面的承重要求和楼板结构

《图书馆建筑设计规范》并未对楼面荷载作出规定，许多图书馆建筑采取了不同的荷载设计，从 300 kg/m²、400 kg/m²、500 kg/m²、600 kg/m²、800 kg/m²、1000 kg/m² 至 1200 kg/m² 的都有。

国家标准《建筑结构荷载规范 GB 50009－2012》规定，书库、档案库的荷载值为 5 kN/m²（大体相当于 500 kg/m²），密集书库的荷载值规定为 12 kN/m²。规定教室、一般资料档案室为 2.5 kN/m²；办公楼、阅览室、会议室为 2.0 kN/m²；礼堂、剧场、影院为 3.0 kN/m²。

《规范》条文说明 5.1.1：书库活荷载当书架高度大于 2 m 时，书库活荷载尚应按每米书架高度不小于 2.5 kN/m² 确定

《规范》规定的书库荷载值是闭架书库的荷载要求，是按照书架间净距 0.6 m、每架 7 层搁板放图书的条件来估算的，也已考虑到人推书车在行道间活动的荷载。由以上规定可见，书架排列松宽的阅藏结合空间设计为 400 kg/m² 就完全能满足实际需要了，更高的荷载值设计是不必要的。事实上，浙江大学图书馆闭架书库承重设计为 300 kg/m²，从 1982 年建成使用至今已 30 年，且后又变为开架允许读者入内，至今未发现有任何问题。

应该把不同使用功能的空间区分开来，如固定为业务工作用房或行政办公用房的区域，就不必按书库的荷载标准来设计楼面荷载。

有一种"密肋楼盖"结构，适用于大柱网、大空间建筑，密肋梁的高度可为柱网跨度的 1/15 ~ 1/20（一般柱梁结构梁的高度为 1/10 ~ 1/12），能降低层高及钢筋水泥用量，降低楼板造价。从 20 世纪 80 年代初在北京图书馆工程中首次应用成功后，在许多图书馆工程中得到推广。密肋楼盖可以用 9 m×9 m、7.5 m×15 m 柱网，很值得推广应用。（成卓民. 塑料模壳密肋楼盖在大柱网建筑中的应用. 见：世纪之交的预应力新技术. 专利文献出版社，1998：499 ~ 504）

7.4　空间高度

建筑每层楼的层高，是一层楼地面至上一层楼地面的高度，包括了上层楼楼板的厚度、梁的高度及梁下吊顶、管道所占的高度。

从图书馆的使用来说,要考虑的是室内的净高度。

不同地区的建筑,是自然通风还是使用空调,或全年全天候使用空调,以及室内的人数多少,这些情况对室内净高度的要求不同。

在气候条件好不需要使用空调的地区,室内净高宜高些,以利于自然通风,室内净高为 3.6 m 左右一般可满足通风采光的要求。由于楼板下没有空调管道,有的图书馆阅览室就不吊顶直接安装吊扇,而有的在吊顶时安置风扇则较为整齐美观。

经许多图书馆的使用实践检验,需要安装空调系统的大空间的净高宜为 3.1 ~ 3.3 m,7.5 m×7.5 m 柱网时,其结构层高可为 4.5 ~ 4.8 m。

7.5　楼面高差及大台阶

图书馆内每层楼的地面不应有高差,以方便书车通行。同一层楼的不同部位出现台阶极为不便,即使有斜坡连接也很不方便。

有图书馆的设计方案把主楼的层高设计为 4.5、4.2、6.4、6.4、4.2、4.2、4.2 m,副楼的层高设计为 4.5、4.2、4.2、4.2、4.4 m;主楼 4 层楼面标高为 15.1 m,副楼标高为 12.9 m,5 楼标高一边为 21.5 m,一边为 17.1 m,出现了很大的高差,而且在主楼与副楼相连接处没有电梯可以两边兼顾配合使用。按此方案实施建成后,两边的交通联系只有楼梯可走,馆员如何运送图书报刊? 显然此设计不可取。

为使图书馆显得高大和气派,不少图书馆门前设置大台阶,把读者主入口安排在 2 层,对读者进馆造成不便。如真的“以人为本”,为什么要让读者走上几十级台阶才能进图书馆呢? 上海大学图书馆门前的大台阶使得钱伟长校长望而却步,不得不从后门进图书馆。

曾有因大台阶不同段的踏步高度不一致使读者摔跤的。北方冬季长降雪多的地区,图书馆前大台阶容易积雪结冰,会使读者滑倒摔伤。有一图书馆前广场到大台阶前有几厘米高差,造成多位读者摔得不轻。这些都应当吸取教训加以避免。

7.6　建筑高度与层数

建筑物的层数和高度主要考虑实际的需要。不同功能要求的建筑的高度要求各不相同。建筑的高度受到城市规划对某地块建筑高度的控制。

以图书馆的使用要求而言,建筑的地上部分以 4～5 层为宜。若一座图书馆建筑地上 5 层,1～4 每层高度为 4.5 m,第 5 层考虑作为业务和管理办公用房及研究室等,其高度可降为 4.2 m,则总高度约为 22.2 m,建筑的檐口高度可以控制在 24 m 以下。

按照国家规定,建筑物高度超过 24 m 时即作为高层建筑,其消防要求更严格。同样面积规模的建筑,高层建筑比普通建筑的造价大为提高,而其平面利用系数却低。高层图书馆既不方便于读者,也很不经济。

在建设基地许可的情况下,不应把图书馆建成高层建筑。

原教育部基建司司长王文友曾多次提出高校图书馆"不宜采用高层建筑",并举例说:美国、日本、德国等国家的大学,无论是老图书馆还是新建的图书馆一般都是 4、5 层以下,有的新建图书馆仅有 2、3 层。只有少数用地很困难的大学才建成 10 层左右的图书馆,而其较高楼层往往用于教师阅览或与图书馆业务并无紧密关系的研究单位。(王文友:关于普通高等学校图书馆建筑的思考,建筑学报,1997(8):32～36)

1977 年日本国立大学图书馆协议会制订的《日本国立大学图书馆改善要点修订草案》:"要重视平面布置的效果,使主要职能部门集中在主层。在占地条件允许的范围内,力求建筑物的低层化"。

一些地方和高校将图书馆作为标志性建筑来看待,要求将图书馆建得很高,这样的图书馆建筑对读者造成不便,运营维护成本大为提高,对图书馆的服务管理有妨碍,是违反科学规律的。

有的地方甚至将毫不相干的其他房屋加到图书馆的上面,以此来拔高这座建筑,这既不符合《图书馆建筑设计规范》关于"图书馆宜独立建造"的规定,也不符合《普通高等学校图书馆规程》中关于"建造独立专用的图书馆馆舍"的规定。

7.7　图书馆建筑造型设计的一般要求

图书馆建筑的造型,常被看代表作一座城市、一所学校文化发展水平的具体形象与标志,又体现着综合实力。在当今普遍把文化建设上升到重要地位的奔小康时代,对图书馆的建筑形象有了更高的要求。

图书馆建筑的造型是图书馆美观的一个重要方面,体现着社会的价值观和文化追求,应是适应并表现出社会的图书馆价值观的形象。

图书馆的外部形象代表着图书馆所提供服务的知识环境和交流场景,公众对图书馆的第一印象是馆舍的外形,这个印象反映了对图书馆这一交流场的认知,往往长时间映射和留驻在读者的脑际,影响其对图书馆的感受,影响其到图书馆来利用的行为和阅读心理。图书馆建筑的造型不应一味追求外表的华丽壮观、高大雄伟,必须符合图书馆的文化品格和读者的心理期待,崇尚朴实无华,清新典雅,富有文化韵味。

图书馆建筑的形象千姿百态、争奇斗艳,而通过对千百座图书馆外形的比较与研判,可以认为图书馆建筑造型通常有着普遍性的要求。

1. 以图书馆的功能为基础

一般而言建筑总是具有实用与观赏两个方面。图书馆建筑是由社会和读者的需求而建造,用于传播知识信息、进行文化交流的物理实体,并营造着怡人的内外环境。良好的图书馆形象应神形兼备,其内在基础是功能要求,即对图书馆的各种使用功能要求及审美心理要求的融合,用建筑造型着力加以表现,既能满足使用要求,又满足了社会各方面对图书馆形象的要求及艺术欣赏要求。如果造型似乎好看但影响了或损害了功能的实现,就不是这座图书馆所需要的造型。

2. 尊重环境、有益于环境

建筑依存于特定的环境,包括建设基地的地形地貌、基地地块的大小与形状、基地的方位朝向、其周边的道路、广场,以及更广范围的大环境,包括城市的文化特征、周围建筑群的风格、附近的名胜古迹、公园绿地水面等。在尊重环境的基础上创作出有特色的图书馆造型,置之于此特定环境显得形象鲜明、突出而协调,可为城市环境增添美景。

3. 突显图书馆的文化性质

图书馆的本质特征是文化建筑,一座图书馆建筑或许就是某一特定历史时期的文化形象的代言者。图书馆的造型不可与其他文化建筑相雷同,更应有别于商业建筑或办公楼。图书馆的形象应清新、典雅、朴实,大气和谐,亲切近人,表现出图书馆是社会的文化中心,着力显示欢迎社会大众来充分利用、参与、共享的人文精神和民主平等的精神。

4. 民族风格和地域特点

文化具有民族性和地域性。在特定地区建造的图书馆为当地的群众服务,其建筑的乡土形象必定具有亲和力。民族地区图书馆的造型理所当然地应符合当地的民族文化背景,反映民族文化的底蕴,亦即尊重民族情感。在多民族聚居的地区的图书馆建筑,其形象更应有助于反映民族平等和团结。不同地域的审美情趣、建筑风格、气候条件都有差异,图书馆造型须与之相适应,并以自己的造型丰富当地的建筑文化。

5. 大众化、时代感与个性风格

建筑艺术是长期与公众对话的艺术。图书馆是公众最频繁出入的文化建筑,其造型要考虑当地广大人群对建筑的艺术欣赏习惯,力求被公众所喜爱,当然也可以新颖别致的造型吸引公众,引领大众的欣赏情趣,而这种造型必是很有时代感的,能被广泛接受的。造型反映着建筑师的艺术追求,图书馆建筑为许多建筑师提供了创作的良好机遇与条件,适应功能与满足大众欣赏要求的、有鲜明个性风格的造型是受欢迎的。

6. 适当应用新技术新材料

时代的进步推出了许多新的建筑技术、工艺、材料与设备,虽然采用某些技术或材料会增加造价,但现今的经济实力已允许采用这些,其结果是使图书馆的内部空间更宽敞、功能更完善,同时也能设计出多样的建筑形象。框架代替砖混结构,柱网尺寸加大,建筑可以更高,墙体材料多样,适当运用这些条件,图书馆的造型会更富于时代感。但造型过度追求新材料,影响内部功能,违背可持续发展,也是不可取的。

7. 纪念性与适度的象征、隐喻

图书馆建筑有时被赋予纪念性,这既是特定时代或特定环境条件的要求,也有助于提升图书馆的社会形象及其在公众心目中的地位,能吸引更多的读者。图书馆的造型可以适当运用特殊的纪念元素,和某些象征性的含义与隐喻,以表达主题。但这些又不可过度,否则反而可能有损于功能要求和纪念意义的表达。

8. 形象的整体美与持久性及经济性

图书馆建筑的造型应追求整体形象的美感,而不是局部元素的美,即建筑的体量、外形尺度的比例、门窗的排列布置、外墙的材料与质感、建筑的色彩,以及此造型的周围环境的协调,等等,所组合起来的形象总体上给人以和谐的美感。建筑形体的美不应选只能维持短短几年的,而应是能经得起时间检验,过若干年仍能保持其美好形象的。设计造型也必须考虑造价,不能为追逐其种造型而付出极其高昂的代价,也不能不顾及此种造型日后的维护保洁工作。

9. 反对怪诞,必须安全、环保

一些地方热衷于"国际招标",以为洋建筑师一定比自己本土的建筑师高明。而洋建筑师常将中国作为其"试验田",拿出稀奇古怪的方案吸引眼球,居然屡屡中标。建造的图书馆不但是高投资,而且往往是高能耗,有很多致命伤。玻璃幕墙图书馆是其中的一类,一些有影响的大型图书馆如深圳图书馆、泰达图书馆、重庆图书馆、郑州图书馆等都是大面积的玻璃幕墙。玻璃幕墙不但造成光污染,而且幕墙玻璃自爆高空坠落伤人的报道屡见报道,无法预测和防范。

必须增强民族自信,中国也有许多很高水平的建筑师。我们自己的建筑师最了解国情,熟知相关标准和规范,和图书馆人容易沟通。许多图书馆建筑经过公众的检验,经历了时间的考验,被广泛认可,证明中国的建筑师完全能够设计出适合社会和读者要求的、实用美观的、环保节能的、舒适安全的图书馆建筑。

7.8　图书馆建筑功能与造型关系的处理

图书馆的造型向来被公众所关注,更被领导所看重。图书馆以何种具体形象矗立在城市或校园中,往往是领导者、投资者、建筑师集中关注的焦点,而图书馆方面更关心的是造型对功能产生何种影响。

图书馆的造型与功能有着密切的关联,而不可能割裂。如果建筑师只是把造型作为风格的自我表现,追求新奇怪异,或者刻意摹仿国外的某种主义的建筑形式,或者画出从未有过的怪诞外形,而不顾及功能要求是否能完满实现,那是不足取的。好的图书馆建筑应是优美的造型与完善的功能相谐调结合。馆舍建筑造型设计是图书馆美化的一个方面。

从图书馆使用来说,看重的是内部空间的使用功能,外形如何似乎关系并不太大。而按一般规律而言,设计图书馆的正常过程依次是:分析图书馆的任务→明确图书馆的功能要求→安排好平面布局→确定建筑结构→描绘建筑造型→装修装饰和庭园绿化绿化设计。然而,不少地方却颠倒程序,先选定外观造型,再安排内部布局和功能,这就不得不"削足适履",顾此失彼,造成布局不合理、使用不便、维护困难、能源消耗大、运营成本高等种种弊端,其负面后果往往难以弥补。

如果按照客观规律规划设计图书馆,多从功能要求考虑,在多个方案中综合评选,并且以"功能第一"、"造型追随功能"为原则对设计方案加以修正和完善,是能够尽量做到功能与造型完美统一的,我国建筑师设计、图书馆专家倾力合作的上海图书馆等就是很好的例证。

7.9　对图书馆建筑设计方案及其造型设计的选择

建筑的造型由以下几方面组成:建筑的各个立面的形状及外墙材料与色彩效果,建筑的轮廓线、天际线,建筑的体量、高度、长度及高与长的比例,建筑屋顶、檐口的形状及其安排布置,建筑的门及窗户的多少、大小、形状、比例及在墙体上的安排,建筑物与周围环境的关联等。

同样的功能要求和平面布局,可以设计出多个不同的建筑造型来。在选选择方案时,对于各种造型须看其对实现功能的效果,可能有 3 种情况:一定造型有助于功能的完满实现,二是造型无妨于功能的实现,三是造型有碍于功能的实现。如果以上诸因素及其组配后综合观之,对内部功能的实现很有益,则可视为上品,如对内部功能的实现无特别的帮助也无大碍,则为中品,如对内部功能的实现有害,则为下品。

建筑外形对内部功能的影响主要有以下方面：

一是墙体与开窗，好的造型开窗顾及读者及藏书，窗地比适宜，窗户开关自如，开可以通风，闭又很严密，防风沙雨水。相反，窗户过大光线过强影响阅读，读者避之不及，虽安装窗帘效果也不见得好；开窗太少，则光线不足，感觉不佳，白天也要开灯，既不利于阅读又费电力。

另有一种极坏的情形：完全无窗，或全部是窗，建筑立面全为玻璃幕墙，从上到下全透亮，光照十分强烈。无窗玻璃幕墙图书馆让人生活在透明的封闭空间里，全无自然风，长时间在空调房间难免得空调病，如再遇"非典"那样的情况，则会发生灾难性后果。

由于玻璃幕墙，夏天室内成为温室火炉，热不堪言，空调消耗极大，不胜负担。玻璃幕墙的保洁工作也是让人伤脑筋的事。

图 7.1　图书馆外窗积满　　　图 7.2　图书馆门厅玻璃屋顶
　　　　尘土无法擦拭　　　　　　　　积尘却无法上去擦洗

一些图书馆屋顶为大面积玻璃顶棚，夏热冬冷，夏季阳光源源输入，开空调不胜重负。北方的图书馆冬天寒气直逼，即使有暖气或开空调，地面温度仍很低。玻璃顶棚还使室内光线过强，夏天不得不用帘遮挡。如遇玻璃顶棚漏雨也很麻烦。顶棚上积满灰尘，有碍观瞻，而要清扫干净则费工费事，请保洁公司来做又要花费。

图 7.3　图书馆玻璃顶棚　　　　　图 7.4　大面积玻璃幕墙
　　　　上积尘难擦　　　　　　　　　　　保洁很不易

　　为求造型宏伟,硕大矗立,建成高层建筑,其结果是室内都是肥柱,有的图书馆柱子 1 m 见方,占据空间,影响安排布置,空间利用率打折扣。因此,对造型的选择还应从使用功能和运营维护等角度来全面权衡。

　　以下是一些图书馆建筑造型外观的实例:

图 7.5　上海图书馆 (张皆正 唐玉恩 居其宏设计)

图 7.6 上海图书馆的造型属海派建筑风格(照片来源:参考文献 13)

图 7.7 北京大学图书馆的造型与周围建筑群相
呼应协调(关肇业设计)

图 7.8 中国科学院图书馆模型照片(崔彤设计)

图 7.9　中国科学院图书馆夜景（郑建程提供）

图 7.10　第二炮兵学院图书馆（鲍家声设计）

图 7.11　长沙理工大学图书馆（高冀生设计）

图 7.12　宁波大学园区图书馆(程泰宁泰设计)

图 7.13　淮阴工学院图书馆(沈国尧设计)

图 7.14　南京师范大学敬文图书馆(东南大学建筑设计研究院设计)

图 7.15　上海交通大学图书馆

图 7.16　华东师范大学图书馆逸夫楼(图片来源:参考文献 10)

图 7.17　上海工程技术大学图书馆

图 7.18　上海视觉艺术学院图书馆

图 7.19　上海视觉艺术学院图书馆

图 7.20　深圳大学城图书馆（网络图片）

图 7.21　浙江万里学院图书馆居于校园的显著位置却只有 3 层高（宁波）

图 7.22　中国海洋大学图书馆于 2007 年春建成开放

图 7.23　苏州大学图书馆

图 7.24　中国矿业大学图书馆于 2007 年建成开放

图 7.25　郑州大学图书馆

图 7.26　成都信息工程学院图书馆

图 7.27　延安大学图书馆

图 7.28　长安大学逸夫图书馆

图 7.29　陕西师范大学图书馆

图 7.30　兰州大学图书馆

图 7.31　黑龙江大学图书馆

图 7.32　哈尔滨医科大学图书馆

图 7.33　太原科技大学图书馆

图 7.34　厦门大学漳州分校图书
馆造型具有独特的闽南建筑风格
（厦门大学建筑设计研究院 设计）

图 7.35　江南大学图书馆

图 7.36　西南财经大学图书馆

图 7.37　海南省图书馆(同济大学建筑设计研究院设计)

图 7.38　绍兴图书馆的造型有着古越风韵(王亦民设计)

图 7.39　广东省立中山图书馆(郑振铉设计)

图 7.40　原深圳图书馆,现为深圳少年儿童图书馆

图 7.41　鄂尔多斯市图书馆,被当地人称为"贤楼"(斜楼)(网路图片)

图 7.42　常熟图书馆

图 7.43　上海嘉定图书馆

图 7.44　张铭音乐图书馆在杭州西湖之畔

图 7.45　东莞市长安镇图书馆,建筑面积 29 500 m^2

（照片来源:长安图书馆网）

图 7.46　石狮市万祥图书馆

第8章　现代图书馆建筑的
环境设计

8.1　营造人与自然和谐的图书馆建筑环境

人的生存环境问题越来越受到重视,反映了现代人意识的觉醒。人与自然环境、人与社会环境是共生的。正是由于科学地认识了人、自然、社会相互之间的关系,总结经验教训,不断深化了对自然界和人类社会的本质规律的认识,才有了科学发展观的提出,才有以人为本、注重生态文明建设、人和自然和谐相处的系统理论。

图8.1　山东交通学院
生态图书馆简介

生态文明建设、人与自然和谐相处,是构建社会主义和谐社会的重要内容,工程建设都应该遵循此目标进行设计。正如仇保兴所言:建筑师的定义也将发生质的变革,建筑师将是建筑学家、环境专家和生态专家的综合体。他们面临的不再是单一建筑美学和功能问题,环境科学和生态科学的理论将成为建筑师知识结构的组成部分。(仇保兴:建立五大创新体系促进绿色建筑发展. 中国建设信息2006(4):13)

对于图书馆建筑而言,通过设计营造良好的环境是应有之义,应是重要的目标,图书馆内外环境是图书馆建筑规划设计极为重要的内容。

舒适优美和谐的环境使得图书馆建筑整体协调、功能得以完满实现,读者能够全面、充分享受到现代文明。

人与自然和谐相处,首先是要尊重自然环境,充分利用自然环境的恩泽,其次要为人营造舒适的环境,保障读者、馆员的健康和良好的精神状态,再次要尽力防止污染、治理污染,减少对自然资源的占用消耗。

8.2　图书馆建筑环境的内涵与基本要求

1. 图书馆环境的内涵

图书馆建筑环境有着丰富的内涵,包括多方面的内容。

图书馆环境包括图书馆的外环境和内环境,即馆区环境和室内环境,包含着建筑周围的天然环境和用建筑手段营造的人工环境。

从功能需求来说,图书馆的环境包括阅读研究环境、文化交流环境、馆员工作环境等,图书馆环境的重点就在于为人营造出适合于学习、研究和交流的适宜环境。

从室内空间来看,其环境包含着光线、温湿度、声音(噪音)、空气清新度、污染度等物理化学条件,还有室内布置、色彩及文化氛围等组成的软环境。前者是可以用仪器仪表测量计量记录、有参数加以比照的,后者是的给人以不同心理感受而难以计量测试的。这两者相优化组合,才成为舒适宜人的室内环境,甚至是富有人情味的优雅环境。

2. 对图书馆环境的基本要求

图书馆建筑的环境要求从"以人为本"出发,落脚到人与自然的和谐。对图书馆建筑环境的基本要求可以这样表述:

（1）自然

图书馆尽可能建在景色优美、周围条件优越的地方，充分利用自然环境，借景造景，布置庭院及绿化，形成人在馆内而身在花园之中，人与自然交融。要争取好的朝向，充分利用天然光线和自然通风。

（2）舒适

进出顺畅使用方便，空气清新不浑浊，光线适度不刺眼，温度适宜不过热过冷，室内宁静无噪音干扰，布置宽松有序不局促拥堵，阅读能专心致志，休息休闲随意，读者感到图书馆就像自己的大书房、第二起居室。

（3）卫生

保障读者和馆员的健康，光照适宜，讲究视觉卫生，空气清新，不致因室内通风不畅、新风不足、空气污染或过分依赖空调，而产生种种不适，甚至出现"非典"时那样的危机。家具尺度适宜，长期坐用不致引起疲劳影响健康。

（4）美感

图书馆形象清新典雅，从进入馆区、踏进大厅，到阅读研究、交流或休闲空间，布置得当，明快敞亮，色彩柔和，家具协调，装饰雅致，绿化点缀，富有文化艺术气息，在图书馆处处感到美的享受。

（5）和谐

建筑与环境谐调，建筑的体量、形态与周围自然环境及建筑群互相照应，造型典雅且外形尺度比例恰当。内部布置动静得宜，流线顺畅，光照、装饰与绿化使人情绪舒缓、亲切温馨。环境影响人，阅读研究聚精会神、心态平和，馆员与读者和谐互动。

（6）节能

设计要向绿色生态建筑标准靠拢，执行节能设计标准，把降低能耗作为重要目标。在建造过程及日后长期运营使用中，都尽量采取各种节能技术和节能设施，并尽量利用自然界可再生资源如太阳能、风能，有条件的可利用地热资源，加上积聚利用雨水等。

8.3 图书馆建筑的选址与环境

建设地点对图书馆的环境效果有着决定性的影响。从环境的角度来考察,建设地点的周围环境条件,是否邻近公园绿地或风景优美的景区,是否临湖或对着江河,是在闹中取静之处还是离车流量大的主干道不远,附近是否有足以影响空气或造成噪音、电磁波的污染源,建设用地之内或近旁是否有池塘水面及庭院树木,加上基地的方位朝向及地块的大小,这些都会对图书馆的内外环境产生巨大而深远的影响。图书馆选址宜远离交通干道或商业中心、娱乐体育场所,避免有害气体、电磁波、嘈杂喧闹噪音干扰。

为求良好的"先天"条件,馆址的选择宜多考虑环境因素,并预作环境评价。从实际效果看,有些图书馆的建设地点较为理想,环境条件好,建筑与周围环境的协调,值得提倡和借鉴。

原北京图书馆紧邻北海公园,20 世纪 80 年代建成的北京图书馆新馆又靠近紫竹院公园,而且两处交通都便利,用地宽,馆舍离马路几十米,又留有扩建用地。

浙江图书馆在黄龙洞风景区,背靠青山,馆区范围大,按城市规划要求建筑物不能太高,对图书馆有利。苏州把原市政府大院用于建造图书馆,内有民国时期的"天香小筑"花园,整体环境非常好,且地处市中心的人民路中段,为读者来利用提供了极大方便。绍兴图书馆与沈园为邻,建设 13 000 m^2 馆舍用地 10 000 m^2,后面还留有足够的发展用地。原泸州市图书馆就建在公园内,原无锡图书馆在城中公园对面,只个一条不宽的马路,原温州图书馆紧邻公园,原深圳图书馆与荔枝公园相邻。上海浦东图书馆就在浦东文化公园边,被称为"生长在公园里的图书馆";上海嘉定区新图书馆在远香湖畔。可惜如今再建新馆时就不容易找到这样的条件了。

公园式图书馆是最为理想的境界,也是最为读者所喜爱的,既

图 8.2　坐落在远香湖畔的上海嘉定区图书馆

（图片来源:参考文献 26 第 229 页）

为阅读邮件准备了极好的条件,也为市民或学生开辟了极好的公共活动场所。原深圳图书馆(现改为深圳少年儿童图书馆)就是一处花园图书馆,馆舍外部环境十分优美,那是规划得好。

　　1986 年竣工的广东省立中山图书馆,地处广州市老城区的繁华地段,是城市中心难得的文化区,图书馆离主干道 100 m,可谓闹中取静交通方便。现图书馆扩建工程已完成,规划将鲁迅纪念馆即原国民党"一大"会址,及原省博物馆全划归图书馆加以改造利用,周围又征地加以扩建。在馆区范围内自然景观优良,前面为革命广场即大片绿茵,绿色资源丰富,胸径 30 cm 以上的树木 150 棵,百年以上名木老树 12 棵,有棵大榕树树龄已过 270 年。这片城市中罕见的大面积绿地四季常青,鸟语花香,空气清新,确实非常难得。扩建工程不但保留原有古树及大部分绿化,而且整治出新的绿化广场,扩展庭院,从而成为广州这座繁华大都市中能被广大公众享用的文化景观和休闲绿地,真可谓泽被公众、造福子孙。

　　图书馆在优美环境之中,绿树花卉围绕,四季青葱,生机盎然,幽静宜人,必然吸引公众来阅读、交流或文化休憩,读者跨入馆区之时就有产生舒愉的心态,走进了和谐胜景。

图 8.3   广东省立中山图书馆扩建后馆前大片绿地

8.4   图书馆的室内环境

馆内不同的空间对室内环境有不同的要求,公共活动空间和阅览空间是全馆的重点。

1. 公共活动空间——门厅

门厅是的全馆的交通枢纽,人员大量流动频繁进出,大多匆匆而过,也有读者在通告牌、咨询台前间歇停留,作为流动空间要宽敞明亮,方便读者出入,本馆简介、布局示意图、电子公告既有实际功用又可装点环境,而文雅的装饰、浮雕壁画、顶灯的式样及柔和亮度、地面墙柱及天花的材料与花纹图案色彩,更要重点突出,墙柱旁的花木盆栽、靠边布置休息沙发,都使得空间亲切近人。

如果大厅很高,设计了带玻璃顶棚的中庭形成共享空间,更应精心加以布置。不能使大厅过亮,要注意隔热保温,避免夏天过热冬天太冷。还要避免大厅的声音传播到上面各楼层成为噪音,这方面是个需要研究的课题。

2. 阅览室

阅览室要营造的是阅读环境,应充分满足读者学习研究活动

图 8.4　南京图书馆大厅有钢琴和休息沙发

图 8.5　杭州图书馆大厅的读者休息区

的需求与心理需求,宁静、舒适、方便。桌椅书架的款式、色调和陈
设布置与排放间距,都构成环境因素,影响着读者的利用活动与情
绪。在阅览室内适当布置休息座椅沙发也是很受欢迎的。

阅览室要营造适合阅读要求和心理要求视觉环境,包括:适宜
的照度——天然光线与灯具照明,安详平和的色彩,文雅的装饰,
以及室内外的视觉通透,阅读间歇可从窗户眺望室外景致。在电
子阅览室、视听室、报告厅、展厅、中庭等处应有不同的照明要求,
需为读者营造适当视觉环境,进行专门的设计。

阅览室要有良好的通风条件,保持空气清新,能有自然风、穿
堂风,在冬天窗户大多关闭时由机械通风输入经消毒的新鲜空气。

　　阅览室要保持宜人的温湿度,在寒冬供暖、酷暑送冷让室内保持适宜的温度。铺设软地面、在椅脚下钉上橡皮等措施以减少噪音。

图 8.6　杭州图书馆阅览室的灯光布置

　　阅览室要把营造文化氛围作为环境设计的重要内容,墙柱艺术布置,服务台四周的盆栽,美化环境又洁净空气,调剂读者的心境。

　　在北方广大地区的阅览室放上一盆盆绿色植物,更让人感到在漫长的冬天仍充满着盎然生机,不是枯燥乏味而是意境怡人。

8.5　图书馆的室外环境

1. 内庭院

　　在图书馆建筑中布置内庭院好处很多,突出的优点是解决周围许多阅览室、办公室的通风采风,使自然风和天然光线可以到达大部分房间,环境效益非常显著。

　　围绕内庭院布局的图书馆比起集中块体布局的图书馆来,其环境效果不可同日而语,前者可以有相当好的生态效果,更适合人在里面活动,容易达到人与自然和谐,而且能耗低许多,节省运营维持费用,符合可持续发展原则。

图 8.7　上海图书馆的内庭院

图 8.8　广东省立中山图书馆内庭院

图 8.9　华南师范大学图书馆室外草坪(图片来源:该馆网页)

图 8.10　常熟图书馆内庭一池碧水

　　内庭院可大可小,可以四周闭合也可三面围成,根据图书馆的规模和用地条件而定。把内庭院精心布置为一座微型花园,竹林灌木花卉,池塘游鱼喷泉,水榭亭阁座椅,藤廊雕塑小品,颇有诗情画意,美化馆区环境,读者小憩看书,自然情趣无穷。

　　许多图书馆运用中国传统的造园艺术,精心布置了别具格调非常有文化气息的内庭园,普遍受到读者们的喜爱。

图 8.11　广东省立中山图书馆馆前每天早晨都有许多人来活动

2. 馆前广场

　　图书馆的馆前广场是读者从喧闹的市街往宁静的知识殿堂过渡的路径,也是供大众活动交流的场所,又可成为图书馆宣示自己的服务宗旨、传播声音和开展活动的地方。这是一个集多种功于一体的文化广场。浙江图书馆前广场用作周末书市也是很好的做法。

　　设计图书馆是要明确馆前广场的作用,精心设计布置。

　　有些图书馆紧靠马路,没有馆前广场,是很可惜的。

图 8.12　杭州图书馆前广场经常举办各种活动

图 8.13　广州大学图书馆前广场的钟楼

3. 屋顶的美化设计

　　屋顶称为建筑的第五立面,美化屋顶可为图书馆发挥一定的功能作用,而且从其他高层建筑俯视图书馆显得富有立体之美,为城市增色。图书馆屋顶绿化还有实际使用价值,能成为读者休闲的良好场所,也可以成为馆员工作之余的休息之处,得到精神上的调剂。

屋顶花园的设计在一些图书馆取得成功,值得效法和借鉴。屋顶花园可以成为读者休息、活动的地方,很受欢迎,等于增加了图书馆的使用面积,并且夏天可以起到顶层房间降低室温的作用。

广东省立中山图书馆屋顶花园面积大,与内庭院的绿化和馆前大广场的绿地相呼应。1990 年代建成的佛山图书馆,有好几层楼都专门设计了能有阳光雨露的绿化区块,其 6 楼办公区外大面积的屋顶花园尤其成功,为馆员提供了很好的休息场所。金华严济慈图书馆在 3 楼阅览室外和 4 楼办公区都有屋顶花园。湖南师范大学图书馆的屋顶布置了大水池,如果防水工程做得很保险,也不失为一种办法。山东交通学院图书馆是一座绿色生态图书馆,虽地处北方的济南,而在其屋顶植树栽草,效果也很好。

图 8.14　广东省立中山图书馆屋顶花园

图 8.15 深圳南山图书馆屋顶花园

图 8.16 湖南师范大学图书馆屋顶花园(图片来源:该馆网页)

图 8.17 浙江大学图书馆紫金港分馆屋顶花园

图 8.18　浙江财经学院图书馆屋顶花园

4. 绿化

绿化装点和完善着图书馆的环境,丰富和美化了整个图书馆建筑,给读者的身心以愉悦的感受,并可陶冶情操。绿化是图书馆建筑规划设计中相当重要的部分,而绿化是涉及许多因素的艺术,应进行专门的设计。

绿化分为建筑物之外与馆舍内空间这两大部分来布局,应该有统一的规划和总体的构想,分别布置实施。

建筑物外的绿化布置,一是馆前广场及建筑物周围,二是庭院。

馆前广场绿化在相邻处有公园或绿地的,可以借景,互相融通。现今不少图书馆没有围墙,可以种植矮灌木丛与道路隔离。绿化要与进馆道路、停车场地等配合布置,更要结合地形地貌,馆区原有池塘水流的,岸边花丛、水生植物加上金鱼,筑一小桥,周边摆些座椅,特有情趣。绿化要按照当地的气候选择树种花草,高矮搭配,四季常青,姹紫嫣红,城市的市树市花当然为首选,能有漂亮树冠给人遮阳的树木会受到欢迎。图书馆周围不宜有飘絮引鸟的树木,而宜多植能净化空气的树种。绿化还要注意节水,浇灌不用自来水而用中水及积存的雨水。大面积草坪需要天天喷洒水,是不相宜的。馆区绿化还可结合布置休息凉亭,挂有匾额楹联,更添文化风韵。

庭园绿化要依其面积大小及形状灵活安排,花卉绿丛,小池喷泉,配上雕塑,摆些椅凳,既可供楼上楼下共同观赏,读者又能进内休息交流。庭园内不宜种植过于高大的树,以免遮挡室内阳光。

室内绿化,一是公共活动空间,二是读者活动空间,三是馆员办公空间。

大厅绿化要有相应的格调,据空间高度、面积及功能布局加以设计安排。大厅内可以有较高的盆栽厚叶树木,壁画浮雕前及柱子周围有盆花常可更换。读者休息区更要有花盆布设。在门禁系统及门卫管理之旁也可有花架相隔,既实用又点缀环境。

馆内走廊楼梯两旁也可适当摆设花盆,避免单调。但不宜过度而使走道楼梯变窄不利通行。楼梯扶手一边不宜放置花盆,以免影响读者利用扶手。

阅览室的绿化将改善室内小气候和美化空间相结合,墙柱窗边、服务台上,都可灵活自由布置盆景花草鱼缸及下垂吊兰,增添自然情趣及艺术气氛,让读者感到赏心悦目,醒脑提神,提高效率。

图 8.19　陕西省图书馆的自行车库顶上斜坡铺植绿草

图 8.20　扬州大学图书馆内庭院绿化

图 8.21　宁波大学园区图书馆的读者交流厅绿化

　　馆员办公室可布置大小不同的盆栽花草,调节小气候,改善视觉感受,松宽紧张的工作情绪。可按馆员的爱好和欣赏习惯来安排品种及具体位置,不拘一格。

　　再就是墙面的垂直绿化和屋顶的绿化。

　　在外墙布满爬山虎,既增添了美观,夏日又对建筑物起到防晒的作用。有的爬墙植物还会开花,使建筑更有情调。

8.6　图书馆艺术装饰的特质和一般要求

图书馆建筑内外的艺术装饰是其作为艺术品的表现成分,恰如其分的装饰才使之成为完美的艺术品。

图书馆是公共建筑,是社会广大公众享用文化的场所,也应是群众欣赏建筑艺术的场所。图书馆的艺术装饰属于公共艺术,这种存在于公共空间的艺术应是能在当代文化的意义上与公众发生联系的一种思想方式和艺术形式,应能体现公共空间的民主、文明、开放、交流、共享的一种精神。

图书馆艺术装饰是公共艺术的支流,是在对图书馆本质及特定空间的认识基础上,体现人自觉的价值取向和文化追求。

图书馆装饰的思想内涵体现着文化关怀,图书馆建筑的艺术装饰把文化属性放到首要位置,注重于营造图书馆整体的文化氛围。

图书馆艺术装饰的艺术的表现形式具有公共性、多元化与多样性,并尊重不同文化的差异性,而基本格调是开放的、大众的、典雅的公共艺术,其表现形式和在各空间单元的表达应是多元的、多样的、具有地方特色、民族特点、和体现自身独特文化沉积的,可以利用当代艺术或传统艺术中各种可能的方式进行表达。

图书馆装饰艺术还常强调公众的参与,艺术家将初步设计展示,征集公众的意见与建议,加以修改使之被大众所认可和喜爱,因此,许多装饰设计可以说是艺术家和公众共同完成的。艺术与社会、艺术与公众的关系上的这种开放性,公众的参与,使图书馆装饰艺术真正成为公众的艺术。

图书馆的艺术装饰遵循着普遍的艺术规律,同时又显示着图书馆特有的品质,以及每个图书馆别具的风格。

1. 图书馆装饰要与建筑的整体风格相协调

当选定了某个图书馆建筑设计方案,其整体风格就大体上为图书馆的艺术装饰定了基调。图书馆装饰不但必须与建筑的整体风格相协调,而且可以具体展现图书馆的总体风格,以馆区周围及各处内部空间的艺术装饰使建筑的风格丰满起来。

2. 图书馆装饰要有整体设计,彰显文化特性

图书馆装饰先要有整体的艺术设计,而不是零散布置挂些字画,先要构思主题,后具体设计,在各种空间用艺术手段加以实现。

图书馆装饰可以有各种风格,而总的格调是在图书馆这个特定的空间里表现出城市或学校的文化积淀与文化魅力,让读者喜爱,形成吸引读者、影响读者的文化氛围。

3. 图书馆装饰要与室内绿化相结合

室内空间的绿化布置也可以是图书馆艺术装饰很好的组成部分。在大厅、咨询台、出纳台、阅藏空间、休闲场所、办公区、走廊等处,分别布置各种适宜的盆栽、插花、玻璃鱼缸等,不但使室内充满了生机活力,既传递着艺术信息,又能美化、净化人的心灵。

图 8.22　大连理工大学图书馆的阅览室内绿化

图 8.23　常熟图书馆电子阅览室

图 8.24　上海黄浦区图书馆阅览室

4. 图书馆装饰要与家具、灯饰、标志系统相结合

家具的式样、质感与色彩,同样装扮着空间,经专门设计或精心选配的家具使得室内空间更艺术化。图书馆内的灯具,一般主要是为着满足空间照明之需,而在大厅、走廊甚至楼梯间选配各种造型的灯具,同样起看装饰空间的作用。标志系统不但有着导向、提示功能,更应是艺术装饰的组成部分。这些都是不可忽略的。

8.7　图书馆各类空间的艺术装饰

图书馆内外各处的艺术装饰,因场合与位置的不同,布置的要求也各不相同。

1. 馆前区、入口处

许多图书馆都在馆前区安置了艺术雕塑,彰显本地、本馆的历史文化,取得相当好的效果。

绍兴图书馆广场上徐树兰的巨型坐像,用以纪念古越藏书楼的创办者,彰显这位清末文化巨人,意义非凡。

在读者主出入口前面进行恰当的艺术装饰,使读者每次进出图书馆都感受到艺术的熏陶。西南财经大学图书馆大门前走廊两旁的布置别具匠心。

图 8.25　绍兴图书馆前的古越藏书楼创办人徐树兰雕像

图 8.26　无锡老图书馆前瞎子阿炳塑像

图 8.27　山西大学商务学院图书馆广场前的雕塑

图 8.28　西南财经大学图书馆门前通道两旁排列着
许多立方体上刻圣贤古训

2. 大厅的艺术布置

读者大厅人来人往川流不息，又是来访者进入图书馆首先停留观察之处，故读者大厅的布置与艺术装饰自然是重点着墨的地方。

用雕像、壁画、浮雕或玻璃雕、木雕或其他艺术品装点大厅，是美化环境提升文化品位的常见手法。大厅的装饰强烈表现着艺术主题，而大厅的艺术装饰应是立体的、多维的，包括本馆的介绍、服务的特色、全馆的布局，这些都要用一定的形式来表达，完全可以与艺术装饰为融入一体。

主题切合图书馆所在城市或学校的地域和性质，艺术性强，创作精细，尺度合宜，能取得良好的效果，受到读者和参观者的好评。

人像雕塑置于馆前广场或大厅内，具有特殊的纪念意义。北京大学图书馆在南门大厅内有一组先贤铸像，以纪念百年来历任馆长，蕴含深长。广东省立中山图书馆大厅的孙中山先生雕像，供人缅怀这位民主革命的先行者，十分妥帖。

3. 室内装饰

阅览室既要求安静,又要舒适、温馨,其墙面、柱子、服务台等处可多层次多角度地进行装饰布置。

图 8.29　广东省立中山图书馆
大厅的孙中山坐像

图 8.30　北京大学图书馆南门
大厅内的青年毛泽东雕像

图 8.31　北京大学图书馆五四
运动时任图书馆主任的李大钊像

图 8.32　北京大学图书馆南
门厅增添了纪念先贤铸像

图 8.33　台湾淡江大学图书馆大厅的巨幅书法
镜框之一内容为李氏山房藏书记

图 8.34　浙江工业大学之江学院图书馆大厅艺术屏风

图 8.35　苏州大学图书馆大厅装饰

图 8.36　上海图书馆读者大厅的两幅高达 13.85 m 的浮雕"上下五千年"
（图片来源：参考文献 17）

室内可以用多种艺术形式来装饰，人像、书画、格言、装饰画、小雕塑等，能结合阅览室的性质和特点更佳。

4. 贵宾接待室

贵宾接待室是重点加以布置的地方，往往以屏风、字画等各种艺术品加以渲染。

图 8.37　上海第二工业大学图书馆阅览室

图 8.38　成都图书馆报刊　　　　　图 8.39　内蒙古民族大学
阅览室内装饰品　　　　　图书馆阅览室内一幅蒙文书画

5. 走廊、楼梯间布置

利用楼道布置为艺廊,展出本校、本地的艺术作品,可以获得很好的效果。宽大的走廊和楼梯两侧加以装饰美化,使墙面丰富起来,成为的欣赏美的廊道。

图 8.40　四川大学图书馆江安分馆阅览室内巨大繁杂的装饰柱

图 8.41　西南财经大学图书馆阅览室

图 8.42　上海图书馆贵宾室

图 8.43　广东省中山馆贵宾室

图 8.44　南京师范大学图书馆贵宾室屏风

图 8.45　苏州大学图书馆的"苏大艺廊"

图 8.46　上海图书馆的院士廊

图 8.47　西南财经大学图书馆楼梯间墙上的诺贝尔经济奖得简介

8.8　图书馆内外的雕塑与艺术装饰实例

雕塑、壁画、屏风等,在图书馆的艺术装饰中占有相当大的比重,是图书馆的文化建设的重要方面,雕塑、小品布置在广场、内院或绿地之中,点缀环境,往往恰到好处,也惹人喜爱。下面是一些图书馆的实例。

图 8.48　上海少年儿童图书馆的雕塑——宋庆龄与孩子

图 8.49　广东省立中山图书馆庭院里的图书馆学家杜定友塑像

图 8.50　上海图书馆外墙"日月山川",壁画设计:
张皆正、唐玉恩(参考文献 20)

图 8.51　上海图书馆广场罗丹的
雕塑——思想者

图 8.52　上海图书馆广场雕塑
"智慧树"

图 8.53　广州大学图书馆的康有为、詹天佑雕像

图 8.54　大连理工大学伯川图书馆的浮雕"百川归海"

图 8.55　华北电力学院图书馆大厅浮雕——万里长城

图 8.56　以上是浙江大学紫金港图书馆的装饰雕塑,均为中国
美术学院李秀勤教授创作

图 8.57　杭州图书馆大厅瓷面画"钱江潮"

图 8.58　西南财经大学新校区图书馆阅览室布置了很多雕塑，
地面也有艺术装饰

图 8.59　浙江万里学院图书馆大厅的浮雕"读万卷书行万里路"

图 8.60　浙江水利水电专科学校图书馆大厅浮雕(局部)

图 8.61　西南财经大学图
书馆前雕塑——18 世纪英
国经济学家亚当·斯密斯

图 8.62　莆田学院图书
馆前的雕塑

图 8.63　北京大学图书馆大厅屏风

图 8.64　广州大学图书馆的
冼星海雕像

图 8.65　广州大学图书馆的陈垣塑像

图 8.66　北京大学图书馆
阳光大厅墙壁上的浮雕

图 8.67　中国科学院图书馆
前广场的雕塑

图 8.68　武汉大学图书馆新馆大厅的巨幅壁画

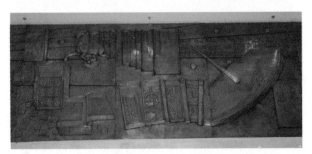

图 8.69　武汉大学图书馆新馆的巨幅铜质锻造的浮雕"文明的符号"

图 8.70　黑龙江大学图书馆大厅的艺术装饰

图 8.71　大连理工大学图书馆出纳台旁艺术装饰"图"字释义

8.9　图书馆的标志系统

　　从大厅内的全馆平面示意图、导向牌,到阅览室、办公室等处的标牌,起着指引、告示、提醒等作用,并且可以成为艺术装饰。

　　标志系统可分为导引标志、提醒标志、宣传标牌等。

　　导引标志,如大厅内的全馆各楼层平面示意图、借阅室的藏书分布图,各楼层的标志,电梯口及电梯内的楼层标志,在楼道、楼梯口及拐角处的指路牌等。

架位标志,在书架上标明本架图书的分类号及类名。

门牌标志,房间的编号及房间的名称。

提醒标志,在图书馆阅览室内常有"静"字,以及各种提醒注意行为的标志,如本图书馆是无烟单位,告诉读者前面是工作区,提醒注意节约用水,办公室提醒人走灯灭、下班前检查关闭窗户,以及消防器材标志、紧急疏散标志等。

宣传标牌,读者须知、开放时间、学术活动、告示通知,文明服务守则、阅览室职责,以及配合中心工作的标语口号等。

无障碍标志,包括残障人通道标志,地面盲道,残障人卫生间专用标志,残障人电话标志等。

各种标志的尺寸及字体,使用材料、色彩,使用汉语拼音、民族文字、外文,以及标志放置的部位、高低尺寸等,都要仔细研究,提出要求,确定在哪些部位、设置何种标志,具体文字要逐一落实,列出详表,交给专人精心设计和定制,切忌马虎粗糙。

许多图书馆重视标志系统,请艺术院校教师专门进行设计,或通过委托具有相当水平的装饰公司来设计,取得良好的效果。

图 8.72　中国科学院
图书馆数字图书馆

图 8.73　西南财经大学
图书馆音乐厅公告栏

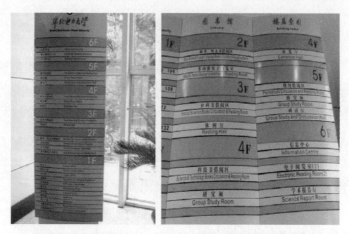

图 8.74　华北电力大学图书馆的楼层布局指引

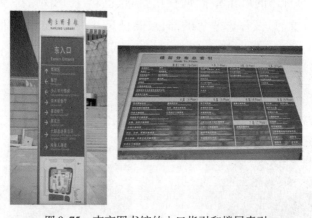

图 8.75　南京图书馆的入口指引和楼层索引

图 8.76　东南大学图书馆的楼层分布和电梯门口的本层房间指引

图 8.77　深圳大学城图书馆的标志系统

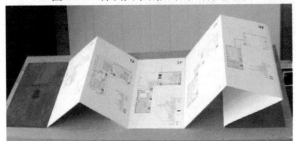

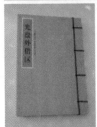 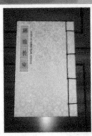 

图 8.78　杭州图书馆的各种标志

图 8.79　宁波大学园区图书馆的楼层标志

图 8.80   各种标志示例

第9章 图书馆建筑可持续发展与节能设计

9.1 建筑的可持续发展要求与绿色建筑

可持续发展(Sustainable Development)的概念,由自然保护国际联盟(IUCN)于 1980 年首次提出。1983 年,应联合国秘书长之邀,挪威首相格罗·哈伦·布鲁德兰成立了一个由多国官员科学家组成的委员会,对全球发展与环境问题进行了三年大跨度、大范围的研究,于 1987 年完成了著名的报告《我们共同的未来》。报告中将可持续发展描述成"满足当代人需要又不损害后代人需要的发展",强调环境质量和环境投入在提高人们收入和改善生活质量中的重要作用。1992 年,联合国在巴西里约热内卢召开"环境与发展"全球首脑会议,提出"21 世纪议程"(Agenda 21)。此后,世界各国普遍对人类的可持续发展问题给予了高度的重视。"可持续发展"的概念已经为世人普遍承认,成为全球性的命题。

建筑业是典型的立足于消耗大量资源和能源的产业,对环境产生极大的负面影响。据统计,人类从自然界所获得的 50% 以上的物质原料用来建造各类建筑物及其附属设备,这些建筑在建造和使用过程中又消耗了全球能量的 50% 左右。建筑业消耗了地球上大约 42% 的水资源、50% 的材料和 48% 的耕地,产生了全球 24% 的空气污染、50% 的温室效应、40% 的水源污染、20% 的固体垃圾和 50% 的氯氟烃等;与建筑有关的空气污染、光污染、电磁污染等环境总体污染的 34%;建筑垃圾占人类活动产生垃圾总量的

40%。近年来人们越来越意识到建筑对环境造成的影响,积极地探索如何将对环境的负面影响降到最低限度,发展可持续建筑。

我国能源短缺,人均煤炭储量只占世界人均储量的50%,人均原油储量只占世界人均储量的12%,人均天然气储量只占世界人均储量的6%;同时,我国又是耗能大国,建筑能耗已占社会总能耗的30%,有些城市甚至高达70%。与气候条件相近的发达国家相比,我国建筑单位面积的采暖能耗高于世界平均值2倍。能源短缺、环境恶化严重制约着我国的发展,给人民生活造成的巨大的负面影响,发展可持续建筑是我国可持续发展战略中的一个关键环节。

应对气候变化,实施节能减排,已是世界的潮流。可持续发展,建设节约型社会是我国的一项重要国策,是科学发展观的重要内容,生态文明建设已列为国家未来发展的重要目标。

绿色建筑是将可持续发展理念引入建筑领域的结果,将成为未来建筑的主导趋势。

绿色建筑是指在建筑的全寿命周期内,最大限度地节约资源(节能、节地、节水、节材)、保护环境和减少污染,为人们提供健康、适用和高效的使用空间。

努力实现可持续发展与大力推进绿色建筑,这正是我们共同的目标和庄严的责任。

9.2　公共建筑的节能设计要求

国务院于2004年11月发布的《节能中长期专项规划》中,将建筑节能作为节能的重点领域。之后国家相继制定了《公共建筑节能设计标准50189-2005》、《绿色建筑评价标准 GT/T50378-2006》。

2006年8月国务院发布《关于加强节能工作的决定》(国发[2006]28号),强调"必须把节能摆在更加突出的战略位置",在

"着力抓好重点领域节能"的第二项就是"推进建筑节能"。

2008年8月温家宝总理签署发布国务院第530号令《民用建筑节能条例》,第三章"合理使用与节约能源"的第三节为"建筑节能",第三十五条规定:"建筑工程的建设、设计、施工和监理单位应当遵守建筑节能标准。不符合建筑节能标准的建筑工程,建设主管部门不得批准开工建设;已经开工建设的,应当责令停止施工、限期改正;已经建成的,不得销售或使用。"国家对于节能工作采取了许多配套的措施。

按照可持续发展的要求,在建筑领域大力推行绿色建筑,是政府和社会各方面的重要事务,而规划、设计和建筑使用单位都必须认真对待、共同努力的一项十分重要的事情。

《公共建筑节能设计标准 GB 50189 - 2005》

这是由建设部批准的国家标准,自2005年7月1日起实施。标准中用黑体字标志的条文为强制性条文,必须严格执行。在规划设计过程中,尤应注意以下要点。

1. 按本标准进行的建筑节能设计,在保证相同的室内环境参数条件下,与未采取节能措施前相比,全年采暖、通风、空气调节和照明的总能耗应减少50%。公共建筑的照明节能设计应符合国家现行标准《建筑照明设计标准》GB50034 - 2004的有关规定。(1.0.3)

2. 集中采暖推行室内计算温度,图书馆:大厅16℃,办公室、阅览室20℃,报告厅、会议室18℃,特藏、胶卷、书库14℃,洗手间16℃.(3.0.1)

3. 建筑总平面的布置和设计,宜利用冬季日照并避开冬季主导方向,利用夏季自然通风。建筑的主朝向宜选择本地区最佳朝向或接近最佳朝向。(4.1.1)

4. 严寒、寒冷地区建筑的体形系数应小于或等于0.4。(4.1.2)

5. 建筑每个朝向的窗(包括透明幕墙)墙面积比均不应大于

0.7。当窗(包括透明幕墙)墙面积比小于0.4时,玻璃(或其他透明材料)的可见光透射率比不应小于0.4。当不能满足本条文的现定时,必须按照本标准第4.3节的规定进行权衡判断。(4.2.4)

6. 夏热冬暖地区、夏热冬冷地区的建筑以及寒冷地区中制冷负荷大的建筑,外窗(包括透明幕墙)宜设置外部遮阳。外部遮阳的遮阳系数按本标准附录A确定。(4.2.5)

7. 屋顶透明部分的面积不应大于屋顶总面积的20%,当不能满足本条文的规定时,必须按本标准第4.3节的规定进行权衡判断。(4.2.6)

8. 建筑中庭夏季应利用通风降温,必要时设置机械排风装置。(4.2.7)

9. 外窗的可开启面积不应小于窗面积的30%;透明幕墙应具有可开启部分或设有通风换气装置。(4.2.8)

10. 施工图阶段,必须进行热负荷和逐项逐时的冷负荷计算。(5.1.1)

11. 严寒地区的公共建筑,不宜采用空气调节系统进行冬季采暖,冬季宜设热水集中采暖系统。(5.1.2)

12. 采用集中空气调节系统的公共建筑,宜设置分楼层、分室内区域、分用户或分室的冷、热计量装置。(5.5.12)

《规范》4.2.1条将各城市的建筑气候分区分为:严寒地区A区、严寒地区B区、寒冷地区、夏热冬冷地区、夏热冬暖地区,并列出主要代表性城市所处气候分区。

《绿色建筑评价标准 GT/T50378－2006》

这是建设部批准的国家标准,于2006年6月1日期实施。

其条文说明的总则第一条开宗明义:建筑活动是人类对自然资源、环境影响最大的活动之一。我国正处于经济快速发展阶段,年建筑量世界排名第一,资源消耗总量逐年迅速增长。因此,必须牢固树立和认真落实科学发展观。坚持可持续发展理念,大力发展绿色建筑。发展绿色建筑应贯彻执行节约资源和保护环境的国家技术经济政策。

《绿色建筑评价标准》的每类指标包括控制项、一般项与优选项。"公共建筑"部分规定如下：

"节地与室外环境"的控制项：不对周边建筑物带来光污染，不影响周围居住建筑的日照要求。(5.1.3)。一般项规定：合理采用屋顶绿化、垂直绿化等方式。(5.1.8)绿化物种选择适宜当地气候和土壤条件的乡土植物，且采用包含乔、灌木的复层绿化。(5.1.9)场地交通组织合理，到达公共交通站点的步行距离不超过500 m。(5.1.10)合理利用地下空间。(5.1.11)优选项规定：充分利用尚可使用的旧建筑，并纳入规划项目。(5.1.13)室外透水地面面积比大于等于40%。(5.1.14)

"节能与能源利用"控制项规定：新建的公共建筑，冷热源、输配系统和照明等各部分能耗进行独立分项计量。(5.2.5)一般项规定：建筑总平面设计有利于冬季日照并避开冬季主导风向，夏季利于自然通风。(5.2.5)建筑外窗可开启面积不小于外窗总面积的30%，建筑幕墙具有可开启部分或设有通风换气装置。(5.2.7)合理采用蓄冷蓄热技术。(5.2.9)利用排风对新风进行预热(或预冷)处理，降低新风负荷。(5.2.10)全空气空调系统采取实现全新风运行或可调新风比的措施。(5.2.11)建筑物处于部分冷热负荷时和仅有部分空间使用时，采取有效措施节约通风空调系统能耗。(5.2.12)改建和扩建的公共建筑，冷热源、输配系统和照明等各部分能耗进行独立分项计量。(5.2.15)优选项规定：采用分布式热电冷联供技术，提高能源的综合利用率(5.2.17)根据当地的气候和自然资源条件，充分利用太阳能、地热能等可再生能源，可再生能源产生的热水量不低于建筑生活热水消耗量的10%，或可再生能源发电量不低于建筑用电量的2%。(5.2.18)

"节水与水资源利用"的一般项规定：绿化、景观、洗车等用水采用非传统水源。(5.5.7)

"材料与材料资源利用"的控制项规定：建筑造型要素简约，无大量装饰性构件。(5.4.2)土建预装修工程一体化设计施工,不破坏和拆除已有的建筑构件及设施,避免重复装修。(5.4.8)

"室内环境质量"的一般项规定:建筑设计和构造设计有促进自然通风的措施。(5.5.7)室内采用调节方便、可提高人员舒适度的空调末端。(5.5.8)建筑平面布局和空间功能安排合理,减少相邻空间的噪声干扰以及外界噪声对室内的影响。(5.5.10)建筑入口和主要活动空间设有无障碍设施。(5.5.12)优选项规定:采用可调节外遮阳,改善室内热环境。(5.5.13)设置室内空气质量监控系统,保证健康舒适的室内环境。(5.5.14)采用合理措施改善室内或地下空间的自然采光效果。(5.5.15)

"运营管理"的控制项规定:制定并实施节能、节水等资源节约与绿化管理制度。(5.6.1)一般项规定:物业管理部门通过 ISO 14001 环境管理体系认证。(5.6.5)设备、管道的设置便于维修、改造和更换。(5.6.6)建筑智能化定位合理,信息网络系统功能完善。(5.6.8)建筑通风、空调、照明等设备自动监控系统技术合理,系统高效运营。(5.6.9)优选项规定:具有并实施资源管理激励机制,管理业绩预节约资源、提高经济效益挂钩。(5.6.11)

9.3 图书馆建筑的节能设计

绿色节能建筑的普遍化及最大化,应是建筑业界及建设单位的共同目标,也只有多方共同协力才能达到。图书馆建筑的节能设计是必须十分重视的大问题,是一篇需要多方面努力的大文章。

图书馆建筑从开始启用起,每时每刻都在使用电力,如何节能,贯穿在建筑生命的全过程,而节能必须从设计做起,设计务必为运营过程周全准备好节能的条件,处处都要考虑节能问题,尽力避免由于设计不当而造成长期的能源浪费。

1. 选址和建筑总平面布置

在选址时就应该考虑到所在地段、基地地形对未来图书馆影响,尽量选择能使得图书馆有好的朝向的地块,使得建筑的主要朝向能向着本地区的最佳朝向或比较好的朝向,一般说来,在我国大部分地区,图书馆以朝南、朝东南为好,其次为朝东。

建筑总平面布置和设计能尽量利用冬季日照并避开冬季主导风向,利能用夏季自然通风。如果能这样,就为图书馆的节能创造先天良好的条件。图书馆的主要房间都应该避免东西晒。

2. 建筑体型的节能设计

建筑的围护结构即外墙直接面对这外界的冷热度,建筑的体型,外墙总面积、体形系数、朝向、材料都会影响到建筑的室内温度。形体系数是指建筑物与室外大气接触的外表面积与其所包围的体积的比值,实质上是指单位建筑所分摊到的外表面积的比值。体形复杂的建筑体形系数较大,对节能不利;体形简单的建筑,体形系数较小,对节能较为有利。体形系数越大,说明同样建筑体积的外表面积越大,散热面积越大,建筑能耗就越高,对建筑节能越不利。通常建筑的体形系数控制在0.3。外墙应该用保温隔热性能良好的材料,符合围护结构传热系数限值的要求。外墙应当有开启的窗户,窗墙比要符合国家标准的规定。屋顶不应为大面积玻璃顶棚。

在阳光强烈的朝向,应设计可调节的遮阳棚、百叶窗、热反射帘,以便根据季节的变化和天气阴晴的变化,选择性减少太阳辐射,或利用阳光补充室内热量。

3. 通风、采暖和空气调节节设计

《图书馆建筑设计规范》明确规定:图书馆各类用房除有特殊要求者外,应利用自然通风。事实上自然通风更能为读者营造舒适的室内环境,采用机器设备来调节室内温度,只是一种不得已的补充手段,而不应当完全依赖空调系统。

科学确定空调的负荷值设计,力争把建筑的单位面积空调负荷降低到经济运营、人体适宜的合理数值。空调负荷估算过高、运行方案不合理,设计过于保守,采用过大的设备容量,会给系统带来大量的无效能耗。

各房间应当能据需要分区控制开启、关闭或调控空调。

各种用房的通风换气次数,在《图书馆建筑设计规范》中有规定,设计新风量太大会产生无效能耗,应设法适当减少新风负荷。在天气好的时候应该打开窗户通风,不必整天使用机械通风换气。

如果在图书馆附近有河道、水塘适合作为空调用的冷却水源,应在设计时尽量考虑纳入设计而利用之。有条件的地方可以采用地表水水源热泵系统作为空调系统的冷热源,以降低供应能耗。这种利用可再生资源的中央冷热源系统,已被建设部列为节能示范工程。

空调制热制冷系统应实现自动控制,采用中央空调变频节能技术,以节省能源消耗。

4. 照明系统的节能设计

首先要尽量采用天然采光,为此应摈弃大进深块状布局,倡导布置天井、内庭院,使得大部分房间白天能有足够的光线照射,不必开灯。

必须采用节能灯具,大量使用高效节能、绿色环保的 LED 灯。并采用智能化照明技术,实行电路的实行区域控制,避免全开、全关。现在已经有不少地方实现了人来灯开、人走灯灭。

5. 天然水的利用

设计地下蓄水池,收集雨水,引入并加以处理之后,用于绿化灌溉、道路冲洗、车辆冲洗、卫生间冲洗等,在一定程度上实现水资源的循环再利用。

6. 可再生能源的利用

《再生能源法》规定:"国家将可再生能源的开发利用列为能源发展的优先领域。"可再生能源,是指风能、太阳能、水能、生物质能、地热能、海洋能等非化石能源。

国家鼓励单位和个人安装和使用太阳能热水系统、太阳能供热采暖和制冷系统、太阳能光伏发电系统等太阳能利用系统。

太阳能利用已经日趋成熟,在新建或改造图书馆时,宜加以考虑安排在屋顶安置太阳能发电设备,可以供给本馆一部分照明用电。

地源热泵也是可再生能源利用的有关办法。地源热泵是利用地球表面浅层水源(地下水、河流和湖泊)和土壤源中吸收的太阳能和地热能,并采用热泵原理,既可供热又可制冷的高效节能空调系统。

在有地热资源的地方,规划设计图书馆建筑时应当充分考虑加以开发利用。许昌学院图书馆在建设过程中,图书馆方面提出当地有条件利用地热资源,然而这个建议没有被采纳,十分可惜。

9.4　图书馆人的观点

对于图书馆建筑的节能设计和生态建筑,图书馆人发表过不少文章,表达了强烈关注。2003 年就有学者发表论文,如吴稌年的《简论生态图书馆》(晋图学刊,2003(1):18~20),李昭淳:《图书馆建设的绿色文化探索》(图书馆论坛,2003(6):203~206),江西泰和县图书馆有一位和作者同名的同行,发表了《节能减排,图书馆建筑的未来之路—中小型图书馆低碳建设一谈》(河北科技图苑,2010(3):4-7),都提倡绿色生态图书馆建筑和建筑节能。以下是作者的一些观点。

《论以人为本的图书馆建筑》(2005):

生态型图书馆更符合可持续发展要求。建造图书馆应当自始至终严格执行环境保护的法律法规,坚持可持续发展的原则,这是"以人为本"的实质性体现。为了当代人的健康起居和给后代留下可持续发展的基础,在规划设计图书馆时理应特别关注诸如环境优化、生态平衡、能源消耗、人与自然和谐相处等问题。

绿色建筑的理念已经开始在图书馆建筑界传播,生态型图书馆建筑在中国已经出现,这是良好的开端,也是图书馆建筑研究的新觉醒与新方向。

　　生态型图书馆是充分尊重自然、倡导人与自然和谐关系的建筑,在运营中要大力节约各种能源消耗、充分利用可再生能源和能源的重复利用,首先要充分利用自然通风和天然采光,尽量减少空调消耗,而大玻璃罩密闭式完全依赖中央空调和人工照明的建筑显然应在排除之列。生态型图书馆要求室内尽可能减少和降低各种有害物质的污染,因此建筑装饰材料选用时严格掌握标准,材料和物资要能广泛再生利用,并尽量减少废弃物排放,同时应充分估算并力求节省运行维护力量与费用,达到经济、高效、方便维护、延长使用寿命的目的。"(图书馆工作与研究,2006(3)83~85)

　　《从社会的要求及读者与馆员的视角审察图书馆建筑》(2005-08):

　　注重环境,尊重自然,"天人合一",以"馆在园中,园在馆中"为优。强调自然通风、天然采光,节约能源。极端重视节能设计,倡导绿色建筑,为可持续发展创造条件。主要房间争取好的朝向,窗户能开启,以自然通风、天然采光为上;图书馆不宜建高层建筑;图书馆不能是封闭式建筑,依赖中央空调根本不可取;进深不宜过大,不要过分依赖人工照明和机械通风;结合实际全面执行《公共建筑节能设计标准》。(见:建设部信息中心.图书馆规划、设计、建设与发展暨配套设施技术应用研讨会论文集,2005-08:34,36)

　　《典范之作还是糟糕之极? 有关天津泰达图书馆建筑的12个问号》(2006):

　　自然通风还是全空调? 图书馆建筑应以自然通风为主,这是千百个馆使用经验的结论,也是图书馆建筑设计中早已形成的共识。由于泰达图书馆外墙为一大玻璃罩,没有窗户可以开启,就毫无天然空气流通与交换,有害于读者的健康。如果再来一次类似2003年的"非典"或其他经空气传播的流行病,那只有关门闭馆一途。全天候依赖机械送风排气,依赖中央空调,不但常年电费是极大的负担,而且无电就不能开门接待读者,这是图书馆的大忌,对于在今后数十年能源供应将长期处于紧张状态的中国,这种无窗建筑的设计是应该完全否定的!(李明华博客文 http://www.chinalibs.net/blog/blog.asp? name =杭州李明华,2006 - 02 - 26)

《多管齐下力促图书馆建筑科学发展》(2007):

多管齐下力促节能环保型绿色图书馆建设,图书馆建筑要走上健康发展的道路,必须正视问题,痛下决心,多管齐下,采取法律的、行政的手段,并以科学的综合措施相配合,方能奏效。结语:科学家承担起社会责任拿出科学良心。建筑师们、教授和馆长们一起为中国现代图书馆建设呕心沥血,神州大地上建起了许多各具特色的优秀图书馆建筑,显示出中国建筑师及图书馆建筑学者的水平绝不逊于国外设计者。在科学发展大道上,建筑界和图书馆界的科学家要勇于承担起自己的社会责任,拿出科学家的良心,追求科学真理,反对崇洋、媚俗、浮躁及奢华倾向,拒绝高能耗非环保的建筑垃圾和怪胎,不断把科学发展、以人为本的图书馆建设推向前进,为社会营造大批符合科学规律的、彰显中国风格特色建筑文化的、实用经济节能和谐的图书馆建筑,作出无愧于时代的贡献,造福当今读者,泽被后代子孙。(中国科协 2007 年会 12.1 分会场交流论文,武汉 2007 - 09 ,河北科技图苑,2009,22(5):4 ~ 7.)

《国情和时代要求图书馆建筑又好又省节能环保》(2007):

以科学发展观为指导力求又好又省节能环保。(1)以科学发展观为指导,更新理念,形成共识;(2)大力宣贯《标准》与《规范》,强化执行力度;(3)严格评选及审查设计方案,坚决否决高能耗设计;(4)将现有建筑进行节能改造问题进行专题研究,列入工作日程;(5)规划设计和运营中采取多方面的措施,确实保障节能环保、又好又省。(见:中国图书馆学会年会论文集 2008 年卷.北京图书馆出版社,2008:365 ~ 370)

《大学图书馆建筑的走向》(2008):

发展中的问题—建筑封闭,一些大学图书馆四面全是玻璃幕墙,加上玻璃屋顶,没有或很少可开启的窗户,成为一座封闭建筑,不利于通风,光线过强。在运营管理方面也成为负担,或可能成为安全隐患。缺乏环保节能意识,能源消耗过大。把大学图书馆建成封闭式玻璃建筑,加上高中庭玻璃屋顶,空调负荷极大;高层建筑电梯全天候运行,有的还层层设自动电梯;每层平面进深过大,白天也要开灯。由于设计缺乏环保意识,出现了不少高能耗的大学图书馆,违背世界潮流和国家发展战略方针;缺乏对图书馆建筑项目的科学评价与学术批评,导致各种失误的低水平重复。未来走向的展望—走向以科学发展观为指导理念的可持续发展建筑;走向绿色环保的节能型建筑;走向人与建筑、环境和谐的环境友好型建筑。(大学图书馆学报,2009(3):24～27,33)

《图书馆建筑:方便读者与管理,节省人力与费用》(2009):

设计新图书馆要十分注意节省运行费用。设计图书馆理应讲求经济性,不但力求节省基建投资,还应事先估算投入使用之后的营运费用,注重如何提高服务效能、降低管理成本。图书馆的运营管理包含着管理措施、维护保养等因素,都涉及费用支出、人力和能源消耗。设计应认真执行相关条例、标准、规范的要求:"图书馆各类用房除有特殊要求者外,应利用天然采光和自然通风"。力求节省能源消耗,成为绿色建筑,为可持续发展创造条件。图书馆建筑设计应力求营造出"天人合一、馆人合一"、人物两宜、优雅和谐的建筑实体与环境。要多为使用与管理着想,研究降低日常运行、维护馆容馆貌成本的对策,要考虑可持续发展。设计特别要注意执行《民用建筑节能条例》和《公共建筑节能设计标准》,参照《绿色建筑评价标准》,很好考虑国情,结合地情馆情,既符合使用功能要求,又能节省投资和维护费用,获得较好的投资效能比。这既是建设资源节约型、环境友好型社会的要求,又是本馆可持续发展的基本条件。应普遍采用节能型照明灯具、节能型空调机组,配合以照明分区控制设施、空调分区控制和流量调节设施。综合采取各种办法,就能降低用电量。国家鼓励和扶持建筑安装使用太阳能热水系统、照明系统、供热系统、采暖制冷系统等太阳能利用系统,

在具备太阳能利用条件的地区今后建造新图书馆时应积极创造条件来设计应用。（图书馆论坛,2009(6):227～230）

《面对图书馆与文教建筑共同的挑战》(2010):

节能与和谐。"节能环保,和谐发展"是 2007 年中国科协年会的主题,反映了应对严峻挑战的要求与决心。节能环保是和谐发展的基础,节能减排、低碳经济,已成为世界的强音,也是中国的战略目标,而建筑节能,是建设环境友好型社会的一项突出的要求。文教建筑如何实现建筑节能 50% 的目标,普遍达到人－建筑－环境的和谐,这是必须破解的课题。许多地方热衷于"国际招标",崇尚洋派轻视本土。中国的设计院主持设计时,业主和建筑师共同磋商修改完善设计方案,使之更符合社会、公众及馆员的要求,兼顾当前与长远,结果是社会、公众、业主和设计师都得益;国外设计:建筑师强调方案是个人设计风格的自我表现,往往拒绝业主的修改要求,方案大多不符合中国国情,不符合使用要求,运营维护费用庞大。(见:走向未来的大学图书馆与文教建筑．中国建筑工业出版社,2011:36－41)

《绿色节能建筑有赖于各方协同努力》(2011):

我国正处于经济持续发展而资金不足的时代、环境资源压力增大的时代、能源供应长期短缺的时代。面对经济发展与资源环境矛盾日益加剧的形势,和世界应对气候变暖、节能减碳的大潮流,中国亟需加大力度,推行绿色节能建筑。

国家图书馆新建筑,布局不符合中国有关的法规、标准与规范,建筑封闭,全天候依赖空调,能源消耗过大,不符合国家技术经济政策和推行可持续发展战略的要求。中央阅览大厅高达 20 米以上,体积有数万立方米,其空调消耗极其惊人,以《绿色建筑评价标准》来衡量,显然不合格。

21 世纪初建成的天津泰达图书馆、深圳图书馆、重庆图书馆、南京图书馆、东莞图书馆等一批规模很大的图书馆建筑,都是高能耗建筑。

　　《图书馆建筑设计规范 JGJ 38 – 99》是行业强制性标准,其 4.1.5 条规定:"图书馆各类用房除有特殊要求者外,应利用天然采光和自然通风。"以上这些建筑都明显地违背了规范的规定,都不符合绿色节能的要求。(建筑节能,2011(1):34 – 37)

　　《图书馆建筑文化的传承借鉴与创新》(2012):

　　人们认识到地球上的环境恶化、气候变暖,威胁着全人类的生存发展,必须共同面对。由此,节能和减少二氧化碳排放,建设节约型社会,推行绿色建筑成为必然之路。(建筑与环境,2012(4):13 ~ 17)

　　其实作者 1992 年 3 月参加在西安举行的全国图书馆建筑设计经验交流会的论文中就提出:随着新技术的采用和空间的扩大,读者及管理上的要求提高,能源消耗将逐渐增加,在设计时考虑节约能源应是一项重要原则。在天然采光、通风和人工采光、空调的选择上,从总体来说应坚持天然采光、通风,只是在局部很少量的房间由于设备的要求(如大型馆的计算机房,南方高温及潮湿季节复印设备等室)可设空调等设备。

　　一般说来,在层高上,尽量设计二、三、四、五层的馆,而不把图书馆设计成高层建筑。读者的两条腿走上三、四、五楼,比用电梯送到八、九、十楼,要节约很多建筑投资、设备投资和能源消耗、维修费用及机器操作人员。当大型馆非设计成五、六层不可时,为使老年读者能上楼看书,当然要备电梯,但也应尽量配置在书库、阅览室的交接地带,一机两用,以节约人员和费用。阅览办公部分与书库的高差配合上,有用 1:2 或 2:3 的,如果电梯能两边开门(如中央编译局图书馆)对内外人员上下及藏书入库及阅览室辅助书库书籍的调拨,都更为方便,免去人力搬运之苦。(大学图书馆动态,1982(7):21 ~ 23)

9.5　节能与高能耗图书馆建筑实例

新世纪以来的十余年间所建成的图书馆,达到绿色建筑标准的可以说是凤毛麟角,而高能耗的图书馆建筑却比比皆是。

1. 山东交通学院图书馆

已建成的节能型生态图书馆,以清华大学建筑学院设计的山东交通学院图书馆为首创。

建筑面积约 15,837 平方米,地下一层,地上五层;2000 年下半年至 2002 年设计、建设,2003 年 5 月建设完成投入使用,最终建安费用为 2,150 元/m²。

设计采用了许多简单适用的节能技术:1. 规划布局注意朝向和风向,玻璃大厅放在南部,构成玻璃温室;2. 改造北部水塘,调节微气候,并利用塘水作为空调水源;3. 外围护结构保温隔热技术、外窗采用中空塑钢;4. 在东、南、西三个不同朝向,分别采用了退台式植物绿化遮阳、水平式遮阳、混凝土花格遮阳墙三种不同的遮阳方式,而在玻璃大厅内采用了内遮阳方式。5. 自然通风技术,中庭采用由下往上收缩的剖面形式,并在中庭天窗上增加拔风烟囱,通过风压、热压的耦合强化自然通风;6. 自然采光技术。除了适当加大外窗面积,在中庭、南向玻璃大厅、教师阅览室都充分利用顶部天窗来增加室内照明,减少照明能耗;7. 地下风道对于新鲜空气进行预冷预热处理,图书馆地面下设置了两条 45 m 长、一条 80 m 长的地道,埋深 2 m 以下,抽取地面新风后,通过地道进行预冷预热处理,降低冬季采暖和夏季空调能耗;8. 节水技术,充分利用北部池塘水作为冷却水,收集雨水作为水景用水并循环使用;9. 立体绿化。在图书馆屋顶栽种小乔木、灌木和花草;室内中厅、玻璃南厅内的绿化调节并改善了室内微气候。室外建筑场地实行乔、灌木和花草复层绿化,改善场地的生态环境;10. 选用高性能水冷空调机组,用湖水代替冷却塔,并优化常规能源系统。

经过 3 年运营以后检测,夏季地道风降温效果显著,测试证明平均降温可达 8℃ 左右,可节约 60% ~90% 新风负荷;夏季夜间自然通风可实现热压换气 2.5 ~3.5 次/h,蓄冷能力约为 90 kW;湖水冷却效果明显,实测单台冷机制冷量为额定制冷量的 130%,COP >5.5;空调制冷设备,年均耗电量仅 13.6 kWh/m^2;冬季采暖可达 7.8 kg 标煤/(m^2·年),优于济南市节能标准 9.8 kg 标煤/(m^2·年)。(袁镔·简单 适用 有效 经济——山东交通学院图书馆生态设计策略回顾. 城市建筑,2007(4):16 ~18)

此项工程获第二届全国绿色建筑创新综合奖一等奖。

图 9.1   山东交通学院图书馆(袁镔设计)

2. 广东省立中山图书馆

广东省立中山图书馆是 1986 年建成开放的,2003 年改扩建项目一期工程立项,结合进行既有建筑节能改造和可再生能源建筑应用,取得良好的效果,成为住房和城乡建设部低能耗建筑示范工程。

在方案总体构思中明确指出:将绿色生态建筑理论指导图书馆之设计,力图将图书馆环保、节能以及建筑物理环境等多方面体现设计对生态的注重,充分体现"生态图书馆"这一建设目标。整体规划设计方案强调对生态环境的保护和利用,并力图展示新型图书馆设计的以人为本的思想,方案设计尊重用地内优质的自然

图9.2 山东交通学院图书馆——绿色建筑

生态环境,充分利用原有资源和条件,同时拓展强化原有的生态绿化空间,参与图书馆的使用功能,实现图书馆内主要功能空间都可以享受到幽雅清新的绿化景观,形成四季常青、空气清新的天然小气候,为广大读者和工作人员营造健康、舒适的学习、工作环境。方案设计充分考虑广州的气候特征,建筑物与环境、朝向相适应,满足生态循环要求及节能观念,最大限度节约能源;充分尊重城市整体规划与周边环境及建筑的良好契合。方案在规划与设计中对该馆悠久的历史和丰富的人文资源，多处文物保护单位进行合理而有效的保护利用。

重点设计好可再生能源利用，在建筑物群的屋顶和采光墙面设置太阳能光伏发电系统，每年可发电 48 万千瓦时，解决所有读者活动场所、书库、行政业务用房及新建地下停车场日间照明用电的要求。加上采用建筑围护结构节能措施，尽量利用自然通风和自然采光，以及空调、通风和照明节能，在保证相同室内环境参数条件下，大大降低了建筑能耗，据预测，总能耗约为 263 万千瓦时/年，与不采取节能措施的基准建筑相比总能耗可减少 60%，因智能照明和太阳能发电可贡献节电约 78 万千瓦时/年，折合电费 61万元。

设计还安排了雨水收集利用系统。馆区有着优越的雨水回用地理条件，图书馆革命广场的露天汇水面积很大。建立雨水收集回用系统不但妥善净化和最大限度地循环利用水资源，还能改善雨季防汛排水安全问题，同时提供非雨季蓄水功能。预计每年可节约绿化用自来水近 2 万吨，占绿化用水量的 56% 以上。

在照明方面，充分利用自然采光的补偿；日间最大限度地使用太阳能光伏系统的发电量；采用节能的照明灯具；电子镇流器且反射率高的灯盘，三基色 TS 灯管（部分可调光）；疏散指示灯、安全出口标志灯选用发光二极管（LED）。

扩建一期工程完工后，可实现节能减排：每年节约煤炭 1,980吨，减排 CO_2 5 345 吨，减排 SO_2 11.87 吨，减排 NO_x 18 吨，减排烟尘 5 吨，减排煤渣 673 吨。（李昭淳等. 建设部低能耗建筑示范工程：广东省立中山图书馆改扩建项目. 建设科技，2010(6)：88 -90）

改扩建工程的节能环保效果十分显著。

广东省立中山图书馆改扩建一期工程于 2010 年 12 月底竣工开馆，新建成的革命广场绿草如茵，古木参天，馆区成为具有浓郁人文特色和文化底蕴同时体现岭南建筑风格和时代风貌的文化绿洲,堪为现代生态图书馆建筑的典范。

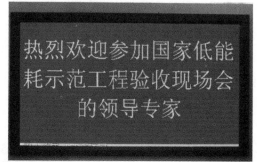

图9.3　广东省立中山图书馆

3. 深圳图书馆

深圳图书馆新馆建筑面积 49 589 m^2,于 2006 年建成,是一座全封闭的建筑,正面为曲面玻璃幕墙,内部形成高大的空间,后部及侧面实墙零星点缀了装饰性窗户。阅览区及办公区均无自然通风与天然采光。图书馆一年四季要用空调,夏季开 3 台 800 冷吨的中央空调机组,每月电费约 60 万元。

图 9.4   深圳图书馆新馆

4. 国家图书馆二期工程

据闻,国家图书馆二期工程在有 3 家国内设计院投标,而国外设计机构 12 家来投标。由 3 位院士和从国外请来的几位建筑师组成的 7 人专家评委会,居然为我们评选出了这么个方案。

布局不符合中国有关的法规、标准与规范;建筑封闭,能源消耗过大,违背"绿色建筑"的世界潮流,不符合国家技术经济政策和可持续发展战略的要求;消防和安全疏散很成问题;外形与原有建筑不协调,从国家图书馆的总体布局看,新建筑与原有建筑不协调,互不关联,无整体感。两部分缺乏有机的联系,读者和馆员都会感到很不方便。

中央大堂直到房顶,面积大四周无自然通风,上头是大面积玻璃棚,数万立方米的空间全天候依靠空调,其能源消耗之大、浪费之严重十分惊人,为全国图书馆之最。

图9.5　国家图书馆新馆内景

5. 天津泰达图书馆

天津泰达图书馆于 2003 年 9 月竣工,图书馆与档案馆建筑面积共 6.67 万/m^2,投资 4.5 亿元,成为当时造价最高的图书馆。其形体为下大上小的椭圆形透明玻璃体,四周上下无窗户,美其名曰"知识的水晶宫",明显是个高能耗建筑。

6. 重庆图书馆

重庆图书馆新馆建筑面积 5 万余 m^2,投资 3 亿元,于 2007 年 6

图 9.6　天津泰达图书馆

月建成开馆,这座图书馆四周上下全用玻璃围成,没有开启的窗户,其耗能之高不言而喻。

7. 同济大学图书馆

同济大学嘉定新校区用地应该是较为宽敞的,可不知道为什么建造了一座高达 14 层的图书馆,而且是个大玻璃盒子,四周没有窗户。看其空间格局,空调负荷能小得了吗?

8. 上海大学图书馆

上海大学图书馆 2 楼有高达 3 层的读者休闲阅览区,上方弧形玻璃窗封闭不能打开,阳光直射下使室内成大温室。图书馆馆长曾说请学校各位处长到这里来坐上 15 分钟试试。报告厅内有读者休息交流大厅,上千平方米的玻璃顶,夏天不但交流大厅里极热,并且其热辐射使 2 楼相邻的借阅室奇热难耐。夏季全馆空调费每天 1 万元而有些区域仍很热。这个图书馆工程竟然得到教育部的建筑设计 2 等奖,可见有些奖项不必当真。

图 9.7　重庆图书馆

图 9.8　同济大学嘉定校区图书馆

图 9.9　上海大学图书馆正面的窗户均封闭不能开启

　　尤其要重视建设工程必须节能和'一票否决权'的规定。国家标准《建筑节能工程施工质量验收规范(GB50411 - 2007)》1.0.5条:"单位工程竣工验收应在建筑节能分部工程验收合格后进行。"其条文说明:"根据国家规定,建设工程必须节能,节能达不到要求的建筑工程不得验收交付使用。因此,规定单位工程竣工验收应在建筑节能分部工程验收合格后方可进行。即建筑节能验收是单位工程验收的先决条件,具有'一票否决权'"。

　　2006 年,时任副总理的曾培炎说过:一座绿色节能建筑,对后人来讲是一笔巨大的财富,反之,则很可能是一个消耗能源的黑洞,一个长期负担的财务包袱。我们经常重复歌德的名言"建筑是凝固的音乐",这句话体现出了建筑形式的魅力,是对建筑外在美的肯定。而建筑是否节能、环保,则是建筑内在美的体现。只有做到了内在美与外在美、形式美与内容美的统一,才是一个符合科学发展观要求、反映人类文明水平的优秀建筑作品,这也是当代建筑师们应当追求的目标。(曾培炎. 发展智能绿色建筑 大力推进建筑节能. 瞭望. 2006(16):33)

第 10 章 图书馆的设备与家具配置

10.1 现代图书馆的设备配置

除了土建安装的电梯、消防设备和线缆以外,图书馆建筑需要配置许多现代设备,举凡网络设备、电脑设备、扫描设备、视听设备、自助借还书设备、座位管理设备、音响设备、门禁及监控设备、通讯和广播电视设备、卫星信号接收设备、存包设备,等等,品类繁杂,都应向专门部门和专业人员咨询请教,作出科学、合理的判断,然后提出清单,详列并说明所要各种设备的性能要求、规格、数量和配置时间要求,有特定要求并经比较论证的,还可以提出建议配置某种设备的品牌。这里就几种设备提供看法。

1. 无线射频识别系统

无线射频识别(RFID,Radio Frequency Identification)是一种通信技术,通过无线电讯号识别特定目标并读写相关数据,而无需识别系统与特定目标之间建立机械或光学接触。无线电的信号是通过调成无线电频率的电磁场,把数据从附着在图书上的标签上传送出去,以自动辨识与追踪该图书。

近年来无线射频技术已经在许多图书馆得到了应用,效果良好。在图书上贴好标签后,读者通过电脑查目屏幕会显示书在哪个书架、哪一面、第几格;馆员使用仪器可以轻松而准确地整架。使用 RFID 自助借还书机,读者可以一次完成多册图书的借还手续,而不必一本一本办理,十分方便。

无线射频系统已经是一项成熟的技术,国内各地有相当多的厂商开发、生产着各种应用设备。可加以考察和比较,甄选质量和服务都好的、适合自己图书馆要求的产品。

图 10.1 杭州图书馆应用无线射频识别技术借还书和整架

2. 自助借还书机

过去的自助借还书里是用条码 + 磁条式的。随着技术进步,新的自助借还书机采用无线射频技术(RFID)和条形码,将计算机、读卡器、条码扫描仪、图书充消磁器、图书监测仪及系统接口等设备组合为一体。

使用 RFID 自助借还书机,读者可以一次完成多册图书的借还手续,而不必一本一本办理,十分方便。

图 10.2　宝山图书馆儿童阅览室的借还书机

图 10.3　宝山图书馆的还书自动分拣机

3. 电子显示屏

　　电子显示屏即 LED 显示屏(light emitting diode),用来显示文字、图形、图像、动画、视频、录像信号等各种信息的显示屏幕,可以根据不同场合的需要做出不同的调节,可根据不同的需要随时更换,其表达效果优于以往美工绘制的平面宣传图文,读者可以和画面触摸互动,故很受欢迎。电子显示屏在图书馆的应用很广:

图 10.4 首都师范大学图书馆大厅上方的大型电子显示屏

图 10.5 杭州图书馆大厅的 3 个电子显示屏和触摸屏导览

图 10.6 苏州大学图书馆大厅的电子显示屏

图 10.7　宁波大学园区图书馆大厅墙上的电子显示屏

图 10.8　东南大学图书馆的显示屏

图 10.9　太仓图书馆的电子显示屏

图 10.10　上海宝山图书馆的电子显示屏和读报机

4. 图书杀菌机

由于书籍的流通会使纸张携带各类细菌,从而存在卫生隐患。用图书杀菌机给书籍消毒,可避免病菌的传播,有利于保护读者的健康。图书杀菌机采用紫外线杀菌的原理达到消毒的目的,对书籍不会产生不良影响,书籍放进杀菌机内消毒只需 30 秒就有效。读者可以自行将借到的书刊放入图书杀菌机进行消毒,既安全又简便。近年许多图书馆已经配置了图书杀菌机设备。

图 10.11　杭州图书馆使用的图书杀菌机

图 10.12 上海宝山图书馆使用的图书杀菌机

5. 图书馆管理软件

在现代图书馆建筑里,网络布线是全身的血脉,管理软件就是心脏。

图书馆的计算机管理已经进入了大规模、集群化的阶段,公共图书馆分馆制和全市图书馆一卡通的推行,要求软件能管理由中心图书馆、区馆、分馆、街道乡镇馆、社区馆、流通点等几百个站点组成的整个集群式图书馆网,分布于各处的数目数据、读者数据,完善处理瞬间同时并发大量的点击浏览查询请求,如今还增加了手机图书馆服务。在高校,大合并和扩大规模、建设新校区以后,图书馆要为跨校区的几万师生读者服务,实现一卡通服务管理。

国内的许多图书馆软件研发企业经过长期的努力,如今第三代图书馆管理软件都能胜任大规模集群式图书馆网的要求了。

1988 年,针对许多图书馆要购买国外的管理软件,作者分别致信教育部、北京大学、浙江省文化厅领导,提出不同意见,认为应该大力倡导、组织、推动研发和应用国产的图书馆管理软件。1988 年春给李岚清副总理写信,建议大力支持图书馆管理的国产软件,不必过多引进国外软件,李岚清副总理作了批示。

全国高校图书情报工作委员会举办"国产图书馆信息管理系统展示会暨高等学校图书馆信息管理系统研讨会",两会于 1988 年 7 月下旬在北京邮电大学举行。

在许多知名高校图书馆纷纷购买给国外软件的时候,中国科学院图书馆、北京大学图书馆都放弃研发自己的管理系统软件,而南京大学图书馆等在江苏省教育厅的支持下,却调集更大的力量,继续坚持走自己的路,经过不懈的努力,终于研制成功汇文图书馆管理系统,在江苏及其他省市高校图书馆推广应用。江苏高校的自主创新精神极其可贵,应该向他们致敬!

如今,深圳的 ILAS 系统、南京的汇文 LibsysBS 图书馆集群管理系统、广州的图创 Interlib 系统,北京邮电大学的现代电子化图书馆信息网络系统(MELINETS),是国产第三代图书馆集群管理软件的代表。

而另一具有中国特色的大型数字图书馆软件—深圳的文华 DLibs 系统,不但具有集成图书馆自动化管理、联合编目、总分馆管理、区域通借通还、馆际互借等功能,同时还通过引进“云计算”理念,提供云端图书馆服务、手机移动图书馆、电子文献统一检索、短信服务平台、统一认证登录、网络学习空间等功能。该系统作为国内自主研发的新一代数字图书馆技术与应用平台,现已被 5 个省级图书馆及 100 多家地市级图书馆采用,并于 2013 年在一个省级图书馆成功地替换从国外引进的 ALEPH 系统,且实现数据库无损迁移。系统运行实况证明此系统性能优良,功能强大,安全可靠,运行十分顺畅,馆方非常满意。同行专家学者认为该系统的总体架构和实现功能方面甚至优于从国外买来的软件,更适合国内图书馆的应用。文华 DLibs 系统替代原来用的国外软件,首次成功地开创出“用国产软件替代国外系统”的先例,让中国图书馆界扬眉吐气!

因此,在建设新馆工程、要将自动化管理系统更换升级的时候,完全应当从国产的管理系统中选择,没有理由再去迷信国外软件。

试想:航天领域的神舟飞天、嫦娥落月的控制软件无比强大、复杂、精密、可靠,它不可能从国外买来,完完全全是我们自己研发的,这足以证明中国的软件水平已经达到世界的前列。难道图书馆管理软件比航天的软件还要复杂吗？如今，国产图书馆软件的性能比上个世纪90年代有了质的飞跃，有些方面甚至超过了国外软件，还有什么理由非要买洋软件不可？

据说有一个经济条件很不好的省会城市图书馆，总共才不到100万册馆藏，每年购书经费才百来万元，却不愿采用国产管理软件，非要花了上百万元去买国外的软件系统，实在没有道理。

在2012中国图书馆年会上，作者的演示文稿中有这样一段话："中国的图书馆什么时候都能用上中国人自己研制的管理系统？北大、清华、中科院国家科学图书馆、复旦、浙大、浙江图书馆，……能用上中国人自己研制的管理系统吗？在我看来，没有能用上自己的管理系统软件，就称不上文化强国。"

应当坚信我们中国人完全有能力把图书馆软件提升到世界先进水平，全面替代洋软件。中国图书馆界应该有这样的自信。

10.2　图书馆家具的种类和国家标准

图书馆家具已呈现多姿多彩的态势，品类庞杂，式样纷繁，不断推陈出新，以适应图书馆业务发展的需要、家具用材的多样化及人们对家具的舒适程度与款式要求的新变化。

1. 图书馆家具的种类

依照使用功能分为文献收藏家具、阅览家具、办公家具、业务工作用家具、存物用家具。由于新载体的应用而出现的电脑桌及卡座，多媒体视听室桌椅、计算机房专用家具、多媒体书架、多功能工作柜、咨询台、出纳台，以及报告厅座椅，休闲空间的吧台等。

依据传统习惯分为架类、柜类、桌类、椅类、沙发类等。

依照材质可以分为木制家具、钢制家具、钢木家具、玻璃家具、塑料家具、软家具等。

依照式样风格可分为中式古典家具、民族家具、西式家具、现代家具等。

以前书架都是木材制作,现在普遍使用钢书架。阅览桌椅也有不少地方用钢木结合的。目录柜多为木制,钢质目录柜似不大好用,如今普遍使用计算机查目系统,木制目录柜要放到博物馆去了。

20 世纪 90 年代我国制定了图书馆家具的国家标准,分钢质家具国家标准和木质家具国家标准两大系列,均为推荐性标准。

2. 钢质图书馆家具国家标准

钢制书架通用技术条件 GB/T 13667.1—92

积层式钢制书架技术条件 GB/T13667.2—92

手动密集书架技术条件 GB/T13667.3—92

钢制书柜、资料柜通用技术条件 GB/T13668—92

3. 木制图书馆家具国家标准

木制目录柜技术条件 GB/T 14530—92

阅览桌椅技术条件 GB/T 14531—92

木制书柜、图纸柜、资料柜技术条件 GB/T14532—92

木制书架、期刊架技术条件 GB/T 14533—92

10.3　图书馆家具配置的一般要求

图书馆家具是室内空间得以实现功能要求的物质条件,同时又能有助于形成空间的格调,体现室内的风貌特质。

1. 对图书馆家具的认识

图书馆家具各有其形体,具有实用功能与艺术观赏两方面。

图书馆家具有供人直接使用的、放置图书文献的及主要供摆设观赏的三大类,后者如博古架、花卉架等。而供人直接使用的家具同时也具有艺术观赏的作用。

每一件家具由尺寸、式样、材质、色彩的元素共同结合而成,而成套家具则是适合于特定空间尺度和氛围的若干件家具的组合。

图书馆家具的配置须兼顾实用与风格两个方面。

2. 确定家具布置的基本格调

（1）家具的配置也必须依据图书馆建筑的整体风格,适合空间的功能要求,并与家具放置具体场所的氛围相协调。

（2）家具配置和室内装饰统一考虑,协调配合。每个空间单元家具的式样、风格、档次、色彩所形成的格调,体现出空间的特性与文化内涵。

（3）家具配置要兼顾其实用性、耐用性,并适合当地读者的艺术观赏要求,尽可能达到使用的舒适与款式的现代感相统一。

3. 家具选配的原则

（1）实用性

各种家具都要符合使用要求,牢固耐用,方便移动,便于保洁。不同的阅览室及公共空间配置不同格调档次的家具,方便读者,便于管理。

（2）标准化

家具的规格应标准化、系列化、成套化,有利于读者和馆员使用,便于统一安排布置,充分利用空间,加工定制也能节省费用。

（3）区别配置

读者和馆员使用的家具要求质量上乘,舒适合用,有利于提高学习或工作效率。有些部位如书库的家具以耐用为主要要求。报告厅、多功能厅、贵宾接待室、古籍阅览室等处的家具档次要高些。

（4）符合人体工学

供人使用的桌椅、检索台、工作台的尺寸符合人体工程学原理,不致因过高或过矮而使人不适,易于疲劳,甚至影响健康。接待读者的出纳台、咨询台要兼顾读者与馆员两者的舒适程度。

（5）经济性

要求配置的适合本图书馆的定位,不求过高的档次和豪华的家具。选配家具要有长远观点,不能单看价廉而应从质量、使用年限等方面综合考虑。使用频繁的更要坚固耐用,不易损坏或变形。

（6）美观

家具式样新颖、朴实大方，简洁明快，不同家具在同一空间内款式和色彩协调，排列起来富于韵律感，搭配布置后增加室内空间整体的美感。全馆家具整体形象给人以舒适、清新、协调、温馨之感。

（7）绿色环保

家具用的材料和涂料要求绿色环保，尽量少用木材，涂料要求其实际技术参数符合国家标准指标，无污染或少污染，不致影响读者和馆员的健康，或影响文献载体的保藏。

10.4　家具选配工作组织

家具品类繁杂，数量多、涉及面广，且要求在新图书馆竣工后按规定时间到位安装和安排妥帖，故家具选配工作需要及早筹划和准备。

1. 组织家具选配专门小组

在新图书馆开工建设之后，调集各方面综合素质好、认真负责的得力人员，组成在新馆筹建办公室领导之下开展工作，制定计划，分头实施。

有条件的地方可适当聘请熟悉图书馆家具配置的专家为顾问，聘用有经验的人员参加家具小组工作。

2. 确定各类空间服务管理模式及对家具的要求

家具配置必须依据新图书馆服务管理模式的要求。各个空间服务管理的方式不尽相同，需要不同型号、规格的家具。在全馆服务管理格局确定后，家具选配小组须会同各部门共同研究各个空间服务管理安排的设想，提出对家具的原则要求。

3. 调查研究参观考察

调查研究分为若干方面和若干阶段，由新馆筹建办公室组织。

（1）收集资料，进行筛选和分析，包括其他图书馆家具配置的资料,家具企业的产品样本、报价等。

(2)参观几处近年建成的新图书馆,仔细考察其管理模式、家具布置及实际效果,听取对方介绍家具配置的成功经验和不足之处,索取相关资料。

(3)考察家具生产企业。在初步了解的基础上,确定去参观的家具企业。对企业要全面观察其生产设备及自动化程度、工人的技术水平、生产与储存环境,重点考虑用材、工艺、质量控制系统、使用的粘合剂与涂料,文明生产情况,交货期限、运输、安装及售后服务承诺,取得产品样本,以及每种每件家具的报价。

4. 图上作业

参观考察了一些图书馆的家具配置和几个家具生产企业之后,新图书馆建设工程筹备办公室和馆长召集各部门负责人和骨干及家具配置专门小组一起会商,在吸取经验教训的基础上,结合本馆新馆的布局与服务管理要求,讨论各房间家具布置的具体方案,务必详尽,在反复论证研究确定之后,在每个房间的平面图上画出各种家具的摆放位置,包括家具自身的尺寸、通道的距离、家具与墙壁的间距等。完成图上作业就为订购据计划做好了准备。

有的图书馆自己没有人力和时间来做这件事,则可连同整个家具配置计划委托给相关的专业人员或咨询机构。

5. 制订计划并提出各类家具的具体需求

家具配置计划包括两大部分,一是每一空间需要的家具种类及数量,二是为每个大类每种家具要求的式样、规格、型号、材质、色彩要求及数量。归纳汇总各个大类家具的需求数量及预算,附上详表,形成家具购置报告上报审批。

家具购置计划获得批准后,据以着手编制详尽的家具购置清单。

家具购置清单分类型列出各种家具的名称、式样、规格尺寸、材质、色彩,每种家具的数量要求,并且要有每种家具送到图书馆的时间要求。

家具购置计划要足以满足当前及未来一段时间内的发展需要。

6. 进行家具的招标投标工作

(1)招标工作机构。家具的招标工作在上级主管部门的领导下进行。城市设有政府采购中心,学校设有采购招标办,管理此类招标工作。而图书馆家具很强的专业性,品类繁杂,各种家具各有其特殊功能,有些要求难以象其他设备产品那样恰切描述,若购回的家具与实际使用要求不符,就会延误新馆开馆的安排,且造成浪费。如能争取上级采购中心或招标办的同意,采取在政府或学校监控下自办招标的办法,可以达到既符合公平、公正、节约的原则,又能满足图书馆的实际需求。不少图书馆的家具采购工作是由政府采购办公室委托下自行招标,在上级部门领导下,成立图书馆家具招标工作机构,实施新图书馆家具配置的调研、选型和采购工作,取得政府、学校和图书馆双满意的结果。

(2)家具招标文件。家具招标一般是向经考察具有相当资质的企业发出邀请投标书。

家具招标文件一般有以下内容:

第一部分:投标邀请通知书

第二部分:招标投标的要求与具体安排:

　　1. 对投标单位的要求

　　2. 招标产品明细表和技术要求

　　3. 投标文件的编写要求

　　4. 投标文件的提交时间与地点

　　5. 评标和开标

第三部分:家具购置合同:

　　1. 合同的一般条款

　　2. 合同的特殊条款

第四部分:附录。

7. 重点检查进度与质量控制

在招标工作完成确定中标单位签订供货合同时,应有与合同规格型号相符的实物样品,双方确认后封样保存。

在确定各类家具中标单位并签订供货合同后,家具选配小组得定期或不定期到供货企业,抽查检验是否按照合同规定的进度及质量要求安排生产,特别是材料及工艺、质量控制是否符合合同的要求,以保证采购入新馆的家具均能达到预期的要求。

8. 接收家具进行验收

当生产企业将家具运送到图书馆时,应按合同规定并比照原实物样品对家具进行全面的验收。

验收时检查核对送来家具的品种、型号、款式和数量,检测其内在质量,验看表面光洁度、色彩、涂层是否均匀一致,柜门、抽屉等活动部件是否严密,推拉是否灵活,锁具的开闭是否方便。

送来的家具全部符合要求即正式签收,不符合或不完全符合要求的,按照合同规定办理退换或其他处置办法。

验收合格的书架即可在相应空间进行装配,阅览桌椅、办公家具等均定位进行布置。

一般说来,应是工程进行验收合格后办理交付使用手续,然后才安装设备家具,但也往往有一面安排家具一面进行竣工验收的。

之后就是组织搬迁,准备开馆迎接读者了。

第11章 扩建改建及利用旧房改造为图书馆

11.1 图书馆扩建的前期工作

由于社会发展的需要、图书馆读者队伍的扩大、服务的拓展和藏书的增长,加上现代技术的大量引进,许多十多年前或几年前建成图书馆馆舍已不敷应用,或显得陈旧落后,需要进行扩建,以适应各种新的要求。

图书馆扩建工程比新建一座图书馆更为复杂,应充分做好调查研究,考虑未来 20 年发展的需要,反复征求各方面的意见和要求,充分论证,确定扩建的规模,采取原地扩建结合改建,还是择地迁扩建的办法。

应详细研究扩建部分的功能需求,以及原来馆舍与扩建部分的功能分工,扩建后的总体格局,包括藏书组织的调整、服务管理模式的改造等。

扩建工程同样要编制项目建议书、可行性研究报告,待主管部门批准后,提出设计任务书,进行设计招标等等,各项程序一样也不能少。

要组织一个强有力的工作班子,馆长主持,有熟悉全馆情况的馆员参加,自始至终一起筹划。

11.2　图书馆扩建方向的选择与扩建的原则

图书馆的如何扩建因馆而异,因地制宜。图书馆需要扩建时,选择何种方式来进行,有多方面的因素,包括扩建用地、扩建资金及城市规划等。

1. 原有图书馆周围是否留有可供扩建的土地

有的图书馆在建造之初就分期建设的计划,预留有扩建用的土地,如果原留的土地未被占用,仍能满足扩建之需,当然就近扩建即可。如70年代周恩来总理决定在紫竹院之北建造一座新的北京图书馆时,中央领导就决定在其北面留下大块土地准备日后扩建之用,虽然这块土地被占了一部分建造了3幢宿舍楼,但仍还可以基本上满足扩建之用,故实施了国家图书馆二期工程。

图 11.1　国家图书馆二期建成后即为南区

2. 城市或学校的总体规划及文化设施布局

有的城市从更广阔的视野重新审视城市规划,对图书馆等文化设施在城市中的地位加以调整,因此放弃原有老图书馆,在新区开辟文化广场,新图书馆安排在其中,如广州图书馆、常熟、江阴等城市都是如此。

上海市决定放弃原人民广场利用旧建筑的上海图书馆旧馆,在淮海中路建造新的上海图书馆,是十分成功的,效果极佳。

苏州市决定将人民中路原市政府大院作为新建图书馆之用,是十分高明、深得民心的决定,新馆地处城市中心,读者十分踊跃。

广东省立中山图书馆在原址近旁加以扩建,将历史上的贡院、维新学堂、中山大学、国民党"一大"会址等悉数划入其扩建用地范围,结合扩建工程对重点文物加以有效保护和展示利用,保存历史风貌并使之重新焕发风采,使老馆、扩建的新馆与历史文化遗迹相互渗透,文采益彰。这也是城市规划作出的重大决策。

3. 扩建规模和投资

有的城市或学校考虑长远决定图书馆的扩建规模要大些,且投资有保证,而建造于多年前馆舍已没有保留价值,原馆址加上周围空地足以建造新馆之用,故拆掉旧馆舍在原址重新建造新图书馆。

有的地方因原处无法扩建或重建,而且扩建规模大,投资也充足,遂决定另觅新址实施扩建计划。

有的地方虽然图书馆早已就难以适应需要,但因财力不充裕,不可能在近期扩建一步到位,只能在现使用的图书馆边上扩建一部分用上几年,待地方财政有很大改善后再筹划大规模新建的计划。

4. 图书馆扩建的原则

在有着多种扩建方式可供选择时,如何确定究竟采取何种办

法,颇要费一番斟酌。图书馆扩建一般原则是:

（1）尽量靠近原馆舍就地扩建

其好处是显而易见的,旧馆的房舍与设备仍可以利用,扩建投资较省,新建部分与老馆连在一起打通后成为一个整体,内部布局调整容易实施,不需大规模搬迁,对读者的使用影响小,且调整布局后读者利用各种资源更加方便,内部管理更加便利,比之易地扩建等办法省时省力省投资省管理人力。若在老馆旁有土地可用,就地扩建应是首选方案,如果近旁有其他建筑物或有绿地等,也要尽力争取让其他建筑拆除迁移,或争取将近旁其他用途规划用地拨给图书馆扩建。20世纪90年代北京大学图书馆扩建时,努力说服有关方面修改校园规划,获得批准,将馆舍之东的一片保留绿地改为图书馆扩建之用,实施之后效果很好。

（2）从长远考虑制订扩建规划

城市或学校都在不断发展之中,社会和读者对文化与教育的需求日益增长,图书馆确是不断生长着的有机体,在研究扩建办法、制定扩建方案时,必须认真分析各种影响因素,看到图书馆至少10年的发展远景,高起点高要求制定扩建规划,力求规模够大,功能完善、设施先进,适当超前。如果只顾眼前解决书库、阅览面积不足的燃眉之急而仓促上马扩建,过几年觉得又落后了,需要再次扩建,就难以把图书馆建设好了。

（3）扩建部分与原馆舍的功能与布局合理安排

在筹划扩建时,应解决好扩建部分与原馆舍的关系。如果扩建的图书馆与原有馆舍不在一处,应预先研究老图书馆保留的功能及新扩建馆舍的功能,作恰当的分工,可以是老馆与新馆服务对象有所不同,或是藏书组织上的分工,如原馆舍以传统的图书资料服务为主,新馆舍以情报研究、信息开发及电子文献网络资源服务为主,加上学术交流与教育培训。明确了原馆舍与新扩建馆舍的功能分工与总体布局,才能合理制定扩建计划付诸实施,避免因计划不周而贻误扩建工程。

（4）馆舍扩建工程与提升服务管理水平密切结合

图书馆扩建为全面提升服务管理水平提供了良好的契机。扩建之后的图书馆成为一个新的服务管理系统，不但空间扩大，可以拓展更多的服务内容，而且经过重新布局便于实施更先进的科学管理模式。在规划扩建工程时，应同步规划提升服务水平的详细方案，使"以人为本"的服务管理思想能在扩建完成后得到落实，让读者得到更多的人文关怀，能充分享受扩建带来的许多好处。对馆员来说，条件改善，工作更加高效、方便和舒畅。管理方面，扩建后尽量少增加人员，在提高管理水平的同时，营运维护费用尽可能降低，保持在合理的水平。

11.3　图书馆的扩建方式

扩建图书馆一般有以下几种方式：

1. 独立扩建

原馆舍周围无扩建的条件，则另觅基地建造新馆，而老馆舍仍保留给图书馆使用。此种办法相当于建造第 2 馆舍，往往新馆舍成为总馆，图书馆的主要功能，特别是新功能在新馆安排，而将部分功能留给原有旧馆，如复旦大学图书馆在 20 世纪 80 年代初扩建后，老馆为理科图书馆，新馆为文科图书馆。西南财经大学图书馆也是新馆和老馆同时在使用。有的老馆保留了一部分常用书供外借，安排了许多阅览室和自修室，原书库用作贮存非常用书的储备书库。

2. 异地迁建

放弃老馆，择地扩建更大的馆舍，实际是建造一座新图书馆。新馆建成后原有藏书全部搬入新馆，一切重新布置，此种做法很理想。中国科学院图书馆即是此种做法的杰作，功能完善，设施先进，馆貌和管理焕然一新，极大地提升了其服务功能和形象地位。

3. 原地扩建

如果确定了图书馆在原馆舍的基础上加以扩建，其做法大体有以下方式：

（1）毗连扩建

在原有馆舍建筑的一侧、两翼或前方、后部扩建，比较早的如华东师范大学图书馆，1989年新馆逸夫楼建成以前曾有两次扩建，成为前后4排的馆舍。清华大学图书馆、北京大学图书馆、武汉大学图书馆、广东省立中山图书馆等都是毗连扩建的成功实例。

（2）加层扩建

在原馆舍顶上加层，其条件是经有关部门检查鉴定，原建筑的基础和结构体系有足够的承载力，允许向上加层。

浙江大学图书馆于1992年建成开放，建筑面积21 200 m²，当时为全国第二大的高校图书馆。进入21世纪，由于有友好人士捐助，就研议扩建，在原7层建筑的楼上加建2层，虽然几位馆长都不赞成此种扩建办法，而校长决定如此，于是进行设计，组织实施。方案是阅览区南北共增4间大阅览室，对着校门的正面也加2层，登临9楼可俯看玉泉校区校园全景甚至更远的西湖风景区。但扩建工程十分复杂，从底层开始每层楼的柱子凿开添钢筋使之加粗增强承载力，前后耗时2年余，费力误事，影响使用，投资甚巨。

（3）上空扩建

在用地特殊的情况下，图书馆扩建向空中发展。

典型的实例是上海同济大学图书馆，当初建造馆舍时未留余地，原馆舍2层，平面为横"日"字形。扩建的设计是将2个庭院加上横"日"字形中间的目录厅拆除后腾出地方用来扩建。新的建筑地下2层，主要是向高空发展，地上共11层，而地下的2层及地上部分的1~4层共6层每层都只是电梯、楼梯和配电间，其功能是把上面的7层顶起来，并向外挑，每层成∞形的2个菱形空间供布置阅览和藏书及办公。此种做法虽很有创意却实在是不得已而为之，施工复杂且干扰大，造价很高，扩建部分总面积虽大但实际可用部分比例不高，每层平面并不大，又分成南北两块，使用效果似乎并不好。

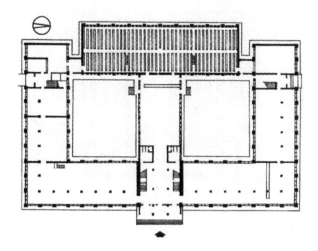

图 11.2　同济大学图书馆扩建前平面图

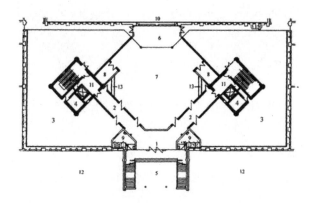

图 11.3　同济大学图书馆利用内院扩建平面图：
1 – 过厅, 2 – 环廊, 3 – 内院, 4 – 配电, 5 – 进厅, 6 – 借书, 7 – 目录厅, 8 – 办公室, 9 – 卫生间, 10 – 原书库, 11 – 电梯厅, 12 – 原阅览室, 13 – 新书展览

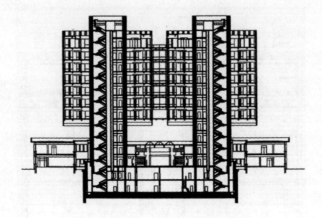

图 11.4   同济大学图书馆扩建剖面图

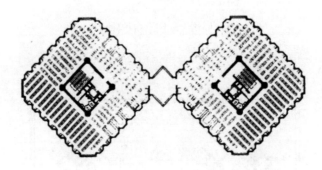

图 11.5   同济大学图书馆扩建部分标准层平面

（4）地下扩建

据介绍,国外有些图书馆为了使用极具保留价值的图书馆并保护其环境风貌,在原有馆舍旁向地下挖掘出很大空间来扩建图书馆,然后在顶上重新覆土恢复绿地,效果很好。一些国家早已有利用地下空间的成熟技术,也具有经济承受能力,对老建筑及环境的保护意识强,因此在美国、日本、北欧等地下扩建就较多见。由于地下扩建要求高,技术处理难度大,造价高昂,故国内图书馆尚无此类做法的实例。而如能利用地下来扩建,冬暖夏凉,有利节能,恒温恒湿,很适合图书馆阅览藏书的需要,又能节省用地。

1991 年《东京宣言》预言"21 世纪是人类地下空间开发利用的世纪",或许中国也会出现向地下扩建的图书馆。

4. 新老图书馆建筑的联系

毗邻扩建的图书馆,都有新老馆舍相互连接和交通联系的问题。连接和相互联系的办法多种多样,主要依环境地形、扩建位置及扩建后的人流关系而定,在扩建方案中应有明确的办法。

北京理工大学图书馆 2004 年在老馆的南面扩建新楼,两部分之间留有天井,扩建时在天井的东面加一条过道相连,同时天井的西侧利用老馆的走廊与新馆相衔接,较好地解决了新老馆的交通连接。

重庆的西南师范大学(现西南大学)老馆是 60 年代初建的,1989 年建成的新馆"逸夫楼"依据地形建在老馆舍的东面,并不直接连接,新建筑与老馆舍脱开,成 90 度布置,由此在大门前形成开阔的庭园广场,精心布置了绿化草坪、花廊水池、雕塑小品、道路台阶,使新旧馆舍建筑协调配合得十分成功,读者进出也很方便。

图 11.6　重庆西南师范大学(现西南大学)老馆(左)新馆(右)
前面围合成绿化广场

11.4　图书馆扩建举例

1. 清华大学图书馆

清华大学图书馆最早的馆舍是 1919 年建成的,1931 年第

一次扩建后建筑面积 7 700 m²，80 年代后期又延伸扩建
20 000 m²，至 1991 年建成使用，新馆有 16 个普通和专业阅览
室，设 2 000 个阅览座位，可藏书 200 万册。新馆与 1931 年的
老馆直接相连，但又自成一体。由于老馆建于 60 年前是低层
建筑，而新馆规模大功能多，为使新馆延续老馆的风格，且能很
好衔接，故新馆布置在老馆之西，先设开敞的三合院作为过渡，
布置二、三层的矮建筑，而新馆的主体及入口在围合庭院的西
面，体量较大，读者主入口朝东，在南端设残疾人入口。新老馆
互相呼应，尊重老馆的历史价值，传承清华园的建筑传统特色，
又具有时代特征，扩建工程是相当成功的。

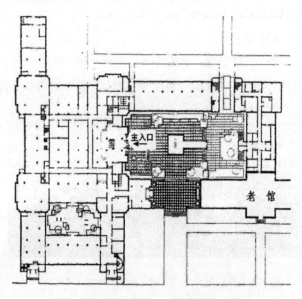

图 11.7　清华大学图书馆扩建部分平面图

图 11.8　清华大学图书馆新馆大门

图 11.9　清华大学图书馆新馆前的花园广场(照片提供:朱成功)

图 11.10　清华大学图书馆阅览室一角

2. 北京大学图书馆

北京大学 1998 年百年校庆建成的新图书馆在紧靠原馆舍的东面,中间留有 7.5 m 宽的天井。新馆建筑面积 26 680 m²,老馆也进行了改造,新老馆浑然一体,是国内大型图书馆扩建十分成功的范例。

图 11.11　北京大学图书馆扩建部分于 1998 年
100 周年校庆时开放使用

图 11.12　北京大学图书馆南侧爬山式
外廊连接着新馆与老馆

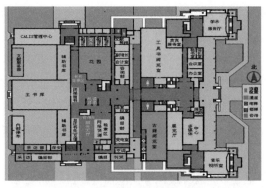

图 11.13　北京大学图书馆一二层平面布置图，右半(东)为扩建部分。下图二层东面朝向广场的白色小间为研究室(资料来源：北京大学图书馆网)

图 11.14　北京大学图书馆老馆的一个天井改造为阳光大厅

老馆建筑为 4 层,各层地面与老馆完全取平,中间主通道宽 10 m,两边还各有一条同样宽的连接通道,故联系十分方便,读者从新馆大门(东大门)往各阅览室的路线反而比原来从老馆南门入馆至阅览室的路线为短。根据原有建筑及新建部分的格局及结构特点,对扩建后全馆的总体布局作了细致的安排,内部业务工作、总书库、某些专题性及保存本图书和年代久远的书刊集中于老馆闭架或开架借阅,而常用书则集中到新馆的大阅藏合一空间。新馆每层阅览室连续通敞,面积 2 200 m²。这样,新老馆各部分都发挥出了良好的效益。新扩建部分还包括容纳 220 人的报告厅和音乐欣赏厅。

外形上,从东面看由于新馆高而将老馆的东立面完全挡住,大屋顶与周围建筑群相协调。从南北两个方向看,新建筑外侧增建了柱廊式斜廊,既是各层楼的消防疏散通道,又具有装饰效果。

老馆都分也进行了全面的装修,格调与新馆统一,使新老馆浑然一体。同时又进行了局部改造,原来的天井中有 1 个改造为阳光大厅,1 个改建为为花园,使用面积增加,功能和观赏效果俱佳。

3. 苏州大学图书馆

苏州大学历史悠久,现图书馆总馆在主校区十梓街。图书馆建筑面积 15 000 m²,其中 10 500 m² 是扩建的,2000 年 3 月起设计招标、中标单位三易其稿,2001 年暑期东部辅楼(办公区)开始施工、2002 年寒假交付使用,2002 年西部主楼(读者区)开始施工、同时穿插南段业务楼和北段书库的内部改造与装修,2003 年 9 月全部完成开放使用。苏州大学图书馆的扩建是十分成功的,扩建部分与老馆紧贴,中有天井,老馆部分经改造装修,全馆浑然一体。扩建部分安排为读者阅览研究区,含电子阅览室及无线上网区,5 楼为学术报告厅。电子计算机房及行政办公及业务用房在老楼部分。

图 11.15 苏州大学图书馆扩建后也与老馆合为一体

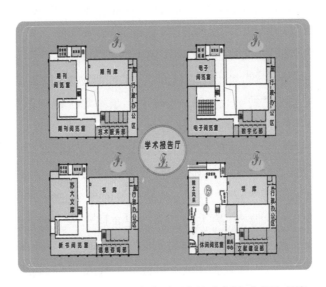

图 11.16 苏州大学图书馆平面布置示意图,东部为老馆

图 11.17　苏州大学图书馆各层布局及大厅的院士风采展

4. 广东省立中山图书馆的改造和扩建工程

广东省立中山图书馆原有馆舍建于 20 世纪 80 年代中期,建筑 29 500 m²,改扩建工程由省政府于 2003 年立项,总投资 5 亿元,改 扩建项目分一期和二期工程,建筑总面积 103 600 m²。扩建工程在 原馆舍后部征地,又将相邻的原国民党"一大"旧址(后曾为中山大 学,新中国成立后为鲁迅纪念馆)和广东省博物馆(原本是清朝广 东举行科举考试的贡院,1912 年改为广东高等优级师范学校)纳 入,馆区范围扩大,占地总面积达 6.8 万 m²,整个工程以崇尚生 态、优先节能、力行俭约、富集人文为亮点,充分体现了当代建筑 现代、自然、人文三大核心价值观,成为建设部"既有建筑综合改 造技术集成示范工程"。一期工程总建筑面积 76 300 万 m²,包括 改造原图书馆大楼,在原大楼后面新建 8 层书库大楼,建筑面积 20 860 m²,新建两层地下车库建筑面积 23 590 m²,其上面为露天 革命广场,项目总投资 3.286 5 亿元。工程完成后,终极藏书量 将达 800 万册,日均接待读者可达 1.5 万人次,成为全国最大的 省级图书馆。广东省立中山图书馆将是具有中国气派、民族风 格、岭南特色的标志性建筑群,是我国典藏文化载体的现代演绎, 成为广东文化大省文脉传承的象征。

广东省立中山图书馆改扩建工程确实是大手笔。一期工程已经于2011年底竣工开放投入使用,焕然一新,效果极好。

图11.18　广东省立中山图书馆改扩建工程,上图中A–
原图书馆楼,B–新建书库楼,C–原国民党"一大"旧址,
D–革命广场,E–新建地下车库,F–广东省博物馆

图11.19　广东省立中山图书馆大厅的电子读报屏

图11.20　广东省立中山图书馆廉洁阅读专区

图 11.21　广东省捐赠换书中心

图 11.22　广东省立中山图书馆微笑馆员榜

5. 武汉大学图书馆

武汉大学图书馆在原老馆相毗邻的地块进行扩建工程,用地面积 23 000 m²,建筑面积 35 548 m²,其中地下室面积 4 272 m²,于 2009 年 4 月动工,2011 年 9 月底建成开放使用。

武汉大学图书馆地处校区中心地带的珞珈山西麓,原图书馆失之过高,在规划扩建新馆时注意到不能阻挡其后面的山体风貌,故建筑不可为高层,这对图书馆很有利。新图书馆依山就势,设计为庭院式建筑群,扩建后新旧5栋建筑连成为一体,高低错落,有内庭院,总建筑面积达4.7万 m^2,按藏书和服务功能分为综合服务区、文科服务区、理科服务区和内部工作区。除了一般阅览座位,还配有个人研修室和团体研修室,多处设有学习共享空间。

　　武汉大学图书馆的扩建工程是很成功的。

图11.23　武汉大学图书馆俯视效果图(据华玉民提供)
A－D区为扩建的新馆,E－原图书馆

图11.24　武汉大学图书馆读者入口

图 11.25　武汉大学图书馆新馆的触摸屏显示的馆舍风貌

图 11.26　武汉大学图书馆新书展区

图 11.27　武汉大学图书馆学习共享空间

　　尤其值得注意的是,上面提到的这些建筑都是中国建筑师所设计,值得我们骄傲,而图书馆方面也出力甚多。

　　6. 浙江大学图书馆紫金港分馆的局部调整

　　浙江大学图书馆紫金港分馆于 2003 年 10 月建成开放,建筑面积 2.3 万 m^2,其北区 2 楼原为 200 座视听室、中心机房;3 楼原为 200 座电子阅览室。

　　2013 年,对南区的 2 楼、3 楼进行了大规模的改造。2 楼变为"外文图书特藏研修室",存放 Internet Archive 捐赠的外文图书,4 套国外教授捐赠的建筑、艺术、考古书籍,并设置了 90 个研修座位,供网上预约或现场柜机预约。

　　3 楼改为信息共享空间。

图 11.28　左图为原 2 楼视听室,右图为原 3 楼电子阅览室

图 11.29　浙江大学图书馆紫金港分馆 2 楼外文图书特藏研修室

图 11.30   浙江大学图书馆紫金港分馆 3 楼信息共享空间

图 11.31   浙江大学图书馆紫金港分馆研修室

图 11.32　浙江大学图书馆紫金港分馆多媒体空间

7. 深圳南山图书馆改造工程

深圳南山区图书馆占地面积 13 700 m²,馆建筑面积为 16 400 m²,设计藏书 60 万册,阅览座席 900 多个。1994 年奠基动工,1997 年 3 月正式对外开放。2007 年南山区政府批准立项进行改造和扩建。

加建改造工程包括整体翻修改造、加建 1 层 2 370 m²,涉及大楼结构加固、旧屋面拆除、加层、1 100 m² 幕墙天棚拆旧换新、消防、空调、给排水、供配电改造工程、新增监控门禁弱电系统、室内天花墙面地面装修工程等等,整幢大楼所有的房间都要施工,过程中出现许多意想不到的情况,改建加层工程的复杂程度超过建造一座新馆舍。此工程由区"工务局负责,文化局协助",实际上图书馆方面投入了极大的精力,前期工作也是由图书馆方独立完成。从 2009 年 5 月开始施工,历时 20 个月,至 2011 年初逐层重新开放迎接读者。改建后在 1 楼增加了亲子阅览室,在入口大门旁开辟了 24 小时自助图书馆,加建的 5 楼设了规模颇大的电子阅览室。

图 11.33　施工中的
　　　　南山图书馆,
（照片提供:黎震）

图 11.34　南山图书馆前广场

图 11.35　南山图书馆,入口大门左侧新辟了
　　　　24 小时自助图书馆

图 11.36　南山图书馆加建的 5 楼布局与和电子阅览室

图 11.37　南山图书馆内庭院

11.5　利用旧房改建为图书馆

1. 北京市西城区图书馆

北京市西城区图书馆是购买旧房后按图书馆的功能要求加以改建的,楼高5层,建筑面积约10 000 m²,这是一座改造得很成功的图书馆,1999年12月开放接待读者。

图 11.38　北京市西城区图书馆

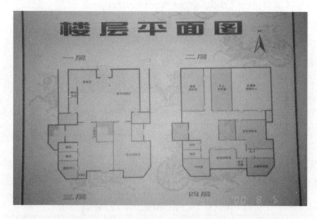

图 11.39　西城区图书馆各层平面布置(2000年8月资料)

图 11.40　北京市西城区图书馆音乐室,有钢琴,有一位音乐学校毕业生在服务管理

图 11.41　北京市西城区图书馆开架外借室

2. 厦门市图书馆

厦门市曾规划建设一座新图书馆,后决定将图书馆作为厦门文化艺术中心的一部分来安排,包括以图书馆、博物馆、艺术馆、科技馆组成的主体建筑以及东西两广场、电影城、演艺中心、会议报告中心、游客服务中心等配套设施,总建筑面积 13 万 m^2。

厦门市图书馆位于文化艺术中心的东南角,建筑面积 25 732 m^2,是利用一处尚未完成的厂房的 2 个大车间改建的。新图书馆共 4 层,分为管制区和非管制区两部分。设计总藏书 300 万册,阅览席位 1 560 座,网络节点 1 450 个。原厂房空房间宽阔层高大,很适合图书馆连续通敞的大开间和阅藏借一体化格局。在设计中安排最佳的空间给读者,配备了先进的现代化技术和设施,有功能强大的自动化网络化服务手段,还设有儿童阅览区。厦门图书馆于 2006 年建成试开放,2007 年春正式开放,这是一座别具特色的新型综合性公共图书馆。

图 11.42　原厂房,厦门图书馆新馆建设工地

图 11.43　厦门图书馆新馆于 2007 年春正式开馆

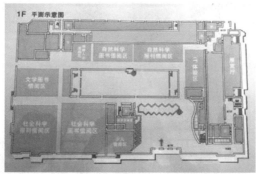

图 11.44　厦门图书馆大厅和 1 层平面示意图

图 11.45　厦门图书馆阅览室　　　　　图 11.46　图书馆的
　　　　　　　　　　　　　　　　　　　　　　　　　内庭院

3. 南京特殊教育职业技术学院图书馆

南京特殊教育职业技术学院是我国唯一独立设置的、以培养特殊教育师资为主的普通高等学校,其校园原为南京药学院。2009 年学校决定利用原药学院的 2 栋实验楼改造为图书馆,改建工程包括 2 栋旧楼的加固,立面的改造,和馆区绿化的改造与强化,改建后前楼及后楼围合成一个整体,两栋楼之间进行绿化设计布置,成为很好的内庭院。2009 年 1 月研拟编写出改建工程设计任务书,完成设计后于 2009 年 11 月招标,2010 年工程施工,2011 年 4 月改建工程竣工投入使用。新馆建筑面积 11 860 m²,阅览座位 1 000 多个。

图 11.47　改建前的旧楼

图 11.48　改建完成后的南京特殊教育职业技术学院图书馆

图 11.49　南京特殊教育职业技术学院图书馆大厅

图 11.50　大厅的爱心艺术装饰

图 11.51　从大厅看内庭院

图 11.52　从后楼看前楼

图 11.53　内庭院

图书馆正对校门,后楼比前楼高出 1 层楼。前楼布局:1 楼—大厅、基础书库,2 楼—借阅室,3 楼—报刊阅览室、报刊库、盲文阅览室,4 楼—阅览区、书库。后楼布局:1 楼—借阅室,2 楼—电子阅览室、自修室,3 楼—报告厅、会议室、办公室、采编室、师生活动室。

　4. 杭州图书馆

杭州图书馆新馆几经选址,最后按市领导的意思,选了市民中心(未来市委市政府的超大规模办公楼)西南角,将一个已经建到 2 层的配楼,请设计院按照图书馆的功能要求来重新设计,楼高 4 层,局部 3 层,建筑面积 43 250 m^2,整个图书馆由南北两部分呈 L 形布置,地上一层保留原市民中心配楼方案的公共交通回廊,中间有一条消防通道将馆舍分成东西 2 块:东部为大厅、文献借阅中心(设内部楼梯可供上 2 楼借阅室),有上 2 楼的楼梯和自动扶梯;西部为儿童阅览室、报告厅、读者交流区、小展览厅。大展览厅在地下 1 层。

大厅面积 32 m×24 m,2 层高,布置了总服务台、读者休息区,楼梯电梯下方安排为存包区,后面和一侧为茶吧、咖啡吧。2 楼以上整体连通,东、西部各为一个大阅览室,古籍阅览室和古籍书库在 3 楼东部,计算机房也在 3 楼。4 楼为计算机部、行政办公区和调节书库。采编部原在 4 楼,后搬到地下 1 层。地下层还有自行车库和可停放 200 多辆车的汽车库。

杭州图书馆新馆按照“平民图书馆、市民大书房”的理念,充分开放,大阅览室通敞明亮舒适温馨,实实在在地体现了以人为本、改革开放的成果全民共享。

新馆的一大特点是大面积地安排了交流空间,350 座报告厅设施齐全可兼作演艺之用,展览厅 2 800 m^2,多功能学术交流空间 960 m^2,培训中心 550 m^2,读者交流区 450 m^2,并设有茶吧,这样就可以发挥会展、讲座、表演、培训、休闲等多种交流功能。

新图书馆的另一特色的在 2 楼辟出了一个音乐图书馆,其中有集体欣赏、个人欣赏、还有 2 间 HIFI 室,布置和音响效果都非常好。

　　新馆实现了楼宇智能化,基于 RFID 技术自主管理图书馆。各阅览室都有电脑可以免费上网,无线网络覆盖全部区域,读者带着电脑也都可上网,浏览获取信息。

　　杭州图书馆被读者公众和国内外同行广泛好评,被认为最像图书馆的现代图书馆,称得起天堂杭州的图书馆。

图 11.54　杭州钱江新城"市民中心"(网络图片)的西南配楼是新图书馆

图 11.55　杭州图书馆 1 楼借阅中心的布置

图 11.56　杭州图书馆 3 楼阅览室

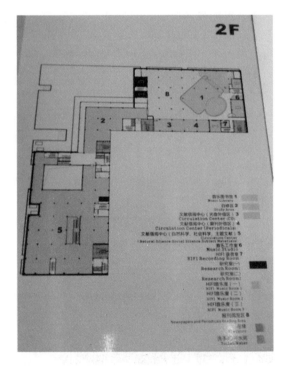

图 11.57　杭州图书馆 2 楼布局图

图 11.58　杭州图书馆儿童阅览室

图 11.59　杭州图书馆阅览室的上座率很高,这
是 2013 年 9 月 19 日 16:42 拍摄的,这天是中秋
节,星期三

图 11.60 在杭州图书馆报告厅举行的一次活动

图 11.61 规模盛大的全国集邮展览在杭州图书馆举行

图 11.62 杭州图书馆前广场的活动预告——"总有一种声音打动你"

图 11.63 杭州图书馆大厅 2013 年春节年初一

第12章 图书馆方面的作用及建设项目咨询

图书馆建筑工程从提出设想到具体规划、设计、实施,至全面完成,要经历一个漫长的过程,其中涉及许多方面,决策者、投资者、设计者、基本建设管理部门,各有其权:决策权、审批权、设计权,而作为这座建筑未来的使用者和管理者—读者公众和馆长,在整个建设过程中是否有发言权及参与权,事关新图书馆建设的大局。

许许多多图书馆建筑工程成败的经验证明,图书馆方面自始至终的参与具有举足轻重的作用,读者诉求的表达与采纳也是不可忽视的,而向图书馆建筑专家咨询无疑会对工程设计及整体建设的完善大有助益。

12.1 馆长的职责与作用

馆长是原有建筑的管理者,是新图书馆工程的创议者及未来的使用者和管理者。馆长处于承上启下、联络八方的关键地位,需要为新图书馆建设付出巨大的努力,自始至终积极参与,并应在关键环节上发挥主导作用。

1. 提出新馆建设的基本设想,积极向上级提出建议

根据本地区、本校的经济社会现状和发展规划、社会与读者需求的预测,参考图书馆事业的发展趋势,以及本馆的发展规划,馆长要组织本馆职工讨论,提出建设新图书馆的基本设想,形成报告,向上级提交。为了争取早日列入基本建设计划,甚至要多次向

上级领导说明建造新馆的必要性和迫切性,并提供参考资料,陪同
参观考察一些现代化图书馆,以实际事例说服领导部门。在此过
程中,馆长要率先学习相关法规和标准规范,特别要研究透《图书
馆建筑设计规范》,并向领导作介绍。

2. 参加新图书馆工程的领导机构,组织筹建办公室

在初期,馆长带领骨干先行调研,撰写报告,待上级对建设新
馆有明确态度后,即着手在馆内组织新馆建设筹备小组。在新馆
建设正式批准立项后,在上级领导下成立新馆工程领导机构,馆长
应是当然成员,积极承担有关工作,上下左右各方面联系,参与筹
划重大事项、参与重要决策。同时,馆长要积极协助新馆工程筹建
办公室的工作并承担相关任务,在馆内组织得力的班子进行各项
繁杂的具体工作。

3. 组织编写建设项目的技术文件、进行可行性研究

馆长的重大责任是全力以赴做好新馆建设的前期工作,重点
在编制好三大技术文件,即项目建议书、可行性研究报告和设计任
务书。

立项报告被领导部门认可后,按照基本建设程序,新馆工程先
要有项目建议书和可行性研究报告。馆长要通过文献调研和对国
内外图书馆建筑的考察了解,把握现代化图书馆的发展方向及其
对建筑的影响,结合本地本馆的实际,在项目建议书中提出建设规
模和建设标准的建议。

在项目建议书批准后,馆长应组织和主持对新馆工程的可行
性研究,对新图书馆的定位、建设标准、发展方向、管理模式、功能
要求、新技术应用、功能分区及面积分配、设计要求等,进行充分研
究和论证,最后形成可行性研究报告。

如果委托建筑设计院或工程咨询公司编写项目建议书、可行
性研究报告,馆长也必须充分参与研究和论证,提供相关的情况、
数据及参考资料,甚至为项目建议书、可行性研究报告起草某些
部分。

　　编写设计任务书应是馆长直接做的重要事项,要发动全馆反复讨论,把新馆工程的各项要求科学而详尽地在设计任务书中完整表述,这是建筑师进行设计的直接依据。

　　4. 参加设计方案的评审选择并会同进行修改完善

　　设计方案无疑是新馆建设如何落实的最重要的事情,一切努力的结果全要在设计图中体现出来。

　　馆长理所当然应是方案评审委员会的成员,拥有神圣一票的投票权,在评审选择方案时,代表读者和馆员充分发表意见,从服务功能及管理出发,对各个方案评头论足,坚持以人为本、读者至上、功能第一、便于管理的原则,全面衡量,将功能布局与造型结合起来,向评审会的专家们及领导说明,争取理解,力求选择最能发挥功能、利于读者也利于管理的布局方案,并请专家们对选中的方案提出修改完善的意见。

　　在选定设计方案之后,要与主持设计的建筑师沟通,一起讨论,对方案进行某些调整和修改完善,尽力优化设计。

　　5. 主持对新馆建筑用材、设备和内部装饰方案的选定

　　新图书馆的关键部位使用何种材料、达到何种标准,如地面、墙面的材料,全馆的装修标准,大厅、报告厅、多功能厅、接待室的装饰要求与具体方案,以及各种设备与家具,包括门禁与监测设备、自动借还书机、电子计算机和网络设备、信息点的数量和具体布点、视听室设备、综合布线、空调系统、各类家具等等,都要主持研究作出决定,以保证实用、先进、可靠、经济、美观、方便操作、方便管理、易于维护。

　　6. 配合工程施工,发现并解决问题,关心后期衔接

　　工程施工及质量检查由所委托的监理公司及基建部门负责,但馆长要应关心施工进展,常主动与施工、监理单位及基建部门保持密切的联系。在施工中常会遇到种种具体问题,发现施工图与实际使用要求不符,则要立即与设计单位及施工单位联系,会商解决办法,并由设计单位签发变更联系单,这样就能避免日后发生使

用不便的麻烦。在后期要关心土建工程与设备安装、布线及装饰工程的衔接。

7. 参与工程竣工验收,组织安排搬迁,筹备开馆

馆长应参与工程验收,特别是屋顶、电路、电梯、网络、空调、消防系统等,应仔细检查、试用、检测,发现施工质量问题及不符合使用功能要求之处,逐一提出,求得解决,以免验收结束移交使用之后发现问题施工单位和监理公司不再负责,难以解决。

搬迁工作应早作筹划,服务管理的模式,各空间的布局,家具的陈设,书架的排列,藏书的分布,读者导引标志的摆放,都要有完整的方案,各有专人负责指挥及统筹协调,只待新馆交付,即可有条不紊地进行。同时还要做好新老人员的上岗培训,以新的姿态与风貌迎接读者。

如果在建造新馆舍的过程中不让馆长参与,或很少让馆长参与,或关键环节不通知馆长参与,有些地方以"交钥匙工程"的名义把馆长排除在建设过程之外,结果必然会有许多问题,功能不全、布局不好、流线不畅、设施不符、读者不便、管理不顺、服务不良,造成长久的缺憾与难以弥补的损失。

12.2 社会公众的参与和读者意见的表达

建造一座新图书馆是一座城市或一所学校的大事,定为公众或师生所关心。读者是图书馆的使用者,是图书馆的真正主人,有权发表自己的要求和愿望。图书馆可以通过多种途径和方式鼓励公众读者对新图书馆建设提出要求,可以由读者委员会汇总意见,可以召开读者座谈会,在报纸等媒体及网络上发布消息和征集意见的公告,在征集了设计方案之后公开展出,请公众提意见及投票,这些都是可行的办法。

如果没有公众的积极参与,新图书馆建设过程是不完善的,缺乏民主精神的。也不能是走过场,公众的意见提出来了,对方案进

行了投票,但却没有采纳的机制,最终不了了之,这就失去了实际
意义。

应考虑邀请一位读者代表参加新馆设计方案评审会,并有投
票权。

12.3　馆方与建筑师的合作

一座好的图书馆建筑,其设计方案必然是图书馆与建筑师等
多方面协力完成的。图书馆方与建筑师的密切结合是建设好新图
书馆建筑所必需。为设计好图书馆,馆方需要建筑师,而建筑师也
需要馆方。

在工程设计的各个环节,双方要经常保持密切的联系,交流信
息,沟通情况,交换意见,商讨问题,相互理解,互相支持,协调
配合。

当设计方案招标评标结束,项目的设计单位和设计师已尘埃
落定之后,图书馆方面就要主动与建筑师联系,把建筑师请来,介
绍现代图书馆的发展态势,本馆的服务与管理、现状与规划,让设
计师了解图书馆,理解现代图书馆的功能要求和本馆的特点,从而
打下沟通的基础。之后,可以一起外出考察近年建成的现代化图
书馆,了解现代图书馆的理念及其服务功能与管理特点,边看边议
各馆建筑的成功之处与不足部分,共同加深对科学管理和新服务
模式的理解,在许多问题上建立共识,对照本馆的设计方案,借鉴
现成的经验教训,明确修改完善方案的思路。

建筑师在修改方案、初步设计及施工图阶段,都会有些问题,
可常与图书馆馆长和新馆筹建办联络,共同商讨研究,求得解决
办法。

图书馆方面与建筑师的联系与密切合作,必定能使设计更加
优化,建成之后各方面更加满意,产生非常好的效果。

相反,如果双方缺乏沟通的机制,很少交流讨论,其结果往往

是方案不成功,留下一大堆缺陷与遗憾,这是许多地方发生过的。

12.4　技术咨询与专家顾问的作用

现代图书馆建筑的规划设计越来越复杂,涉及面已十分广阔,无论是馆长或建筑师,都很难全盘驾驭,何况很少有馆长是建筑专家,也不大会有对图书馆管理有专深研究的建筑师。

进一步认识建筑工程的规律,将"专业规划"这一环节明晰出来已成为必然趋势。台湾著名建筑师黄世孟教授撰文指出:现代建筑工程应有规划、设计、施工这样 3 个阶段的分工与衔续,"规划阶段的业务发展已经逐步形成一种新专业,对于需求兴建行为之使用单位,可以依据相关的法令编列相关的建筑规划经费,委请具有建筑规划经验与专业的专家或团体,协助业主于委托建筑师前后之任何规划事务",他又说:"聪明的业主,愈来愈会精打细算研拟与调查建筑之真正的确实的需求,或藉由企划、规划之专业手段与步骤来提升建筑水准"。(见参考文献 12:284~285)

为建好图书馆,重新区划业主、建筑师的职责已属必要,把前期工作中的部分工作,即研究编写项目建议书、可能性研究报告、设计任务书,及协助审查设计文件等,委托图书馆建筑专家或有经验的咨询企业来完成,已经有了可能,并且不乏成功的实例。

请既熟悉图书馆管理,又熟悉图书馆建筑的专业人士或咨询机构协助建设单位来筹划,由于图书馆建筑专家既熟悉现代化图书馆的发展趋势、服务理念和功能要求,又懂得建筑专业知识与语言,故便于充当桥梁,沟通业主与建筑师,弥补双方的不足,不但可以协助业主提出科学的、切合馆情的规划文件(项目建议书、可行性研究报告、设计任务书),而且可以提供种种建议,帮助业主决策,评判设计方案的优劣得失,进而提出调整和修改完善的意见,还可以在深化设计时对建筑师提供许多切实可行的权威性的建议,这些都会大大有利方案的深化和优化。

特别是在工程的前期规划阶段和方案设计阶段,这种"图书馆+建筑师+顾问"的新模式,采取签订咨询合同、聘请顾问帮助规划与筹建的新模式,符合社会主义市场经济原则,有益于又好又省地建设好现代化新图书馆。在新图书馆规划建设过程中,顾问可随时咨询,参与决策,提供建议,对于优化规划、完善设计、造就精品和少走弯路、避免失误、节省投资、提高经济效益和社会效益都能产生良好的效果。

国家计委《建设项目前期工作咨询收费暂行规定》(计价格〔1999〕1283 号文件)如下:

单位:万元

咨询项目 咨询评价项目 \ 估算投资额	3000 万元 –1 亿元	1 亿元 – 5 亿元
一、编制项目建议书	6 – 14	14 – 37
二、编制可行性研究报告	12 – 28	27 – 75
三、评估项目建议书	4 – 8	8 – 12
四、评估可行性研究报告	5 – 10	10 – 15

表 12.1 按建设项目估算投资额分档收费标准

注:1. 建设项目估算投资额是指项目建议书或者可行性研究报告的估算投资额。

2. 根据行业特点和各行业内部不同类别工程的复杂程度,计算咨询费用时可分别乘以行业调整系数和工程复杂程度系数。(行业调整系数在 0.7 ~ 1.3 之间:工程复杂程度系数在 0.8 ~ 1.2 之间)

单位:元

咨询人员职级	工日费用标准
一、高级专家	1 000 – 1 200
二、高级专业技术职称的咨询人员	800 – 1 000
三、中级专业技术职称的咨询人员	600 – 800

表 12.2 工程咨询人员工日费用标准

　　许多实例证明，即使只从经济效益来计算，聘请专家顾问或与专业咨询公司订立咨询合同，其效果可能是为项目节省下来的投资相当于所支付的咨询费用的十倍甚至数十倍，而且使图书馆的功能更完善，布局更合理，读者更方便，服务效率更高，又节省人力和能源消耗，节约常年的运营维护力量，其综合效益更为可观。事实上，许多图书馆在请图书馆建筑专家咨询时，并不见得支付多少费用，甚至未曾给予报酬，同样得到了良好的咨询服务。

　　请图书馆建筑专家当顾问有多种形式，获得特别好的效果的实例很多。20世纪80年代河南高校图工委成立了以丁树筠副研究馆员为首的图书馆建筑与设备咨询小组，接待了许多图书馆，给予多方面的指导和帮助，并参加一些图书馆建筑工程的评标、座谈与讨论，这些图书馆采纳了咨询组的建议，新馆建成后使用效果和满意度都相当好。1990年建成的北京农业大学图书馆，曾请国外专家咨询，更多的是向以朱成功教授为首的北京市高校图书馆建筑咨询组的专家们咨询，取得实质性的效果。图书馆建成使用后得到师生和国内外访问者一致称赞，后荣获建设部和北京市优秀设计奖。1991年哈尔滨工业大学筹建新馆，借在大庆举行"图书馆未来及其建筑研讨会"之机，第一次邀请18位图书馆专家和建筑专家，第二次又邀请7位专家（3位高级建筑师和4位图书馆专家），先后对7个设计方案逐一进行评议，然后综合专家的意见将优选方案上报主管部门审定，取得成功。上海图书馆曾聘请国际图联图书馆建筑与设备组主席舒茨（Ph. Schoots）为顾问，获得很多指导和帮助。2001年建成的苏州图书馆在规划筹建中聘请有丰富经验的图书馆建筑专家何大镛研究馆员为顾问，对这座园林式图书馆的建设起了很好的作用。广东省立中山图书馆的扩建工程请原北京图书馆新馆建设工程主持者谭祥金教授为顾问，从2006年10月起全面参与，坐镇把关，大有成效。

图 12.1　1990 年 5 月在宁波举行全国图书馆建筑设计学术研讨会,主题为"从国情出发设计好图书馆建筑"。有 5 家图书馆带了新馆设计方案来向专家咨询,这是 5 月 7 日晚专家集体为新馆建设单位评议设计方案,提出修改建议。

12.5　设计方案调整修改实例

中标方案可能存在若干问题,甚至会有较大缺陷,应仔细斟酌,加以修改,使之完善。下面是对方案进行调整修改的一个实例。

义乌市图书馆档案馆合建工程 2005 年 5 月的 3 号方案,将面向城市干道宗泽路的主立面设计为档案馆,朝西,而图书馆朝东,中庭为南北向类似意大利广场的"街道",两旁线条曲折。如此布置使得图书馆档案馆的房间都是东西向的,朝向相当不利。

建议作调整,将建筑整体扭转 90 度,以两个馆的共同入口面向主干道宗泽路,使得图书馆和档案馆的房间都成为南北向,有利于自然通风。图书馆居于南面,档案馆居于北面,各得其所。中间为公共广场,布置有水池喷泉、书亭、座椅及休闲设施。

　　此建议被建设单位和设计师所采纳,将原方案调整后深化设计,付诸实施,取得良好的效果。

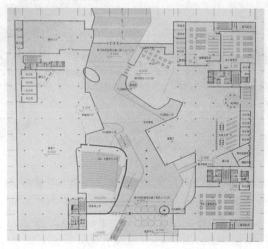

图12.2　义乌市图书馆档案馆的中标方案(3号方案)2层平面图(2005年5月)

图12.3　义乌市图书馆档案馆3号方案面向主干道的档案馆立面

图 12.4　义乌市图书馆档案馆调整方案两个馆分处南北(2005 年 12 月)

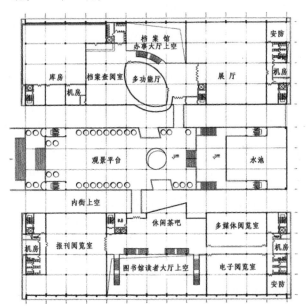

图 12.5　义乌市图书馆档案馆工程调整方案,南区为图书馆,北区为档案馆。这是 2 层平面图。图书馆的 1 层为读者大厅、展览厅、报告厅、学术会议室、书店、读者服务部、儿童阅览室、老年人阅览室、培训教室。

(资料提供:骆圣武)

结　语

中国在近30多年里建设了成百上千座图书馆。馆长们为建好新馆到处参观考察而不辞辛劳,上级领导也十分关心,然而结果却很不一样,有的图书馆相当好,大家都很满意,有的图书馆却问题多多。那么,是不是可以从各方面总结和吸取经验与教训呢?

规划设计与建设成功的要素

图书馆建设的成功有什么秘诀吗?似乎没有秘诀。但是各馆的做法有一些共同的东西。

(1)图书馆内有一个以馆长为首的筹建班子,全程参与整个建设。这个班子认真细致,敢于负责,努力钻研,善于学习,不辞辛劳,不怕怨言,为了建设一个好的图书馆,在关键问题上都能提出看法和意见,且不怕得罪领导,不怕影响和设计师的关系,又善于和设计师沟通和合作,使得好建议获得认可,最后结果圆满,皆大欢喜。凡是成功的建筑都是图书馆方面出了大力的,无一例外。

(2)领导明智,决策科学民主,作风开明,信任图书馆馆长,听得进馆长的意见,放手让馆长负起主要责任。在一些问题上意见相左的时候,明确让基建处、设计师多听馆长的意见。高明的领导,善于协调的好作风,图书馆建设工程就成功了一半。

(3)图书馆方面和设计师的密切合作十分重要。不论建筑师的资历和经验如何,多和图书馆方面沟通,愿意倾听图书馆馆长的意见,对于符合功能要求又不影响建筑的,尽量采纳,不怕反复修改设计方案。有时馆长会说出一些外行话,就做解释。采纳图书馆方面的意见而使得实施方案更加完善,以致得到好评甚至获奖,功劳全是设计师的,明白这个道理,就是建筑师聪明的地方。

（4）借力于有经验的专家。很多馆长没有参加过建造图书馆，没有接触过建筑领域，虽然努力补课，但是每天有日常工作要做，精力和时间不够。就设法调入来专门做新馆筹建工作，或向有经验的行家里手咨询，或者请有经验的咨询机构来当顾问，虽然花了些代价，但使得新图书馆建得完善，其效益大大超过付出的许多倍。

规划设计与建设之忌与弊

（1）前期工作粗糙，没有恰当地提出功能要求，甚至没有一份像样的设计任务书，必然给整个建设工程带来不利的影响，以致无以评判方案的优劣得失，工程建造完成投入使用后，发现许多问题，往往难以弥补，成为永久的遗憾。

（2）选定设计方案由领导拍板，谁官大由他说了算。领导没有仔细研究，只看方案的效果图，实施结果必然问题一大堆。

（3）操之过急，没有仔细推敲设计方案就匆匆忙忙开工建造，"首长工程"、"献礼工程"赶时间，往往导致败笔。

（4）只讲求外观漂亮宏伟，要求拔高，不讲功能要求，不顾标准规范，违反图书馆的基本规律，建成后必定不好用。

（5）"交钥匙工程"，不让以后的使用管理者参与建设工程，排斥图书馆的要求和意见，这种做法不会建成一个功能完善、好用好管的图书馆。

（6）崇洋媚外"国际招标"弊多利少。国外建筑师不了解中国国情，不了解中国的标准规范，不了解具体图书馆的服务管理，不考虑建成使用后的运营费用，不考虑能源消耗，画个设计图吸引眼球，实际上很多是畸形建筑。请看国家图书馆新馆、深圳图书馆、天津泰达图书馆、重庆图书馆、广州图书馆等，这些奇形怪状的图书馆都是高投资、高能耗的建筑。

对未来的期待

（1）科学发展观能够在图书馆建筑规划设计中能够更多落实。

（2）一个更有实际效果、能真正评选出好方案的办法和制度。

(3)想尽办法坚决摈弃拒绝各种华而不实的畸形高能耗建筑。

(4)真正懂得图书馆的行家能起作用,向专家咨询成为风气。

(5)图书馆界建筑界为中国梦争气,实实在在建立文化自信。

(6)从"天人合一"的藏书楼汲取营养,结合现代传承发展。

(7)但愿这一代人少给子孙遗留麻烦,多留些好建筑给后代。

参考文献

1 图书馆建筑设计规范 JGJ 38 - 99. 北京:中国建筑工业出版社,1999

2 公共建筑节能设计标准 GB 50189 - 2005. 北京:中国建筑工业出版社,2005

3 绿色建筑评价标准 GB 50378 - 2006. 北京:中国建筑工业出版社,2006

4 公共图书馆建设标准. 建标 108 - 2008.

5 民用建筑节能条例. 国务院令第 530 号,2008 - 08 - 01. 北京:中国建筑工业出社,2008

6 公共图书馆建筑防火安全技术标准 WH0502 - 96. 文化部发布,1996

7 图书用品设备阅览桌椅技术条件 GB/T 14531 - 93. 国家技术监督局发布,1993

8 单行主编,刘德桓副主编. 图书馆建筑与设备. 沈阳:东北工学院出版社,1990

9 李昭醇. 图书馆建设的绿色文化思考. 图书馆论坛,2003(6):203 - 206

10 周文骏:什么是图书馆? 怎么研究图书馆学? 大学图书馆学报,2008(5):2

11 李家荣等编. 北京图书馆新馆建设资料选编. 北京:书目文献出版社,1992

12 国家教育委员会编.普通高等学校建筑规划面积指标(内部发行).北京:高等教育出版社,1992

13 邵逸夫先生赠款建筑工程项目论文选集. 天津大学出版社,1994

14 李明华,于铁男,沈济黄主编. 论图书馆设计:国情与未来——全国图书馆建筑设计学术研讨会文集. 杭州:浙江大学出版社,1994

15 杜克,刘经宇主编,夏国栋执行主编. 中国图书馆建筑集锦. 北京:中国大百科全书出版社,1996

16 王文友等编. 高等学校图书馆建筑设计图集. 东南大学出版社:1996

17 何大镛编. 上海图书馆新馆工程筹建资料汇编. 上海科学技术文献出版社,1998

18 黄世雄主编.1999 海峡两岸图书馆建筑研讨会论文集. 台北:教育资料

与图书馆学季刊社,1999

19　鲍家声编著．现代图书馆建筑设计．北京:中国建筑工业出版社,2002

20　张皆正,唐玉恩．继承·发展·探索．上海科学技术出版社,2003

21　李明华,李昭淳,赵雷主编．中国图书馆建筑研究跨世纪文集．北京图书馆出版社,2003

22　戴利华主编．2003 海峡两岸图书馆建筑设计论文集．北京图书馆出版社, 2003

23　鲍家声主编．图书馆建筑设计手册．北京:中国建筑工业出版社,2004

24　中国图书馆学会主编．百年建筑—天人合一 馆人合一．北京:中国城市出版社,2005

25　李东来,刘锦山主编．城市图书馆新馆建设．北京图书馆出版社,2006

26　常林．数字时代的图书馆建筑与设备．北京图书馆出版社,2006

27　付瑶主编．图书馆建筑设计．北京:中国建筑工业出版社,2007

28　鲍家声,龚蓉芬．图书馆建筑求索:走向开放的图书馆建筑．北京:中国建筑工业出版社:2010

29　刘锦山,崔凤雷,高新陵编著．沉思与对话:高校图书馆新馆建设．北京:国家图书馆出版社,2010

30　孙澄,梅洪元,林光美主编．走向未来的大学图书馆与文教建筑．北京:中国建筑工业出版社:2011

31　朱常红．女性·男性·生态图书馆——性别理论视野中的中国图书馆建筑美解读．北京:中国建筑工业出版社:2011

32　顾建新主编．图书馆建筑的发展:多元生态和谐．南京:东南大学出版社,2012

33　周进良．城市图书馆建筑研究．北京:中国水利水电出版社,2013

34　上海市文化广播影视管理局,上海市文物局．上海百家公共图书馆品鉴．上海书店出版社,2013

附　录

项目建议书纲目

项目建议书一般包括以下内容：

一、项目名称。

二、建设项目的必要性和依据。

三、项目建设的意义。

四、国内外情况调研。

五、建设规模、建设地点和建设条件。

六、项目建设的内容。

七、项目建成后运行经费及管理能力分析。

八、项目投资估算和资金筹措。

九、项目建成后的经济效益和社会效益估测。

十、建设年限与进度设想。

某市图书馆项目建议书目录

杭州图书馆新馆工程项目建议书

杭州图书馆成立于 1958 年,建于 1985 年的现有馆舍坐落在浣纱路,面积约 6 000 m²。由于馆舍陈旧狭小,早已不敷应用,又难以安排现代信息技术,故极大地限制了其社会作用的发挥,无法满足广大读者的要求,与杭州市的地位不相适应。改变此种情况,是政府和市民的共同愿望。

仇保兴市长在今年的政府工作报告中提出了加快市图书馆新馆筹建工作的要求。现据杭州作为经济发达的副省级城市和我国东南重要中心城市的地位和以"创文化名城"的要求,及杭州图书馆所承担的任务,考虑到现代图书馆的发展趋势及广大读者的需要,在广泛调查研究、借鉴近年兄弟城市建成的新图书馆的基础上,又听取专家意见,提出项目建议书。

一、项目名称、性质与规模

项目名称:杭州图书馆新馆工程

项目性质:迁扩建

工程规模:建筑面积 38 000 m²

二、编制项目建议书的依据

1. 省委书记张德江同志在的有关"加强文化设施建设,提高文化发展水平"的报告要求:"必须按照高起点、高标准和适度超前的要求,根据实际需要和可能,在全省建成一批特色鲜明、风格各异、布局合理的重要文化设施。省和杭州市要集中力量,形成合力,建造若干在国内外有一定影响的大型文化、体育、娱乐和会展场馆,更好地发挥杭州作为全省文化中心的龙头和示范作用。"

2.《浙江省建设文化大省纲要》的有关要求。

3. 仇保兴市长向杭州市第九届人大第六次会议所作的《政府工作报告》中关于加快市图书馆筹建的要求。

4.《杭州市国民经济和社会发展第十个五年计划纲要》中,关于"高标准、高起点地兴建……杭州图书馆等为重点的文化设施"的要求。

5. 中共杭州市委、杭州市人民政府《关于杭州建设文化名城的若干意见》中的有关要求。

6. 杭州市计划委员会、杭州市财政局文件(杭计投资[2001]353 号、杭财基[2001]217 号)《关于下达二〇〇一年市地方财力及其他资金安排项目投资计划的通知》,所附二〇〇一年市地方财力及其他资金安排项目投资计划表中的前期准备项目"市图书馆迁建"。

7. 中华人民共和国行业标准《图书馆建筑设计规范》(JGJ38 -99 建设部、文化部、教育部批准)。

8. 杭州图书馆承担的任务及社会与读者的需求。

9. 对国内外公共图书馆现状与发展趋势的调研及专家咨询建议。

三、杭州图书馆的任务与特点

杭州图书馆的任务:

1. 宣传马列主义、毛泽东思想、邓小平理论,宣传党的路线、纲领、方针和政策,进行爱国主义、社会主义教育,成为传播先进文化和建设精神文明的重要基地;

2. 为全市党政机关的决策及各部门的工作提供信息和参考资

料,成为领导机关的耳目和参谋;

3. 开发信息资源,为"建经济强市"和科技进步,向管理部门和企业提供信息和项目咨询;为现代化建设服务;

4. 为"创文化名城"向各部门提供信息资料和咨询服务,为全市教育业的发展和广大群众的继续教育提供学习资源,开展社会教育活动;

5. 倡导和推动全市形成大兴勤奋读书之风,落实"知识工程",帮助广大群众提高思想道德水平和科学文化水平;

6. 举办各种文化交流和学术交流活动,丰富文化名城的内涵,满足人民群众不断增长的文化需求,提高文化生活质量;

7. 开展国际交流活动,宣传杭州,吸收各国优秀的文化成果和管理经验,参与杭州与各友好城市的文化交流,扩大国际影响;为促进建设国际化城市服务;

8. 收集、整理各种形态的文献资料,形成适应城市发展需要的有特色的文献信息资料体系,收集、整理、保存并开发利用地方文献;

9. 参与全市经济和社会信息化和"信息港"的建设,按照全市"信息资源开发利用"的一个重要子系统的要求,推进全市图书馆自动化、网络化建设,组织开发特色数据库,扩大网上服务,实现广泛的资源共享,并为在全社会普及信息化知识和技能开展教育培训活动。

10. 作为全市公共图书馆网络中心,负责组织、指导区县(市)图书馆建设对图书馆自动化网络化、文献信息资源建设与服务、学术研究、人员培训工作进行协调,指导城市社区图书馆(室)及农村乡镇图书馆(室)工作。

杭州图书馆的特点:

1. 服务面广。拥有数万名读者,包含了社会各界,从党政机关、管理层、科技界、教师和大专院校学生、中学生,到分布在市区各个角落的各种职业、不同年龄、不同文化程度的市民。

2. 利用频繁。图书馆 365 天开放,每年接待数十万人次,每天有数千读者来阅览、借书、咨询、查资料、听讲座、参加培训、参观展览和各种活动。

3. 资料丰富。系统收藏各学科门类的图书馆报刊资料,尤其是经济、管理、科技、旅游等方面更具特色,政府各部门、社会各界,大专学生和自学者、不同层次的读者都能获得他们所需要的文献信息。

4. 社会声誉好。长期坚持为广大市民免费服务和优质服务,注重社会效益,其良好的服务形象得到广大读者的认可,获社会各界和舆论媒体的一致好评,经常有报道加以赞扬,成为全市精神文明建设的一个窗口。

5. 对外开放。外宾可以来参观、交流,也可以办证查资料借书。曾多次接待过国外来访的政府官员、文教界人士和旅游团队,及专家学者讲座。

6. 信息服务为一大特色。是国内公共图书馆中较早开展信息开发和服务的,选编《城市工作信息》(周刊)及专题综述为市府领导提供决策参考已坚持 16 年。为开发区及服装、旅游行业及其他企业提供专题信息亦已多年,成为管理部门和企业的有力助手,创造了良好的效益。在开发信息资源,参与信息服务业方面积累了经验,有了广泛的影响,这是图书馆发展的一个重要方向。

7. 地方文献中心。为收集整理、出版杭州市地方文献资料长期以来坚持不懈,投入很大的研究力量,积累了丰富的资源,为全市及各行业修编史志提供了非常多的独家资料,其作用难以估量,深受各方好评。

8. 计算机管理和网上服务。从 1994 年开始已全面实行计算机管理,且成为文化部组织开发研制的 ILAS 管理软件的推广站,在全省推广了 80 余家。受省文化厅委托,为全省公共图书馆培训自动化管理人才,获得兄弟图书馆的广泛好评。杭州图书馆网站从 1998 年开通以来不断丰富和完善,已初具特色,成为宣传杭州、传播杭州文化的重要渠道,影响日益扩大。

9. 在全国图书馆具有一定影响。杭州图书馆曾被文化部命名为文明图书馆和一级图书馆,其服务与管理在全国图书馆界颇有影响。在全国十五个副省级城市公共图书馆中,其服务和网站建设等方面也是具有特色和走在前列的。

三、项目建设的意义

上述要求、任务与特点,对新图书馆工程提出了多方面的要求,而建设一座现代化的图书馆具有全方位的意义。

1. 新图书馆将成为代表先进文化要求的重要设施和传播先进文化的基地,精神文明建设和文化发展水平的标志,提升城市文化品位的具体形象,新世纪、新杭州的一道亮丽的文化风景线,也为文化大省建设作出有益的贡献。新图书馆建成将有利于扩大杭州在国内外的影响。

2. 适应"建经济强市,创文化名城"的需要,大大增强图书馆的实力,从而提高杭州的综合实力和竞争力,能更加广泛、迅速地传播知识与信息,有利于各项事业的发展和提高科学技术对经济的贡献率,为全市经济建设与社会发展作出更大的贡献。

3. 一座开放式、社会化、多功能的现代化的新图书馆,将彻底改变我市图书馆事业的落后状态,为广大干部群众提供更好的阅读研究环境与条件,吸引更多的读者来利用,真正成为江泽民同志所要求的"公共图书馆是人民的终身学校",有利于进一步落实总书记"要在全社会倡导人们多读书,大兴勤奋学习之风"的指示,同时也就能更好地满足全市人民对文化生活不断增长的需要。

4. 新图书馆将大量利用现代信息技术,与作为全国信息化试点城市的要求相适,有利于全市信息化发展和信息港的建设。通过图书馆的网络可以把先进文化和各种知识和信息传到全市的机关、企业、学校和家庭,把我市建设成就和创文化名城的努力传递到世界各地。

5. 新图书馆建成后必能更好地发挥其面向全社会的社会教育职能和文化交流场所的功能,使全民的终身学习得以持续推进,各种技术、信息和文化交流活动得以更广泛地开展,也能吸引国内外专家学者到这里来介绍最新成果,传播人类智慧成果。

6. 新图书馆将为我市对外交流和对外宣传提供的窗口,特别是为各国友好城市的交往提供固定的场所和便利的条件,有利于扩大我市的对外开放。

7. 新馆舍的建成,将使杭州图书馆成为名符其实的全市公共图书馆系统的网络中心,更好地发挥其龙头作用和示范作用,承担更多的任务,推动全市图书馆事业的大发展,为我市率先进入现代化作出贡献。

8. 新图书馆的建成将为全省图书馆事业增添力量,有力地推进现代化图书馆事业的发展,并对全国的图书馆事业和文化建设作出与杭州的地位相适应的贡献。

四、国内外的情况的调研

20世纪末,国内外建起了一大批现代图书馆,国内、海峡两岸以及国际上举行过多次大规模高水平的图书馆建筑学术研讨会,还出版了多种论文集和图集。从这些可以发现,在理论和规划、设计、建造的实践方面都有许多新的发展。通过调查研究,看出图书馆建筑的若干新趋势:

1. 各国都十分重视作为国家重要资源的文献信息系统建设

许多国家都把知识储备和信息占有利用能力看作一项具有的战略意义的工程,投入巨大力量,装备高新技术,采取各种措施,极大地提高文献信息的获取和开发利用能力,以此作为提高国家科技能力和综合实力的一个重要方面。许多国家竞相建设大规模的现代化图书馆,发展图书馆与信息机构间的网络系统,以增强获取最新信息并加以利用的能力。

2. 许多国家、地方和高校都把图书馆作为一座标志性建筑

把图书馆建筑作为经济、科技发展水平和文化建设成就的重要标志,这是许多国家(如英、法、德等)、城市和高校共同的做法。密特朗说法国国家图书馆新馆是他任总统期间的最大成就。上海图书馆新馆的建设曾得到江泽民、朱镕基同志的关注,建成后被安排为接待美国克林顿总统夫妇的重要场所,获得赞誉;新馆成为沪上接待群众最多的文化建筑,被评为改革开放 20 年上海文化设施十大建筑之一。新的上图不但成为信息港的一部分,而且其设施与服务被认为是上海良好投资环境的一部分。中国科学院图书馆被赋予中关村科学城的标志性建筑的地位。

3. 认为图书馆是个广阔的交流场,强调多功能、开放性

在理论上,学者指出图书馆是人与知识、读者与馆员、社会成员相互之间的交流场,不但知识在这里得到超越时间空间的传递交流,同时,读者可以获得馆员的导航与帮助。并且,图书馆开展多种多样的活动,成为人与人面对面直接交流的重要场所,这种交流包括思想、知识、信息、学术、艺术、文化、科技等广泛的方面。因此,为充分满足社会交流的多方面需要,设计中大大增加了交流活动场所,有相当规模的展览厅、报告厅、多功能厅、学术交流室等。21 世纪图书馆既要大量引进多种新型的知识信息载体,同时要保持纸印书刊的稳定增长,新图书馆是融多种功能与文献载体及网络技术于一体的开放式综合性多功现代化建筑。

4. 设计强调人文精神,更加关注人的活动

改变了过去图书馆建筑以书为中心的传统做法,改为以人为中心来考虑安排一切,为使用者(读者和馆员)营造舒适、优雅、方便、宽敞的环境。美学、环境心理学、人体工学、声学等都更多地应用于设计,使人们长时间在图书馆内学习研究工作仍能保持较高的效率,且成为一种精神享受。有的提出图书馆是你我的大书房,共同拥有的起居室。图书馆成为非常吸引读者的文化绿洲,人气

最旺的公共文化设施。

5. 公共图书馆设儿童部、老年阅览与活动室,为残疾读者作周到考虑

在西方国家和香港、台湾地区,大大小小的公共图书馆普遍设有儿童室,有专供儿童活动的场地,甚至每天都有为儿童举办的读书或放映活动,家长可以和孩子一起参加。国内如安徽省图书馆省也设有少年儿童部。随着人的寿命延长,社会进入老龄化,公共图书馆越来越多地成为部分老人生活晚年的乐园。各种为残疾人安排的设施,则作为社会文明程度的一个标志而日益被重视。

6. 注重图书馆的选址和环境的美化,成为当地人民引以为豪的城市一景

在规划设计新图书馆时往往优先考虑其位置方便读者来利用的城市核心地段,不要因为偏僻而影响市民的到馆利用率。还特别注意有足够的宽敞的土地供绿化、美化馆区环境之用,既为读者营造合适阅读研究的安静雅致良好的环境条件,又使图书馆成为备受瞩目的文化风景线,美在其外,秀于其中,赏心悦目,引人入胜,引以为豪,持久不衰。今年6月建成开放的苏州图书馆不但地处市中心,交通极其便利,而且建成为一座园林图书馆,深受群众与称赞,每天读者络绎不绝。

7. 以通敞的大空间设计满足藏借阅一体化和灵活性的要求

现代图书馆在服务与管理上已以开架为主要形式,要求把查、阅、借、藏与咨询安排在同一空间内。有的图书馆甚至一半的阅览座位上能接插手提电脑上网,使查检、浏览、借阅与研究、写作一气呵成。同柱网、同层高、同荷载的连续大空间布局很好地满足了以上要求,这种格局使室内空间具有极大的灵活性,既满足当前的使用要求,又能适应未来各种发展变化而引起的布局及房间功能调整的要求。

8. 加大投入,提高图书馆建筑的科技含量,创建一流

建设一流的现代化图书馆已是领导部门的普遍要求,也是国内外图书馆界和建筑界的共同目标。为此,新图书馆建筑都是高起点、高标准、高科技、高投入,从而达到高水平,以一流的建筑、一流的设施、一流的环境,一流的管理,达到一流的服务。近年来,国内也已特别注意尽可能将新技术、新工艺、新材料和新设备应用于图书馆建筑工程。多媒体电子阅览室、光盘检索、网络传输十分普遍,光缆通讯、卫星讯号接收、信道到桌已非个别。越来越多的新图书馆采用结构化综合布线。智能化建筑的要求不但写进新的《图书馆建筑设计规范》,而且一些图书馆在实践中已有初步探索。室内冷暖空调,报告厅同声传译设备,多功能厅声像控制与放映设备,海量电子计算机、光盘库、远程服务网络管理器、数据库加工设备等,新馆建筑成为集中应用新信息技术装备的场所,图书馆的面貌焕然一新。

五、总体要求和建设内容

1. 总体要求

(1)新图书馆应建成一座现代化的综合信息大楼,要成为能集中显示杭州21世纪初经济文化发展水平的、能代表"文化名城"风采的标志性建筑。

(2)新图书馆工程要求达到20世纪末、21世纪初现代化图书馆的新水平,成为国内一流、国际先进的市级公共图书馆,因此设计要求高起点、高水平,要把新图书馆建,成为一座智能化大楼。

(3)要求把新图书馆建成为一座园林式图书馆,这不是一座孤立的高楼,而是错落有致的一组建筑,"馆在园中,园在馆中",与西湖美景相和谐,与我市建成国际性花园城市的目标相一致。

(4)要求新图书馆设计合理、适当超前、功能齐全、设施先进、

管理科学、方便读者、环境优美,并留有发展余地,建成后 30 年不
落后。

(5)提供足够的交流空间,读者活动和社会教育场地,大力应
用先进的信息技术,为服务和管理的现代化、信息化、网络化与可
持续发展作充分的安排。

(6)设计应符合"实用、高效、灵活、舒适、安全、经济、美观"的
原则,把适用放在首位,造型美观,功能与造型的和谐统一,力求建
筑风格有很强的文化性、时代性和杭州特色,能充分体现我市科技
发展水平和精神风貌。

2. 功能要求

(1)本工程项目的基本功能要求指标是:设阅览席位 2 000
座,可同时容纳参加各种交流和培训活动 1 200 人,接待能力 5 000
人次/日,藏书容量 200 万册(件),工作人员 150 人。

(2)普通阅览席位 100 座,自修室 400 座,参考阅览 100 座,研
究室 20 座。

(3)多媒体电子阅览室 200 座,视听室 50 座,语音室 50 座。

(4)设少年儿童部,含阅览席位 100 座,兴趣小组活动室、故事
室、电子读物与网络阅览室 200 座,并设游艺厅、玩具图书馆及室
外活动区。

(5)藏书最终容量 200 万册(件),以阅览室开架及储备书库
闭架密集藏书相结合收藏。其中印刷本图书及报刊合订本 180 万
册(件),分藏于各图书、报刊、工具书阅览室、参考阅览室、少儿阅
览室及储备书库;非书资料 20 万件藏于电子阅览室、视听室及少
儿阅览室。

(6)新书加工能力 15 000 种/年。订购入藏期刊报纸 3 000
种。具有相应的书目数据加工能力和期刊目次扫描建库推送服务
能力。

(7)公共查目中心,可供 20 位读者同时使用电脑进行书目
检索。

（8）门厅内设咨询台、宣传廊、办证处、存物间及触摸屏电子导览设备。

（9）设培训中心，可同时容纳300人接受各种培训。

（10）与国内外相联的先进网络设施，全天候满足网上访问查检10 000人次/日的能力。计算机主机房配备海量存取的先进设备和光盘库。全馆电脑网络接续点2 000个，普通阅览室1/2阅览室座位有手提电脑插口。

（11）专题信息开发加工及特色数据库加工能力5万条数据/年。

（13）杭州名士厅陈列历代杭州名人事迹、杭州籍两院院士、杭州英雄模范人物事迹及资料，可同时供100人参观及研究。

（14）设友好城市厅，与杭州建立友好城市关系的每个外国城市各布置1室，收藏陈列反映该城市及所在国的历史、地理、文化、科技、教育及城市特色的图书、照片及电子资料，供参观研究及与各友好城市交流之用。

（15）功能完善的报告厅可容纳300人。

（16）设施配套的多功能厅，可容纳200人。

（17）展览厅可供各种类型的文化、教育、科技、经贸展览交流与洽谈之用，相关设施配套齐全，能同时容纳300人参观。

（18）设音艺厅，可供读者欣赏音乐，进行交流及音艺培训之用，可容50人。

（19）设书店、读者服务部，读者休息厅及供读者休闲交流的场所。

（20）各类业务、管理用房可供200名固定职工及流动工作人员使用。

（21）配套的管理及设备用房，含传达收发、安全保卫、监控消防、卫星讯号接收设备用房、空调及泵房、配电间、物品仓库、绿化及保洁用房等。

（22）汽车停车停放100辆，自行车车库可停放1 000辆。

3. 功能分区及面积分配

依据使用要求,功能分区及面积分配如下表:

	功能分区	使用面积 m²	所占比例 %	主　要　内　容
1	文献阅藏区	10 200	38.4	阅览座 1 500m² × 3m² = 4 500m²(含古籍特藏、研究室、自修室……)藏书160万册÷300 册/m² = 5 300,管理面积400m²
2	电子信息区	1 800	6.8	网络阅览室500 多媒体阅室500 视听室200 语音室200 计算机网络中心200 数据库加工200
3	少年儿童区	2 000	7.5	阅览室700 幼儿游艺室400 玩具图书馆200 故事室150 兴趣小组活动室200 网络与电子读物室300 办公室50
4	会展交流区	4 600	17.3	杭州名士厅300 展览厅1 000(含美工办公)艺术资源厅300 报告厅800 多功能厅500 音艺厅300 友好城市厅100×12 = 1 200 学术会议室200
5	教育培训区	700	2.6	培训中心400 电化教室200 教育培训部办公、教师备课室100
6	公共活动区	1 200	4.5	门厅300 查目中心100 读者休息100 服务部200 书亭300 复印100
7	业务管理区	1 200	4.5	馆长、馆办、文秘档案财务…340 各业务部门260 接待、会议室100 采编120 轻印刷200 老干部活动室100 文具库80
8	设备辅助区	4 900	18.4	变配电、空调、泵房340 仓库200 保安、总控100 读者餐厅300 绿化、保洁用房60 汽车库2400 自行车库1500

以上总计使用面积 26 600 m²,建筑平面利用系数以 K = 0.7 计,建筑面积为 38 000 m²。

六、建设地点和建设备件

1. 本工程建设地点

(暂缺)

2. 配套建设条件(略)

[包含以下内容:(1)供电;(2)热力,中央空调系统的能源;(3)网络光缆;(4)有线电视线路;(5)电信;(6)供水;(7)雨水及污水排放;(8)泛光照明系统;(9)道路及消防通道。]

七、工程投资估算

工程总投资估算为 2.7 亿元(不含征地拆迁费用),综合造价 7 100 元/m²。

1. 建筑安装工程费用:按 3 000 元/m² 计,11 400 万元。

包括动力照明、上下水、电梯电话、广播、卫星天线、空调、自控、消防报警、防盗系统、楼宇智能化系统、综合布线等。

2. 装修费用:按 2 000 元/m² 计,7 600 万元。

3. 室外工程费:500 万元。

包括道路、广场、绿化、雕塑小品、泛光照明等。

4. 专用设备:5 600 万元。

包括计算机及网络设备、视听设备、放映设备、音乐厅设备、报告厅、多功能厅、展厅、院士厅、友好城市厅、音艺厅灯光设备、报告厅、多功能厅控制设备及同声传译设备,书架家具设备等

5. 设计勘察费、配套费及管理费:1 000 万元。

包括设计勘察费、预算编制费、监理费、电力及市政配套费、现场准备费等、

6. 预留费(占 4%):1 000 万元。

包括不可预见费用

八、建设年限与进度设想

参照大中型工程项目基本建设程序和浙江省建筑安装工期定额,结合建设单位前期准备工作情况,本工程建设年限预计为3年。项目实施进度计划如下:

2001 年10月　报送项目建设书。

　　　　11 月　项目建议书批复。上报可行性研究报告。调研。

　　　　12 月　可行性研究报告批复。继续调研。

2002 年1~2 月　确定规划设计条件,办理规划审批手续。继续调研。

　　　　3 月　设计方案招标,地质勘察。开始办理征地拆迁手续。

　　　　4~5 月　方案设计、评选、送审。

　　　　6 月　方案批复。

　　　　7~8 月　初步设计。

　　　　9 月　初步设计会审、报批。完成拆迁,五通一平。

　　　　10 月　办理施工许可证手续。施工招标。委托监理。

　　　　11 月　工程开工。

2003 年　工程全面施工。

2004 年3月　竣工验收。

　　　　4~6 月　进行搬迁。

2004 年7月　新图书馆对外开放。

　　　　　　　　　　　　　　　2001 年10 月20 日

附:新图书馆面积分配表

文献阅藏区

序号	房　间	座位	藏　书（万　册）	使用面积（m²）	说　明
1.1	新书开架陈列室	50	1	200	阅藏借一体化，3m²/座，300册/m²
1.2	社科图书阅览室	150	40	1 800	
1.3	科技图书阅览室	150	40	1 800	
1.4	报刊阅览室	200	20	1 600	
1.5	专题文献阅览室	50	3	300	
1.6	旅游资源阅览室	50	3	300	含管理室、报刊库，200册/m²
1.7	艺术图书阅览室	50	2	300	
1.8	心理与健康阅览室	50	3	300	
1.9	工具书阅览室	50	2	200	
1.10	参考阅览室	50	2	200	
1.11	剪报资料阅览室	50	1	100	3.5m²/座，150册/m²
1.12	特藏阅览室	50	10	400	
1.13	杭州文献阅览室	20	10	400	
1.14	古籍阅览室	50	2	300	
1.15	老年阅览室	50	2	200	
1.16	残障人阅览室	10		200	
1.17	自修室	400		1 000	
1.18	研究室	20		200	
1.19	贮备书库		20	400	含对外流通书库，密集收藏，500册/m²
	小　计	1 500	160	10 200	

电子信息区

2.1	网络阅览室	100		500	$5m^2/$座,含管理面积
2.2	多媒体阅览室	100	15	500	
2.3	视听室	50		200	
2.4	语音室	50		200	
2.5	计算机网络中心			200	
2.6	网站、数据库加工室			200	含机房办公、存物间
	小　计	300	15	1 800	

少年儿童区

序号	房　间	座位	藏书 （万册）	使用面积 （m²）	说　明
3.1	阅览室	100	20	700	$2m^2/$座,400 册/m²
3.2	游艺室	100		200	含管理室
3.3	玩具图书馆	50		150	含玩具陈列、收藏
3.4	故事室			200	
3.5	兴趣小组活动室	100		300	分数间
3.6	网络电子读物室		5	400	含资料库、管理室
3.7	办公室	50		50	
	小　计	400	25	2 000	

交流会展区

序号	房　间	座位	藏书 （万册）	使用面积 （m²）	说　明
4.1	杭州名士厅	50	1	300	历代名人、两院院士、英雄模范事迹及研究资料
4.2	艺术资源厅	30	1	300	收藏字画作品并供研究与交流
4.3	音艺厅	120		300	
4.4	友好城市厅	300	5	1 200	友好城市各 1 室,含管理及交流房间

序号	房　间	座位	藏　书 （万册）	使用面积 （m²）	说　明
4.5	报告厅	200		800	
4.6	多功能厅	300		500	含控制室、同声传译室、休息厅
4.7	展览厅	100		1 000	含控制室
4.8	学术会议室			200	含美工室、办公室分 1 大 3 小共 4 间
	小　计			4 600	

教育培训区

序号	房　间	座位	藏　书 （万册）	使用面积 （m²）	说　明
5.1	培训中心	200		400	教室分 6 间
5.2	电化教室	100		200	分 2－3 间
5.3	教师备课、休息室			50	分 2 间
5.4	办公室			50	分 2 间
	小　计	400	25	2 000	

公共活动区

序号	房　间	座位	藏　书 （万册）	使用面积 （m²）	说　明
6.1	门厅			300	含咨询台、办证处、存物间
6.2	查目中心			100	
6.3	读者休息室			200	设电脑 20 台
6.4	读者服务部			200	分设数处
6.5	书店			300	
6.6	复印室			100	含器材库
	小　计			1 200	

业务管理区

序号	房　间			使用面积（m²）	说　明
7.1	馆长室			120	分3间
7.2	支部办公室			40	
7.3	馆办公室			40	
7.4	接待室			40	
7.5	会议室			60	
7.6	采编部			120	
7.7	各部门办公室			200	分5-6间
7.8	图书馆学会			30	
7.9	资料室			30	
7.10	行政办公室			40	分4间
7.11	文秘、档案、财务室			100	
7.12	文具库			80	
7.13	老干部活动室			100	
7.14	轻印刷、装订车间			200	
	小　计			1 200	

设备辅助区

序号	房　间			使用面积（m²）	说　明
8.1	传达收发保安			50	含夜间值班室
8.2	总控制室			50	
8.3	读者餐厅			300	
8.4	配电间			60	
8.5	空调机房			200	
8.6	泵房			60	
8.7	卫星传播机房			30	
8.8	绿化、保洁用房			50	
8.9	仓库			200	
8.10	汽车库			2 400	100辆车泊位
8.11	自行车库			1 500	停放1 000辆
	小　计			1 200	

总计使用面积 26 600 m^2,按平面利用系数 K = 0.7 计,建筑面积为 38 000 m^2。

说明:这是 2001 年为杭州图书馆新馆工程编制的项目建议书。新馆选址几经周折,后于 2005 年决定将地处钱江新城"市民中心"的一座已建到 2 层的配楼拨给图书馆,并委托建筑设计院重新进行设计。新图书馆建筑面积 40 000 m^2,总投资 3.95 亿元。新图书馆于 2008 年 10 月建成投入使用。

将此项目建议书稿收录于此,仅为供新图书馆建设单位参考。

在金华江南新区集中办好一个现代化图书馆 ——信息中心的可行性研究报告

按照金华市发展规划,江南新区包括经济技术开发区、科技园及金华理工学院,这个集新科技、新产业和金华市高等学府于一体的新区将成为全市经济腾飞的新的增长团块。这里是 21 世纪新金华的希望所在。金华将以崭新的面貌出现在两浙大地,真正成为经济繁荣、科教发达、第三产业兴旺的浙江中西部的现代化中心城市。在此新格局下,需要一座全新的、综合性、多功能的现代化图书馆。

一、新区新体制对图书馆和信息工作的要求

新区规划面积 9.6 km^2,人口受教育程度和对高新科技及产业的参与程度较高,特别是科技园经济、科技、生产一体化的新体制,对图书馆和信息产业提出了一系列新要求。

1. 金华市的现代化建设重点已在江南新区,未来几年内将有一大批项目建成投入运行,投资者、经营者、科技人员、管理人员很快就会大量涌入新区;由于经济竞争和高科技日新月异,要求随时跟踪国内外最新经济动态和科技信息。这就需要一个具有快速收

集、加工、分析、传输和反应能力的经济科技信息中心。

2. 开发区内的科技园以发展高新技术产业的主导,集科研、孵化、开发、试验、生产、人才培训、信息交流、技术贸易为一体,要求有强大的信息产业加以支持,对各个环节都快速、准确、有效地提供信息和文献。这将成今后科技园发展活力的一个重要因素。

3. 以大规模培养金华所需要的各门类新型的应用技术人才为目标的金华理工学院,需要一座符合新型高校要求,能保障师生的教学科研所需文献的现代化图书馆,这也是办学的主要条件之一,是学校教育质量保证体系的重要环节。

4. 随着新区建设的日益壮大,城市的经济、政治、文化重心逐渐向江南转移,需要在新区建设一座相当规模的公共图书馆,承担为开发区、科技园管理机构、业务部门、企事业单位和广大职工、居民服务的重任,帮助他们查找文献信息、继续教育,进行社区文化活动,传播科学知识,丰富人民的精神生活。未来新区的图书馆应成为全市图书馆的主体,起到网络中心的作用,并成为联系全省、全国以至国外图书信息网络的结点。

综上所述,根植于开发区的图书馆—信息系统是金华经济科技开发区的有机组成部分。开发区的高新技术产业需要先进的文化与之相适应的甚至超前的现代化图书情报服务,需要以新的管理思想和现代技术装备起来的图书情报工作,源源不断地提供文献辐射信息,日益明显地成为开发区不可缺少的一股有效的推进力和活跃的积极因素,成为开发区以至全市经济发展活力、综合科技能力及教育能力的组成部分。

二、新区图书馆和信息服务发展模式的选择

在金华市区跨江向南大拓展的历史性变化发生之时,必须研究图书信息工作的布局。大体上可以说有以下两种选择:

1. 传统的旧模式:(1)在新区建一座公共图书馆分馆,提供一定的文献服务满足新区居民的一般阅读需要;(2)另在理工学院内

花数年时间筹建一座专为学院内部服务的图书馆；（3）再建一座情报信息中心，负责搜集和处理经济、科技信息，专为科技园和开发区服务；（4）还要建一座科学会堂或科技交流中心。

2.改革的新做法：组建一个综合性、多功能的现代化图书馆兼信息中心，同时担负以上四个机构的所有职能。

综观国内图书馆和情报工作的发展，结合金华市改革和建设的实际来看，采取后一种方案具有更大的优越性，适合国内外图书馆情报工作的新潮流，更能适应信息化时代科技激烈竞争和市场经济发展的要求。其依据是：

1.前一种模式将为经济和社会发展服务的文献保障体系和信息工作人为地割裂成几块，分散力量，交叉重复，投资巨大，效率低下，建设周期长且很难使得各个机构都很完善，对整个开发区和科技园既增加很多负担，又不能保证很好地满足各方面的需要。近几年许多地方都反映，这种50年代照搬苏联图书馆与科技情报分割开来的模式造成了许多弊端。

2.在西方国家（如美国、英国……）许多图书馆，历来承担着文化教育和咨询、信息交流多方面的职能，在一个图书馆可以联机检索到世界上许多数据中心的信息，包括产品、价格、经济行情、专利说明书……，他们的长期实践证明，从工商企业家、政府官员、科技教育工作者到一般市民都极为方便。

3.在德国和北欧，国家法律规定大学图书馆必须对市民开放。任何市民都可以去利用大学图书馆。

4.在国内，改革开放以后中国科学院系统实行"图书情报一体化"已多年。如中国科学院图书馆改名为文献情报中心，担负文献和情报两种职能。1981年全国高校图书馆工作会议后，许多学校设立了图书情报委员会，图书馆明确担负教育和情报两个职能。近几年公共图书馆设立信息部或信息开发公司，向信息产业的方向发展，受到企业的欢迎，收到良好的社会效益和经济效益。图书馆直接参与信息产业和信息市场的已不乏成功的实例。

5. 我国许多高校图书馆近几年开始实行在一定程度上的对社会开放,将自己的书刊资料提供给校外相关人员利用,促进了藏书利用率的提高,方便了各界用户共同开发利用文献信息资源。

6. 一个机构将四副担子一起挑起来,可节省投资。集中力量办好一个高水平的现代化图书馆—信息系统,既发挥图书馆历来的长处,又能向信息产业的方向发展,并可减少管理人力,避免交叉重复。公共图书馆、高校图书馆和社会化信息机构一体化的体制,肯定有利于提高图书馆工作的整体水平。

三、以改革精神采取新模式的可行性

金华有史以来城市区域最大一次扩展,给图书馆事业和情报信息工作的大调整和大飞跃带来了一次极好的机遇。抓住机遇,采取正确的对策就能利用有利条件促进大发展。按照江南新区改革的精神来规划建设一座新型图书馆和信息中心势在必行。其可行性如下:

1. 按照邓小平同志"开发信息资源,服务四化建设"的指示,以改革的思想建设一个现代化的文献信息中心,符合新区建设的客观要求,把图书馆和信息工作与开发区、科技园及理工学院紧紧结合,努力为各方面做好主动服务工作,能够得到领导和各行各业的大力支持和关心。各方面形成共识,都会有很大积极性。

2. 以现金华市图书馆的藏书、领导和技术人员及多年积累的信息工作经验为基础,只待新区图书馆基建完成,新的图书馆很快可以成立和开展服务,以后再逐步充实完善。这种办法投资省,建设周期短,很快可以发挥效益。

3. 由于新图书馆具有的特点,因此能够得到各方面广泛支持,也就容易多方面筹集资金,建造馆舍费用和现代化设备都可以解决。

4. 新区图书馆既是理工学院的图书馆,又是金华市的公共图书馆,还是开发区和科技园信息中心,可以挂三块牌子,争取文化部门、教委和科委系统多方面的支持,而内部是一套人马,节省管理力量,适应新图书馆工作的业务人员可以逐步引进和岗位培训,这样就能较容易地适应新型图书馆和信息中心的要求。理工学院不必另起炉灶白手起家办一个图书馆,且可以很快达到国家教委对高校图书馆的要求。

5. 这种图书馆和信息中心与开发区经济建设、科技进步及教育文化紧紧结合在一起的新办法,在国内属于开创性的大胆试验,必能得到图书馆界和情报界专家学者的关注与支持,完全可望得到业务上和管理上的指导与帮助,这就能使新图书馆在管理上能较快地走上轨道,并创造出新鲜经验。这样,在一定程度上会提高金华经济技术开发区的知名度,并作为完善开发区投资环境的一个方面。本市图书馆工作的创造性发展也能为金华在全国文化界扩大影响,进而提高金华在全国的知名度。

四、新图书馆的建设要求和规模

作为开发区和科技园组成部分的新图书馆,应该充分体现改革、开拓、创新的精神和特点,立足开发区,服务大金华,资源能共享,功能综合性,信息网络化。其要求是:

1. 总体目标,建成一座对社会各方面充分开放的现代化的高校图书馆及信息中心,以"面向现代化,为经济建设和科技进步服务,为提高思想和文化水平"为指导方针,把满足开发区和科技园信息用户的需求和理工学院师生教学科研的需要作为首要的任务,既有情报职能,也有教育职能、文化职能,同时也为城乡居民提供多种多样的服务。着重探索公共图书馆及公共信息服务中心相结合的新路子,以期取得最大的办馆效益。

2. 新图书馆应能反映金华改革和建设的新面貌和新水平,要能代表金华市精神文明的新成就,能成为向国内外显示金华市文化发展水平的一个重要标志。

3. 新图书馆建筑应力求别具一格,具有丰富的文化内涵,环境优美,馆中有园,园中有馆,能成为一景,足以使金华人民引以为骄傲。建筑设计要求全面体现"适用、高效、灵活、安全、经济、美观"的原则。要充分调查研究,做好前期准备工作,要求设计方案有超前意识,在 10 ~ 20 年之后仍不落后,要精心设计,精心施工,争取成为一项有长远影响的文化建筑。

4. 新图书馆要配置先进的计算机系统,应用各种新技术,有足够的对外通讯线路,能与省内外以至国外图书馆和信息中心进行联机,以实现高度的资源共享,较快地实现从传统图书馆到现代化图书馆的转变。

5. 针对不同的读者对象,提供多种阅览、研究和学习、视听条件,设置各种专业、专题阅览室和研究室,尽量扩大开架管理。需要有学术会议和信息交流、展览陈列的场地。可以考虑以后的旧城区、新城区的其他地点建设分馆或流动站。在理工学院内不考虑设系资料室。

6. 选址和规模。新图书馆建筑按照科技园规划在新的文教区内的适当位置,要有较好的朝向和户外绿地、停车场地,并一定要为将来发展留有扩建余地。

［下略］

1994 年 5 月 16 日

说明: 这是作者为金华市编写的。金华市新图书馆于 1997 年 10 月 1 日举行开馆典礼,命名为"金华市严济慈图书馆",集严济慈纪念馆、金华职业技术学院图书馆、金华市图书馆、金华市信息中心四位一体。

杭州师范院新校区图书馆规划建设纲要

一、规划建设的依据

1. 我校建设成综合性万人大学的要求;校领导提出的发展构

想与办学思路。

2. 教育部《普通高等学校图书馆规程》和高校图书馆评估细则的要求。

3. 国内外高校图书馆服务及现代化管理模式。

4. 国内外图书馆建筑发展趋势。

5.《图书馆建筑设计规范》

二、建设规模

新图书馆规模要求为建筑面积 24 000 m^2 ,其依据是:按教育部要求图书馆建筑的规模为生均建筑面积为 2 m^2 ,按 2010 年新校区在校学生 12 000 人,确定建筑规模。

三、目标定位

1. 新图书馆应成为代表杭州新的综合性新大学形象的标志性建筑,力争办成全省一流、国内有影响、与杭州的地位相适应的现代化高校图书馆,成为"搭好大学框架"的重要基础设施。

2. 新图书馆是我校教学与科研系统的重要组成部分,作为全校的学习资源中心和信息枢纽,是实现"以高质量高效益争创全国同类院校中的一流水平"的重要支撑条件之一,承担全校的文献保障任务,能充分满足各学院、各专业和研究所广大师生和科研人员的学习研究需要,并为函授生、培训生、干训生提供相应的服务。

3. 新图书馆应成为全校精神文明建设的重要基地,学术活动和文化活动中心,对提高师生的综合素质和信息能力能起到良好的作用。

4. 新图书馆是全校文献情报中心,承担着管理和协调其他校区图书馆工作的任务,并成为各校区图书馆的后盾。新图书馆应成为现代化的信息枢纽,全校的文献信息网络中心,在校长的领导下统一指导和协调各校区、学院、系、研究所的信息化、自动化、网络化建设,并与省内外、国内外网络密切联系与合作;

5. 新图书馆应建成为一座面向新世纪的现代化、信息化的,与世界高等教育同步发展的,以高新科技武装的多功能、现代化的智能型建筑。

四、基地和选址

考虑到师生读者的使用方便和运营长远节省管理费用,图书馆不宜过高,以 5 层为宜,每层层高 4.5 m,则建筑总高度可控制在 24 m 以下。若平均以 4 层计,24 000 m² 建筑面积占地 6 000 m²,为馆区周围营造优良的环境,绿化面积宜占馆区 40% 以上。加上道路、停车用地,再考虑到 20 年以后发展的可能性,馆区基地面积可为 20 000 m² 以上,即不少于 30 亩。(参考量:绍兴图书馆 13 000 m²,占地 30 亩。)

新图书馆选址宜在校区中心区域布置,既便于师生利用,又能显示其作为全校标志性建筑的地位。

五、总体要求

1. 根据"校园规划要高标准、高要求,体现我院建设综合性大学要求和国际高校校园建设趋势",图书馆建筑要高起点、高标准,建设成人文性、开放式、多功能、高科技的现代化的图书馆。

2. 一流的高校要求一流的图书馆,新图书馆要求建成一流的建筑、一流的设施、一流的环境、一流的管理,达到一流的服务。

3. 符合《图书馆建筑设计规范》,以"实用、高效、灵活、舒适、安全、经济、美观"为原则,施行以人为本的宗旨,方便读者,便于管理,节省人力。

4. 图书馆是一个新型的复合型图书馆,既要保持印刷书刊的持续稳定增长,又要积极引进现代信息技术,充分利用网上资源,扩大网络交流和远程服务能力。

5. 新图书馆的管理模式实现开放式、全开架服务,藏、借、阅一体化布局,以便于充分利用文献信息资源。要考虑 20 年发展的需要,以高度的灵活性来适应未来服务和管理的变化,为未来发展留有余地。

六、功能要求

按照现代化的图书馆在大学中的地位和作用,把学习基地、信息枢纽和交流中心三者综合考虑,以新的格局相应安排各种功能。

1. 新图书馆功能应尽量完善,师生入馆可随意阅读、研究、咨询、检索、上网、欣赏视听资料,参加培训、讲座、交流、参观展览等,接待读者能力达每天 8 000 人次。

2. 新图书馆设计阅览座位 3 000 座,即阅览座位与在校学生之比为 1∶4,其中研究室、研究厢 100 座。

3. 设计藏书容量 200 万册(件)。现有 110 万册藏书(包括合并以后进入下沙校区的医高专图书馆的藏书),在此基础上,按每年净增 4 万册(件)计,可容纳 20 年藏书的发展。其中非书资料占 10% –20%。

4. 设电子阅览室、声像资料视听室及集体欣赏室,语音室,总席位 500 座。

5. 新图书馆设网络接续点 1500 个,有网上查询及远程服务功能,能全天候服务。

6. 可考虑新图书馆计算机网络同时为全校的网络中心,对内统一管理各校区计算机网络服务站,对外与省市网、国家教科网及国际互联网相联。

7. 设情报研究开发部,附科技查新站,可利用网络开展信息收集、加工、研究、开发和查新等服务,并具有将本校、本馆特藏文献转换为电子文库及上网服务的能力。

8. 学术交流区设多功能报告厅(300 座),展示厅同时容纳 300 名参观者;大小学术会议室多间。并设文献检索教室和实习室等培训用房。

9. 新图书馆建筑采用统筹安排各种光缆、电缆的结构化综合布线,考虑一定程度的智能化。电脑网络、通讯广播、照明、空调、安全监控、防灾防盗系统都能实现智能化管理。

10. 全馆设中央空调系统,可按实际需要分区控制使用。

七、面积分配

新图书馆建筑面积 24 000 m^2 按平面利用系数 K = 0.7 计,使用面积 16 800 m^2。各功能区面积分配如下:

1. 阅览研究区

使用面积 13 600 m^2,占 80.9%

其中,阅览空间:普通阅览室 2 400 座 5 100 m^2,研究室 100 座 800 m^2,电子阅览室、视听阅览室 500 座 1 500 m^2,合计 7 600 m^2;

藏书空间:开架藏书 120 万册,5 000 m^2,密集书库 60 万册 1 000 m^2,非书资料 200 m^2,合计 6 200 m^2。

2. 设备技术区

使用面积 600 m^2,占 3.6%

包括计算机网络中心、复印、装订室等。

3. 交流活动区

使用面积 1 600 m^2,占 9.5%

其中:公共检索室 150 m^2,报告厅 600 m^2,展厅 300 m^2

文献检索实习室 100 m^2,读者休息室、服务部 200 m^2,门厅 250 m^2。

4. 业务管理区:

使用面积 1 000 m^2,占 6.0%

其中,采编部 200 m^2,信息研究开发部 100 m^2。

行政管理(含馆长室、办公室、文秘、财务、档案)200 m^2,

会议、接待室 100 m^2,用品库 150 m^2,总控制室 50 m^2,消防、泵房、空调设备等用房 200 m^2。

八、投资估测

按照高标准、高起点、现代化和标志性工程的要求,新图书馆工程预估投资约需1亿元(不含设备)。

2001 年 2 月 20 日

说明:这是作者应杭州师范学院图书馆之请为他们起草的一份报告,由图书馆报送校领导。后来实际上杭州师范学院图书馆在下沙大学城建造的新图书馆超过10层,图书馆楼顶成为学校的制高点。

将此件收录于此仅供筹建新图书馆的单位参考。

广州大学新校区图书馆规划要求

一、指导思想和总体要求

1. 依照教育部《普通高等学校图书情报工作规程》(教高[2002]3号文件)的规定,"高等学校应按照国家有关规定,建造独立专用的图书馆馆舍"。

2. 新图书馆应成为广州大学新校区的一座标志性建筑。应高起点、高标准建设,并适当超前,以"省内一流,国内先进"为建设目标。

3. 适应21世世纪信息时代的要求,采用高校图书馆建筑的新理念、新设备、新服务模式,建成为一座现代化、网络化、智能化的图书馆建筑,实现广泛的资源共享。

4. 图书馆应成为全校的学习资源中心、信息开发中心、学术文化交流中心,充分发挥其教育和情报职能,成为教学科研强有力的支撑系统,传播先进文化的重要基地。

5. 新图书馆要充分体现"人文精神",设计要以人为本,以大空间、全开架为主,适应"阅、藏、借、查、咨一体化"服务管理的模式,纸质文献和电子网络资源并重。

6. 执行《图书馆建筑设计规范》(JGJ 38 - 99),遵循"实用、高效、舒适、灵活、安全、经济、美观"的原则,坚持把充分满足功能要求放在首位。

7. 为图书馆创造优美的外部环境,在室内为读者创造安全健康、宁静温馨的学习研究条件。建筑造型体现追求知识的殿堂,有时代感,能代表广州大学的新风貌。

二、建设规模、选址和建设用地

按照学校 20000 学生、其中研究生占 10% ,及 3 000 名教师的规模,新图书馆建设规模为 42 800 m^2。

按教育部规定,综合性大学图书馆规划面积为 2.01 m^2/生,研究生补助 0.5 m^2/生。

图书馆宜布置在教学科研区中心位置,或在教学区与学生住宿区交接地带,为求安静的环境,宜远离主干道。

图书馆不宜建高层,以地上 5 层地下 1 层,总高度不超过 24 m为宜。新图书馆应按功能适当分区,成为一组高低错落、便于师生读者利用和疏散的建筑群,以平均 4 层计,总占地面积 10 500 m^2。为使图书馆有安静、优美的环境,馆前应有宽阔的文化广场,建筑应离马路 20 m 以上,绿地宜为馆区总面积的 35% - 40%,并要留足消防通道。故新图书馆馆区用地以 40 000 m^2 为宜(合 60 亩)。

三、功能要求

1. 按学生人数的 20% 设阅览座位,总座位数不少于 4 000 座。另设研究室 40 座。

2. 设电子阅览室 300 座,声像资料阅览室 200 室,语音室100 室。

3. 设文献检索课教室 3 间、120 座,教研室 1 间,实习室 2 间。

4. 按每生平均拥有图书 150 册计,设计藏书量 300 万册(件)。大部藏书布置在开架借阅室及基藏书库,非常用书在密集书库内。古籍藏书需设专门书库特别保藏。

5. 突出图书馆在学术交流、读者信息能力培训、积累传播先进文化方面的功能,安排 400 座多功能报告厅,6 间大中小学术会议室,500 m² 的展览厅,及相应设施。

6. 强化对外交流、情报服务功能,设友好文库、参考咨询中心。

7. 将信息加工与多媒体技术相结合,设具有相当制作能力的特色数据库开发中心。

8. 采编部具有每年处理 5 万册(件)新书、电子版文献的能力。

9. 广泛采用现代信息技术,有强大的计算机服务器,安排好机房,以光缆连接校园网,并设卫星讯号接收系统。全馆设网络信息点 2 000 个。

10. 适当安排综合服务功能,内设书亭、轻印刷、读者休息咖啡屋等读者服务部。

11. 建筑物要有好的朝向,以自然通风、自然采光为主,但须设中央空调系统。

12. 将楼宇自动化、通信自动化、办公自动化和综合布线结合,加以系统集成,信息、语音、电视、电子会议,安保、消防、空调系统等统一监控管理,成为智能化建筑。

13. 要有方便残疾读者、老年教师进出的无障碍设计。

14. 馆前广场可作文化活动之用,有大面积绿化,布置雕塑小品,以及水池喷泉等。

15. 要充分考虑自行车、助动车、汽车的停车场安排。

四、布局和面积分配

主楼地上 5 层、地下 1 层,学术报告厅、展览厅等交流空间 2 层,相互之间应有联廊。建筑总面积 42 800 m²,按平面利用系数 K =0.7 计,使用面积约为 30 000 m²。

各楼层设想安排如下：

主楼

首层	门厅大堂 主出入口及读者次出入口安排	500m²
	总咨询台,还书处、消毒间(分设 2 处)	200m²
	公共检索室	100m²
	电子阅览室　300 座 5m²/座	1,500m²
	声像资料视听室　200 座 5m²/座	1 000m²
	语音室　100 座 4m²/座	500m²
	非书资料库	300m²
	24 小时自修室　600 座 2m²/座	1 200m²
	读者服务部　含书亭、复印室、休闲咖啡座等	600m²
	收发传达安全保卫值勤室、大楼总控制室	100m²
	小　计　　　1200 座	6 000m²

二层

期刊阅览室、当年刊库　400 座 3m²/座	1 800m²
报纸阅览室、当年报库　260 座 3m²/座	1 000m²
期刊外借室	300m²
过刊阅览室、过刊库　40 座 3m²/座	1 000m²
期刊部办公室	100m²
自修室　　　　600 座 2m²/座	1 200m²
读者休息室	100m²
小　计　　　1300 座	5500m²

三层

中文社科图书室	500 座 2.5m²/座 藏书 万册	1 500m²
中文科技图书室	500 座 2.5m²/座 藏书 万册	1 500m²
建筑与艺术图书室	80 座 3m²/座 藏书 万册	400m²
外文书刊室	100 座 2.5m²/座 藏书 万册	800m²
基藏书库	50 座 藏书 万册	800m²
贮存书库(密集)	20 座	350m²

流通典藏部办公室		50m²
读者休息室		100m²
小　计	1250 座	5 500m²

四层

专题阅览室	80 座	500m²
参考咨询中心、信息剪报服务部	20 座	200m²
科技查新服务站		100m²
中文工具书检索阅览室	60 座	600m²
外文工具书检索阅览室	40 座	400m²
文献检索课实习室、实习用书库		400m²
文献检索课教室、教研室		300m²
文献信息研究所		100m²
素质教育室		200m²
图书馆之友联谊会(宣传推广部)		100m²
广州发展研究院资料库		300m²
广州大学文库、学位论文库	20 座	300m²
友好文库	20 座	300m²
古籍阅览室、古籍书库	20 座 藏书 万册	400m²
古籍整理研究办公室		100m²
专家研究室	40 间	400m²
小组讨论室	50 座	200m²
读者休息室		100m²
计算机网络中心、图书馆网站		200m²
技术部、多媒体数据库制作室		200m²
媒体广州数据库		100m²
小　计	350 座	5 500m²

五层

馆长室、书记室	5 间	200m²
馆办公室、档案室、文印室、贮藏室		200m²

接待室		50m²
会议室		200m²
部门办公室		100m²
采编部		250m²
轻印刷、装订室、修复裱糊室		400m²
小　计		1 400m²

地下层

配电间、泵房、空调机房		300m²
仓库		200m²
消防喷沫剂库、灭火气体库		100m²
汽车库	50 辆车位	1 500m²
小　计		2 100m²

主楼　使用面积		26 000m²

副楼

首层　门厅		200m²
展览厅		500m²
美工室、办公室		100m²
休息厅		200m²
会议室、学术沙龙区	6 间	300m²
存包、服务部		100m²
联廊		100m²
小　计		1 500m²

二层　报告厅	400 座	1 000m²
贵宾室		50m²
控制室、同声传译室		50m²
休息厅		200m²
服务部		100m²
小　计		1 400m²

地下层

配电等设备用房、贮藏室	300m²
停车库	800m²
小　计	1 100m²
副楼　使用面积	4 000 m²

以上使用面积总计 30 000 m²，按平面利用系数 K = 0.7 计，建筑面积为 42 800 m²。

五、投资估测

参考近年建成的现代化智能图书馆的造价，本工程综合造价以 5 000 元/m² 计 ，总投资额估算为 2.14 亿元。

2003 - 07 -

说明：这是应广州大学图书馆的要求于 2003 年 7 月初为他们起草的，作为建议，他们是否采纳了其中的某些部分，不得而知。收录于此仅供新馆建设单位参考。

杭州少年儿童图书馆迁建工程设计任务书

杭州少年儿童图书馆现址在解放路，面积 991 m²，早已不敷应用，周围无发展余地，现决定迁建新馆。

一、项目依据、建设规模和用地范围

杭州市计划委员会"关于迁建少儿图书馆列前期准备项目的批复［杭计建(1993)2915］同意市少儿图书馆迁建新馆 4 000 m²，项目代码 270174。

经杭州市规划管理局"(95)征勘:5147 号文"划定杭州少儿图书馆用房的勘设红线范围，新建馆址在黄龙洞以西，曙光路之南，与正在建设中的浙江图书馆相邻的地块，占地面积约 4 860 m²，即

7.3 亩。

二、市少儿图书馆的职能、任务和读者对象

杭州少年儿童图书馆是我市教育事业的重要组成部分,是以广大少年儿童为服务对象的重要社会教育机构,是促进下一代健康成长的重要设施。

市少儿图书馆承担着全市少年儿童校外教育和智力开发的职能,其主要任务是:

1. 按照党的教育方针和培养 21 世纪建设者和接班人的要求,开展对少年儿童的社会教育,组织课外阅读活动,培养他们追求知识、追求科学技术的兴趣和习惯,并对少年儿童进行社会主义、爱国主义和集体主义教育。

2. 为党和政府部门提供有关培养教育方面的文献信息和参考资料。

3. 为儿童教育工作者和家长提供各种文献资料。

4. 收集、整理、保藏适合少年儿童阅读和研究儿童教育所需要的书刊、声像资料和电子出版物。

5. 对区少年宫图书馆、街道居民区少儿图书馆和初中、小学的图书室进行业务辅导和人员培训;按照省文化厅的要求对全省各地少儿图书馆(室)的工作进行辅导,组织协作和交流。

市少儿图书馆的读者对象是:

1. 全市少年儿童,包括学龄前儿童、小学和初中学生读者;

2. 少年儿童的家长,少年儿童教育工作者,社会各界儿童工作者、关心下一代委员会成员;

3. 少年儿童文学和科普读物作家和研究者;

4. 校外少年儿童集中的地区和单位。

三、新馆建设的指导思想和总体要求

1. 新建的少儿图书馆应充分体现党、政府和社会各界对全市

少年儿童的关怀爱护和对他们健康成长的殷切期望,馆舍要成为本世纪我市精神文明建设和关怀下一代的标志性工程。这一跨世纪的儿童教育设施要面向现代化,面向未来。设计要有超前意识,使之与杭州的地位相适应。

2. 新的少儿图书馆是全市儿童文献的收藏和服务中心、儿童校外阅读与教育的研究中心,也是全市少儿图书馆(室)的业务辅导与网络协调中心,全方位为全市少年儿童和儿童教育工作者服务,争取达到全省一流水平,并在国内图书馆界和教育界有影响的,多功能、现代化的新型少儿图书馆。

3. 建筑设计要符合《图书馆建筑设计规范》(JGJ38－87)和各相关标准,遵循"适用、高效、灵活、经济、安全、美观"的设计原则,造型、布局、高度、色彩符合城市规划的要求,与周围风景区的环境和相邻建筑相协调,整体上明快、大方、亲切、典雅,具有时代感。体现尊重知识、追求科学、关心下一代的社会风尚,显示知识的伟大力量,具有吸引儿童读者的形象、丰富的文化内涵、优美的环境和鲜明的个性,并争取20年后仍能灵活调整使用。

4. 新馆应贯彻热爱儿童、服务育人的原则,把教育和培养儿童读者良好的思想道德纪律观念和阅读习惯,向儿童传播科技文化知识,并帮助他们开发智力作为全馆工作的中心。藏书、服务和活动的组织宜按年龄段分设学龄前、小学和初中三个功能区,以及教育工作者区、综合活动区,针对不同读者对象提供各种阅览、研究和交流条件。管理方式以开架、半开架借阅为主。要为工作人员创造良好的环境。为印刷型和各种新型载体文献的妥善收藏、保存和利用创造良好的条件。

5. 新馆要配置先进的计算机网络系统,尽量应用各种新技术,有足够的内外通讯线路和设备,能与省内外以至国内外图书馆和儿童教育机构联网。声像、幻灯、机读、光盘文献和电子出版物的获取、保管和利用都有完善的设施,预作周密安排。

6. 新馆设计应分区恰当,流线顺畅,适合儿童,方便管理,提高效率,节省人力和运行费用。儿童活动的闹区和阅读研究的静区互不干扰。为适应未来服务和管理的变化与发展,内部布局应有灵活安排、重新调整的要可能性,故宜采取统一柱网、统一荷载、统一层高和大空间、轻隔断。柱网尺寸可为 $7.2 \text{ m} \times 7.2 \text{ m}$,荷载按 400 kg/m^2 设计,净高可为 3.2 m,阅览室宜无中柱。建议采用聚丙烯塑料模壳无梁密肋楼盖现浇楼板体系,大跨度可达 $21 - 24$ 米,实际可节约水泥钢材 20%。

7. 馆址北临曙光路,交通流量大,故要做好防噪音设计。主要用房应有好的朝向,避免东西晒。近期的自然通风为主,辅之的局部、分区空调,也为将来有条件时扩大空调范围预作安排。各种房间的采光应符合规范的要求。计算机房、各功能厅的设计,以及防火、疏散、防震,均执行有关标准与规范。

新馆要求建筑利用系数 $K \approx 70\% \sim 75\%$。

8. 新馆应有供儿童活动的户外场地,并有较好的室外环境,争取做到"馆中有园,园中有馆"小桥流水,亭台楼阁。要处理好馆景、街景、周围环境和发展远景的关系。要有足够的绿地、停车场地。馆区建筑密度不大于 35%,绿地率不小于 50%,建筑总高不超过 20 m,建筑层数 $3 - 4$ 层。(不包括地下车等)。

为将来发展预留用地 $2\,000 \text{ m}^2$。

9. 新馆按照藏书 50 万册(件)和工作人员 50 人的规模设计,阅览室位 400 席,同时接待数百位读者进行活动。

10. 全馆的设备家具必须按照不同年龄段的儿童设计安装,形状、尺寸和色彩均要适应小读者使用。

四、新馆功能设计要求

1. 低幼儿童借阅区

为学龄前儿童集体或个别来馆活动提供低幼读物和智力玩具。分设低幼图书馆阅览室、低幼活动等等。

2. 小学生借阅区

为小学生提供图书及报刊借阅,按书分类分室,实行开架借阅、辅导阅读。

3. 中学生借阅区

图书和报刊阅览室均开架陈列,供阅览或外借,室内阅览与书、刊的布置应便于借阅,同时有讨论和阅读指导区域。

4. 教师及儿少工作者研究室

提供从幼儿教师、中小学教师和一切少年儿童工作者所需的各种教学研究参考资料,均开架阅览和外借。为全社会少年儿童工作提供科学信息设电脑查询台。

5. 基藏书库

闭架藏书,设流通出纳台,查目使用电脑终端。

6. 培训教室

供各年龄段儿童使用,为开发儿童智力举办各种培训活动用。

7. 音艺室

为儿童提高音乐修养之用,可举行小型欣赏活动室内配置钢琴电子琴,要求有良好的音响效果和隔音措施。

8. 电化教室(声像阅览室)

能为儿童提供各种录音、录像节目,可集体观看,也可各人自选适合自己的节目。可接收无线和有线电视节目。

9. 电子阅览室(电脑学习室)

配置各种电脑及学习软件、电子出版物和光盘,并可与省内外联机,供儿童教育工作室查用,也为儿童学习电脑知识提高技能创造条件。

10. 国防阅览室

向少年儿童进行国防教育,室内有各种图书和录像资料,既可阅览,也可进行讲课和沙盘模型的演示。

11. 杭州市乡土史地阅览室

有关杭州的史地知识、人文、景观、旅游资源等的阅览,也可放映有关录像,进行讨论交流和竞赛活动。

12. 关心下一代阅览室

接待市、区和各机关、团体关心下一代工作委员会成员,提供有关文献资料,可供举行会议及讨论。

13. 儿童题材作品创作研究室

供儿童文学作家、儿童科普作家、创作及研究之用。收藏国内外儿童题材优秀作品资料和录像、光盘。

14.“三胞”爱国史陈列室

根据本省港澳台侨胞人数众多的特点(其中台胞人数占全国首位,侨胞人数占全国第三)特设该陈列室以增强对少年儿童的爱国主义教育。

15. 离退休干部阅览室

离退休老人携带孙辈来馆阅览和参加活动,同时丰富提高离休干部自身的幼儿教育知识,共同做好对孙辈的启蒙教育和少年儿童的思想道德、革命传统教育。

16. 多功能厅

能举办报告、讲座、能展览陈列、学术交流,放映科教电影及录像、影碟,在举行读者活动时,能为电视现场摄录和转播提供条件,有卫星电视接收设备。

17. 计算机室

全馆的计算机中心,要求防尘,防静电、温度控制和电源保障,埋设联接全馆各处终端的电缆及对外联网技术设备。

18. 管理和业务部门

设馆长室、党支部办公室、行政办公室、接待室、会议室、财务室、档案室、采编室、研究辅导部、编辑室、工作人员办公室、配电室、传达室、管理室、汽车库等。

义乌市图书馆档案馆合建工程设计方案

招标文件

义乌市图书馆档案馆合建工程是本市文化建设的重大项目，是积累和传播先进文化的基础设施，对于义乌经济社会发展及建设国际性商贸城市将产生十分重要的作用。按照市人大的决定，市政府将本工程列为重点建设工程。

义乌市图书馆档案馆合建工程是义乌市国际文化中心首期建设项目，要求成为新世纪义乌文化发展水平的标志性建筑，按精品工程设计建造。

一、概况与综合条件

1. 建设单位(业主)：本工程建设指挥部

2. 项目名称：义乌市图书馆档案馆合建工程

3. 建设规模：建筑面积 40 000 平方米

4. 建设地点：义乌市国际文化中心规划宗泽路以东区块

5. 周边环境：拟建的图书馆档案馆合建工程坐落在义乌市国际文化中心用地南部，地势平坦，其位置在规划中的轻轨路以北，宗泽东路以东，其南为规划中的会展中心，东邻中心湖百米喷泉，北邻五星级酒店。

6. 建筑结构、高度、层数：建筑结构类型由设计单位自行考虑，结构体系应与建筑设计协调配合，建筑总高度不宜超过 24 m，可为地上5层,地下1层。

7. 投资限额:本工程设计总投资应控制在11 000万元以内,包括地下工程(含人防工程)、地面以上土建工程、室内装修工组、室内水电工程、消防工程、空调工程、楼宇智能化工程(含安全监控系统)、综合布线、电梯等设备、配变电、卫星信号及有线电视接收装置、室外道路、排水、广场、绿化等,以及勘察设计、监理、管理等建设管理部门规定列入的费用,不含建设单位前期费用。

8. 计划开工日期:2004年11月1日

二、设计依据

1. 义乌市人民政府办公室告知单:市政府关于图书馆、档案馆建设形式、规模、功能和资金问题的意见(义办告第10号,2004年2月4日)。

2. 浙江省发展和改革委员会项目受理通知书(2004年40号)。

3. 义乌市建设局核发的义乌市图书馆档案馆合建工程规划红线图。

4. 义乌市图书馆档案馆工程建设基地地质勘探报告。

5. 义乌市图书馆档案馆合建工程设计任务书。

三、设计成果要求

1. 总体要求

(1)投标单位提交的投标方案文件的内容必须符合本招标文件的各项规定,及设计任务书与职能部门会审的各项要求。

(2)投标文件的深度必须符合现各项国家标准及设计规范所规定的建筑方案设计深度的要求。

(3)设计图纸和文本文件必须清晰、完整、尺寸齐全、准确,同类图纸规格尽量一致。

2. 工程设计要求

(1)方案设计:包括总图设计、建筑设计、交通设计、消防设计、环境、绿化和广场设计的设计方案。

(2)工程设计的总说明及构思创意、功能和建筑结构、交通(含停车)、给排水、采光暖通、电气设计、消防与安全疏散等方面的说明、设备系统方案要点说明、环境与节能的说明,建筑的平面利用系数及主要功能容量的分析及说明。

(3)主要经济技术指标,工程造价估算表,包括土建、装修、固定设施、环境、道路、广场、绿化及其他按规定应列入造价的费用。

(4)工程建造完成投入使用后的日常运行维护费用估算。

3. 设计方案具体成果要求

(1)设计方案图,可为 A3(397 mm×420 mm)开本的方案图纸及说明。设计文件和说明要符合中国建筑规范的设计深度要求,图纸必须清晰完整,尺寸齐全、准确。

(2)总平面设计图(彩色),建设用地及周围的建筑、道路、广场、绿化等的总体布局。

(3)交通流线的总平面设计图,各类交通流线组织的分析。

(4)总体设计,环境、与周围建筑群的关系,功能、交通、消防及安全疏散等方面的分析图。

(5)主出入口设计图。

(6)建筑设计平面、立面、剖面图,四个方向的立面和两个主要剖面分别成图。

(7)主要室内空间设计图,包括门厅、大型公共空间。

(8)彩色透视效果图至少 2 幅,灯光夜景图至少 1 幅,需贴在"零号"轻质板上。

(9)其他表现图方式不限。

4. 以上设计成果全部装订成册,每份均应配有彩色透视效果图及夜景图。共提交 15 份。

5. 提交能演示设计成果的电脑光盘 1 个。

6. 以上设计成果的文字说明一律使用中文。

7. 投标书格式要求

投标单位的投标书分技术标、商务标两种，一经送达招标单位，不得更改。

（1）技术标，指设计方案图纸和综合说明文本。图纸中不得标志有关投标单位名称、标记等特征的文字、符号等信息，如违反此要求则视为废标，取消评选投标资格。

（2）商务标：须密封加盖投标单位公章，投标书应写明主要设计人员及其主要设计成果业绩，计划安排各专业工种、扩初设计和施工图设计的主要人员名单及其业绩介绍，整个设计的计划安排；投标单位通讯地址、联系电话和传真、联系人；明确下阶段设计的设计费率及计费基础、优惠条件；设计工作内容及提供现场服务的承诺（驻现场人员名单、人数和设备，服务的时间等）。

四、设计方案招标投标办法

1. 本次设计方案招标由建设（业主）单位主持和组织实施。

2. 本次招标采用公开招标的办法，在浙江重大工程交易网上发布"浙江省义乌市图书馆、档案馆设计方案招标公告"，向社会公开招标，报名条件为甲级资质的建筑设计单位。符合上述条件的投标人代表，持法人委托书、资质证书、法人营业执照以及承担类似工程业绩的证明材料于2004年4月2日17时前到义乌市……报名。经资格预审后确定投标入围单位。

3. 建设（业主）单位向投标入围单位发出正式的工程设计方案招标邀请。凡接到工程设计方案投标邀请书的单位均为资格预审通过的合格单位。本次设计方案招标不接受未被邀请单位的投标材料。

4. 本次招标依据国家招投标法及《浙江省重点工程发包承包管理办法》组织实施，坚持平等投标、公平竞标、择优定标的原则，维护招标投标双方的合法权益。

5. 本次招标由浙江重点工程招投标办公室指导管理。

6. 招投标的具体办法及日程安排

(1)经邀请并参加投标的单位须向建设(业主)单位缴纳投标保证金人民币壹万元整。在评标结束后 14 天建设(业主)单位将此保证金全部退还给投标单位。如投标单位中途退标或出现废标则保证金不退。

(2)招标日程安排

各投标单位于 2004 年 4 月 2 日下午 17 时前持法人委托书、资质证书、法人营业执照以及承担类似工程业绩的证明材料于 2004 年 4 月 2 日 17 时前到本工程建设指挥部报名。

业主单位于 2004 年 4 月 5 日前以信函或传真向入围投标单位正式发出投标邀请书。

各投标单位可于 4 月 13 日 12 时有将对于标书中的疑问和需要答复的问题传真到本工程建设指挥部。

2004 年 4 月 13 日下午 14 时,组织投标单位到义乌市的建设建场踏勘,并安排招标文件答疑。

投标截止日期:2004 年 5 月 17 日下午 17 点,逾时不再接受,失去参加评标资格。

评审投标书时间:2004 年 5 月 21 日前。

五、设计方案评审办法

1. 由建设单位(业主)邀请国内建筑设计、规划设计、环境设计、图书馆建筑及图书馆管理方面的资深专家组成设计方案评审组,对各投标方案进行评审。

2. 设计方案评审组召开评审会议对设计方案进行评审,从中选出前二名为中标候选方案,报建设指挥部。评审会议不邀请求投标单位对方案作说明。

3. 设计方案评审的具体办法由专家评审组另定。

4. 本工程建设指挥部据专家评审意见,确定中标方案,报工程建设领导小组和浙江重点建设工程交易办公室审核批准,向各投标单位发出设计方案的中标通知书。

5. 如所有投标的设计方案均不符合业主的要求,业主有权均不予采用,另行确定设计方案招标办法。

6. 招标单位对设计方案的评审结果不负责解释。

六、评标原则要求

按照科学、规范、公平、公正的原则对投标方案进行评标。对投标方案按以下要求进行充分的评审:

1. 设计方案应符合国家有关法律、标准、规范、规定和管理职能部门提出的各项要求与经济技术指标,及本招标文件的要求,考虑周全,设计深度符合要求。

2. 设计方案应体现义乌市的经济社会发展要求,充分考虑整个国际文化中心建筑风格与特色,满足《义乌市图书馆档案馆合建工程设计任务书》所提出的功能要求,适应现代图书馆的发展趋势。

3. 建筑设计应与国际文化中心的整体环境相和谐协调,设计思路清晰,富有创造性,能将建筑艺术与环境艺术融为一体,突出知识殿堂、历史记录的文化品位、现代化的特征和典雅明快的风格。

4. 设计的各项经济技术指标科学合理,计算准确,符合规划和其他管理职能部门的要求。按照设计方案建成投入使用后日常运营维护费用适度,节约能源和管理力量,符合可持续发展方针。

5. 设计方案投资估算控制在 11 000 万元左右,要求估算不能过于偏高偏低。

七、投标方案设计成本补偿费及后续设计

1. 对于符合本招标文件要求的有效投标方案,将支付投标方案设计费。设一等奖一个,设计费□万元;二等奖一个,设计费□

万元,其余为参与奖,设计费□万元。中标单位的投标方案设计费以后在本工程的设计费中扣还。

2. 中标的设计单位获得本项目的设计权,承担后续初步设计和施工图设计任务,并在预定时间内完成全套设计图纸。工程设计各阶段的设计内容及深度必须符合国家现行各项标准规范的规定和主管部门审查的要求。

3. 中标单位有义务按照本招标文件、设计任务书、委托设计合同及建设单位的修改意见加以修改,设计出更为完善的方案,直至设计单位满意为止。并完成1:200的建筑模型一套。建设单位对中标设计单位所修改的部分不再支付费用。

4. 工程设计均采用国家现行有关设计标准及规范。不同阶段的设计均须提交标准的工程设计图纸8套,所采用的标准图集3套,及相关的设计报告。如建设单位要增晒图纸,则另支付费用。

八、投标设计单位的责任和义务

1. 所有投标单位均应在商务标中自报设计进度和中标后工程设计费收费标准及其依据和计取方法。

2. 投标单位必须按照本招标文件、设计任务书、委托设计合同及建设单位的修改意见进行设计和修改,直到建设单位满意为主。所修改部分建设单位不另支付费用。

3. 如因深化设计需到外地考察时,设计单位人员的差旅费自理。

4. 设计文件及相关资料必须在规定时间内送达,否则视其为无效标书。

5. 投标文件一经送达,不得以任何理由要求修改。

6. 投标方案署名权归投标单位所有,版权归业主所有。业主有权在开标后公开展示投标方案,并可通过传播媒介、专业杂志、书刊或其他形式介绍、展示、评介或印刷、出版各投标方案。

7. 业主有权在工程建设中使用投标方案,根据需要对选定的中标方案进行调整或修改。业主可选择不中标方案的部分内容融入中标方案。

8. 投标单位须在商务标中说明如方案中标后提交扩初设计的周期和施工图设计周期。一旦方案中标,此工期即为委托设计合同周期,如若延误,按每一天扣除设计费的1%作为违约金。

九、附则

1. 本招标文件的解释权归建设单位所有。

2. 联系单位:

　　联系地点:

　　联 系 人:

　　电　　话:

　　传　　真:

2004 年 4 月 2 日

义乌市图书馆档案馆合建工程设计任务书

义乌市地处浙江中部,以市场经济发达闻名国内外,并获全国科技工作先进市、文化工作先进市、浙江省文明城市、浙江省教育强市等荣誉称号,被列为浙江省推进城市化的重点区域之一,综合经济实力位居全国县级前 20 名之内,不久将建设成为国际性商贸城市。为适应本市经济建设和社会发展的要求,依据市人大的决定,市政府将兴建新图书馆和档案馆大楼列为 2004 年国民经济和社会发展的重点建设项目。

为此,经广泛听取各方面意见,并向专家咨询,提出设计任务书。

一、规划设计依据

1. 吴蔚荣市长主持召开义乌市国际文化中心建设领导小组全体会议,原则同意国际文化中心建设指挥部提交的关于图书馆、档案馆建设形式、规模、功能和资金等问题的意见。(义乌市人民政府办公室告知单,义办告第 10 号,2004 年 2 月 4 日)

2. 义乌市建设局关于图书馆档案馆工程项目的规划意见。

二、建设规模和基地

义乌市图书馆、档案馆合建工程总建筑面积约 40 000 m^2,其中图书馆为 20 000 m^2,档案馆 20 000 m^2。

图书馆档案馆工程建设基地位于义乌国际文化中心用地南部,宗泽东路以东,规划中的轻轨路以北,南为规划中的会展中心,东为环湖路,占地面积约 30 000 m^2,详见规划红线图。

三、总体要求

1. 图书馆档案馆工程是“义乌国际文化中心”的重要项目,应能体现本市经济和社会发展水平,与义乌市的地位相适应,必须高起点规划、高标准建设,以“省内先进,全国一流”为目标,成 21 世纪义乌文化建设的标志性建筑。

2. 将图书馆档案馆合为一个单体进行设计,方便广大市民利用,有利于资源共享,并有利于形成相当的规模,要求成为精品工程,以“现代化、园林化、人性化”的总体格局使其成为义乌一处引人注目的新人文景观。

3. 图书馆、档案馆应能建设成为一座高品位的文化建筑,外观浑然一体,功能设计上相对独立,分别设立出入口,各自单独对外开放和实施管理。

4. 设计要体现以人为本,要为社会公众提供良好的服务条件,功能完善,设施先进,配置现代信息技术装备,建成为智能化建筑。

5. 凡适宜于图书馆档案馆共享的公用设施,可尽量统一安排设计,防止重复建设和资源浪费。

6. 为读者和馆员创造舒适宁静优美的内外环境,"馆中有园,园中有馆",建筑造型典雅、新颖、大气,文化内涵丰富,具有鲜明的时代特征与浓郁的文化特色,与周围建筑群相协调,力求科技与人文交融,功能与造型完美统一。馆区作庭院式分散布局,馆前可设公共文化广场作为相当规模的文化活动之用,应大面积绿化,充分园林化,可考虑有环馆水带、喷泉,布置名人雕像及小品,令人赏心悦目,且为美化城市作出贡献,能成为得到国内外友人赞誉的义乌一景。总平面布置及造型、高度、色彩应符合城市规划的要求。

7. 设计要符合《图书馆建筑设计规范 JGJ 38 – 99》和《档案馆建筑设计规范 JGJ 25 – 2000》,及相关的国家标准和强制性规范。

8. 总图布置要求:据功能单元组合庭院式布局的设想,本工程为错落有致的一组建筑群。主楼距马路不小于 50 m,建筑物主体高度宜在 24 m 以下,最高 5 层,地下 1 层作为设备用房及车库。图书馆的借阅研究区和读者活动区集中于主楼,档案馆的开放查阅、档案保藏及活动区也集中其主楼。

馆区绿地面积不低于总用地面积的 30%。

馆区内道路应满足社会公众、工作人员和书刊档案出入及消防通道的需要。

馆区需安排汽车和摩托车、自行车停车场。汽车车位 100 辆,摩托车、自行车车位 600 辆,应有残疾人专用停车位,其中部分可在馆区地面安排。

9. 馆区绿化美化及污染防治:应根据城市规划及绿化委员会的要求,进行专门的绿化设计,使馆区树木花卉盆栽及雕塑小品的艺术性、观赏性与实用性色艺俱佳。

馆区不得栽种扬花飘絮、引鸟筑巢的树木,宜多植市树市花和对空气污染及噪声有吸治作用的树木。

馆区汽车尾气污染主要通过花草树木的吸纳来解决,复印废气用换气扇排出。地下室汽车库须设机械换气装置。

四、图书馆工程

为适应义乌未来的发展,需要建设一座与本市的地位相称的现代化的新义乌图书馆,成为人民的大学校,先进文化的传播基地,信息情报的传输枢纽,学术交流的重要场所。

1. 图书馆工程的总体要求和设计原则

(1) 以"全国一流、省内先进"为目标,要有超前意识,要求建成一流的建筑、一流的设施、一流的环境、一流的管理,达到一流的服务。新图书馆既充分反映义乌深厚的历史文化积淀,充分展现义乌改革开放后获得巨大发展的今日雄姿,又能充分显示向着国际化商贸城市前进的宏伟目标,为义乌经济建设和社会发展作出更大贡献,为建设文化大省作出贡献,并有利于扩大义乌在全国文化界的影响,有利于在国际上树立良好的形象。

(2)图书馆工程应符合《图书馆建筑设计规范》,按照"适用、高效、灵活、安全、经济、美观"的原则,力求功能齐全,布局合理,设施先进,使用方便,环境舒适,管理科学,调整灵活,防护严密。

(3) 图书馆工程应创造出读者与知识、读者与馆员及读者相互之间交流的最佳场所。设计以人为中心,处处给人以亲切和方便,力求人文与科技交融,地方特色与时代精神统一,传统与现代结合,书刊借阅与交流活动并重,方便读者与便于管理兼顾,环境舒适典雅与节省管理营运维护力量相协调,达到可持续发展。

(4)新图书馆应建成为开放式、综合性、多功能、信息化、网络化的现代化图书馆,并应建成为一座智能化图书馆建筑,在现代信息技术的应用方面要达到全国的先进水平。要重点安排采用先进的信息技术,包括电脑、网络、卫星通讯、有线电视等手段接收和传输信息。本馆资料能上网为社会各界及各县区图书馆及公众提供远程查询服务。本馆要建成为全省先进的没有围墙的网上图书馆。

（5）新馆实行全开架管理,使藏书接近读者,形成"人在书中,书在人旁"、藏借阅结合,线路近捷,网络资源随手可得,极大地方便利用文献信息,充分发挥其效能。

（6）新馆设计应充分考虑到未来因社会需求的发展、读者与藏书的增加、服务内容与方式的变化发展,及新技术应用等因素,内部布局能适应需要而灵活调整。

2. 功能要求

图书馆是综合性的大型文化建筑,应按现代图书馆管理的要求,吸取各方面的经验,在功能上突破传统格局,创造出体现 21 世纪信息时代要求的新模式。

（1）按照现代化的信息枢纽、市民的终生学习基地和群众的文化休闲中心三大功能综合考虑图书馆设计。在充分满足书刊资料典藏和学习研究条件的同时,充分考虑开发信息资源和大量利用各种非纸印文献资料的条件,并安排相当多的信息交流与学术交流活动空间、社会教育用房及读者活动场所。

（2）设阅览座位 1 300 座,其中图书报刊阅览室 400 座,专题阅览室 50 座,地方文献、工具书阅览室 30 座,外文阅览室 30 座,陈望道、冯雪峰、吴晗研究室 20 座,研究室 30 座,老年人阅览室 40 座,少年儿童阅览室 200 座,自学阅览室 200 座,电子阅览室 150 座,多媒体阅览室 100 座,语音室 50 座。

（3）藏书容量 100 万册（件）,其中电子图书、音像资料 20 万件。绝大部分藏书在开架借阅室内,古籍和地方文献设专门书库妥善保藏,电子图书另设具有良好条件的专库。

（4）实行"藏、借、阅一体化"全开架服务模式,以连续通敞的大空间将藏书、阅览、外借、咨询及电脑检索、网上查询布置在同一空间内。

（5）为提高公民的素质,需承担繁重的社会教育任务,故需安排能同时容纳 200 人的培训教室,包括多媒体教室,并配置教研室用房。

（6）设300座的多功能报告厅,可进行讲座、国内国际学术会议、文化联谊活动等,并要求有多种语言的同声传译设施,以及放映、现场摄录、电视及网上转播功能。近旁有贵宾室、休息厅等。

（7）学术会议室,大中小分别可容30－60人,可供中小型会议交流及有关团体使用。应配有电脑、投影仪等。

（8）设容纳300人参观的展览厅,供各种文化、科技展示交流之用。近旁要有洽谈室、休息厅、办公室、美工室。

（9）设义乌名人厅,常年陈列历史文化名人及当今院士、著名作家、劳模、企业家的生平事迹、著作和研究资料,争取成为全市的爱国主义教育基地。

（10）设陈望道研究室、冯雪峰研究室、吴晗研究室。可与义乌名人厅相邻布置。

（11）为本市马列主义毛泽东思想邓小平理论研究室、文学研究室、现代民间美术研究室等预留房间和研究条件。

（12）专家研究室、小型讨论室共30座席,配置专题书架、上网接口及休息条件。

（13）设儿童部,分低幼、小学、中学三个图书室,另有玩具图书馆、游艺室、故事室、兴趣小组活动室、多媒体电子阅览室。应有相邻的室外有活动场地。

（14）设老年人活动室,布置书报杂志及保健、休闲条件。为关心下一代工委会预留办公室。

（15）设社会教育和辅导研究部,广泛联系社会团体及乡镇图书馆(室),负责推进全市城乡读书活动、社会教育和图书馆服务网络的发展。

（16）设计算机网络中心,将本馆局域网与省内外图书馆信息中心及Internet相连,并可接收高校远程教育课程。配置能将本馆特色馆藏、地方文献转换为电子文献的设备,为全天候远程传输服务创造条件。

（17）应具有读者所需要的综合服务能力,提供文献复印、书刊出售、文化休闲、餐点饮料服务。

（18）门厅要有浓厚的文化气息，内设大型电子显示屏、读者导引触摸屏、咨询台、还书处、存物处。

（19）为残疾读者入馆借阅咨询作出周到的安排，进馆有无障碍设施，上下有电梯，阅览室有专座，卫生间有专用设备。

（20）要为读者创造舒适优雅的阅读研究和交流条件。建筑要争取好的朝向，以自然通风、自然采光为主，同时设中央空调和通风换气系统，保持室内适宜的温度和空气清新。

（21）应有严密的安全防范设施，包括门禁、自动监测、自动报警、消防、紧急逃生、防震、防灾、防盗自动化监测系统，确保读者、工作人员、藏书、设备的安全。

（22）将楼宇自动化、通信自动化、办公自动化和综合布线结合，加以系统集成，信息、语音、电视、电子会议，安保、消防、空调系统等统一监控管理，成为智能化建筑。

3. 工艺、土建要求

图书馆工程要广泛采用适应新世纪图书馆建筑发展趋势的新观念及新技术、新工艺、新材料、新设备，总体上达到新高度、新水平。

（1）读者出入口为主出入口，学术交流区和少年儿童活动区设单独对外出入口。

（2）本工程建筑等级为一级，建筑耐久年限和耐火等级均为一级。按抗8度地震设防，并按国家规定做好平战结合的人防工程。

（3）主体建筑阅览大楼为通敞式大开间布局，采用统一柱网、统一层高、统一荷载，求得最大限度的灵活性，日后内部空间使用功能可局部改变，以适应新要求。除楼梯、电梯间和卫生间外不设固定实墙隔断。建议柱距为 7.5 m×7.5 m 或 7.5 m×12 m 或 7.5 m×15 m，阅览室宜无中柱。

每层净高可为 3.1～3.3 m。荷载 500 kg/m²。

建筑平面利用系数要求达到 K＝0.7 以上。

（4）馆内交通：馆区各部分之间应有方便的联系。阅览大楼内各部分既有便捷的交通联系，又要避免穿插干扰，每层楼均为平层，不得有台阶。

馆内垂直交通以楼梯、步行电梯与升降电梯配合解决，读者活动区设步行电梯1台，客货两用电梯2台。

（5）通讯及线路：设自动化总机一台，转接各处，同时有市内直线电话30部。

馆内有广播系统，既可发布语音信息，也可在某些房间播放背景音乐，闭馆前播送客乐曲。

设卫星通讯信号接收装置、有线电视网信号接收装置，引入馆内电脑网络系统及广播系统，以便收转利用最新信息。

电脑网络布线应支持联机事务处理及馆内外、国内外网络互联的设施。在研究室的所有座位、阅览室的1/4座位、咨询室、信息部、电子阅览室、教室及所有办公室均有网络接续插口。

采用可扩充智能化综合布线系统，将数据、通讯、语音、消防、保安、楼宇自控等都集中于中央控制室，通过电子计算机控制全部子系统，实现智能化管理。

（6）通风照明及用电负荷：新馆阅览大楼和业务办公用房争取有好的朝向，尽可能利用自然通风和天然光线。报告厅、多功能厅等处通风换气须达到有关规范的要求。复印室设排气装置。复印室和卫生间都保持$30^3/m^2 \cdot h$排风量的负压。

图书馆室内照明以天然采光和人工照明相结合，尽量在靠窗处布置阅览座位。阅览室桌面照度应达到200～250 lx，业务、办公室照度150～200 lx，藏书区书架底层照度120～150 lx。阅览、藏书区灯光宜垂直于阅览桌、书架布置，以便于调整阅览桌及书架位置，避免产生阴影。采用节能型灯具吸顶式安装。灯的开关实现智能化自动控制。

本馆为全市唯一的大型综合性信息中心，网络系统必须全天候连接国内外重要图书馆和信息部门，故用电负荷应为一至二级，宜采用双路供电系统,重要负荷的末端配电箱设双路电源自动切换装置,确保不间断供电。

(7)给排水系统:新馆的生活、消防用水,从市政供水干线直接引入。2层及以下由市政管网直接供水,3层以上加压供水。本工程的用水设施均选用权威部门审定、推荐的节水用具。排水采用雨污分流方式。

(8)消防系统:图书馆为重点防火单位,按一级消防标准设计。整座建筑所采用的材料包括装饰材料均为难燃或不燃材料。全馆设置火灾自动报警及自动灭火系统,消防监控室设在首层,有直接的对外出口。建筑物四周消防车均可直达。

按我国现行有关图书馆的消防规范,大面积空间依规定的消防分区采取措施设防,并针对不同功能区、功能单元的要求采取不同的消防措施:

计算机房、古籍书库等不宜使用水的部位采用自动喷淋泡沫灭火系统。

走道、车库、办公室等可采用自动喷水灭火系统。

一般书库、阅览室等采用移动式气体或干粉灭火。

室外等其他部位设置消火栓灭火。

(9)防盗及监测、监视系统:在主要活动区、开架借阅区、古籍书库、计算机网络中心、声像资料室及其他重点部位设监视仪探头,显示屏可在管理人员近旁,部分在总控制室内。

读者总出入口设门禁和防盗监测仪,如未办手续的资料携出时能报警、显示、关闸。

(10)各类用房的要求:

① 开架借阅室,既有藏书,又有阅览座位,且能灵活调整,室内均设流通出纳、咨询服务台、管理工作人员办公区,配置电脑联机工作站、检索终端和复印机。有相当部分的阅览桌上备有电脑插口,读者自带手提电脑也可插上使用。

② 公共查目区,可在门厅一侧。在检索终端上既可查本馆文

献目录,又可联网检索金华市及省内外图书馆的文献资源。

③ 计算机网络中心,宜安排在适中的位置,以使内外线缆都不至于过长。机房按有关的国家标准设计,须防尘、防震、防雷、防静电。宜用架空活动地板以方便安装、扩容及更新线路。

④ 设电子文库录制室,将特藏文献及信息产品、专题数据库刻录成光盘或转为电子文库,可供上网服务。

⑤ 设声像技术室,包括录音室、录像室(演播室)、编辑加工和复制室,设备器材间、办公室、更衣室等。可考虑邻近视听室及声像资料库。

⑥ 复印服务,在大厅近旁或其他适宜地点设集中的复印室,同时各楼层阅览室、报刊室也宜设置凭卡使用或投币式复印机,以方便读者。

⑦ 轻印刷系统,包括激光照排、制版、胶印、装订等,配以材料库。既可加工印制本馆开发信息资源的产品,又能为社会服务。其消防、安全、噪声污染防治等方面要有严密的措施。

⑧ 主楼门厅,读者入馆后得到醒目的指引,获得提示,能迅速确定经何途径可得到自己需要的服务。很快可达楼梯、电梯间。门厅内应设有多媒体触摸屏导读系统、咨询台、还书处、办证处、存物间。近旁即有公共查目中心、复印室及书刊销售供应点、综合服务部(包括便餐、饮料等)。附近有休息室。

⑨ 报告厅,座位要舒适,近旁有接待、休息室、卫生间、控制室。为求良好的音响效果,宜进行专门的声学设计。需具有摄录和现场转播的条件。要有供报告人用的书写投影仪、光盘或软盘通过计算机及大屏幕显示的设备。也要配置放映间及放映设备,便于用科教电影进行科普宣传。

⑩ 多功能厅,可用作学术交流、中型集会、联谊活动等。座位可移动任意排列。应有相应的灯光照明、音响、屏幕及调控等设施,内有控制室。

⑪ 展览厅,设展台、展屏、展板,可布置各种图片、实物展览,

进行交流洽谈。光线柔和,照度适当。近旁应有美工室。对外有方便的通道,供展品及人员出入。

①② 培训教室,分大小数间,除常用设施外,应配置电化教学用大屏幕彩电、电脑教学设备与显示屏等,并能联网接受高校的远程教育。

①③ 研究辅导与公关部,负责业务研究、培训与学术交流,并广泛联系社会团体,共同发动开展读书活动,组织报告讲座,及各种有益于提高群众文化素质的活动。附业务资料室。

①④ 采编室,有存放周转图书的空间,要放置一套馆藏卡片目录柜。电脑能联联网进行编目作业。进出图书要有便捷的通道。

①⑤ 总控制室,对全馆区及各楼宇的运转情况、安全保卫、防火防灾等进行集中监测和控制,24 小时值班。必要时能采取应急措施,需有畅通的对外通讯联络手段。

4. 功能分区、布局及面积分配

(1)图书馆的功能分区

① 阅藏研究区——图书阅览室、报刊阅览室、专题阅览室、古籍参考工具书室、马列毛邓研究室,陈冯吴研究室,研究室、民间美术研究室、自修室,老年人阅览室,儿童部。

② 电子网络区——电子阅览室、视听阅览室、听音室,计算机网络主机房,图书馆网站、数据库开发加工制作室。

③ 交流培训区——报告厅,多功能展厅、美工室,学术会议室。

④ 公共活动区——门厅(含咨询、总出纳台、存物),公共查目室、复印复制室、书店,读者服务部和供读者交流之用的读者休息室。

⑤ 管理设备区——馆办公室等办公用房,采编室等业务用房,收发保安值班室、总控制室、配电空调机、水泵房等设备用房,以及仓库、汽车库、自行车库。

各功能区相对独立,相互之间有便捷的联系。

（2）布局

图书馆的读者主入口与档案馆的主入口相对布置,面向文化广场,可在首层或2层。

图书馆内各功能分区的布局原则是:面向广大读者、公共开放性强、使用频率高的在低楼层;面向高层次研究型读者、公共性弱、使用频率低的在高楼层布置;电子计算机房尽可能安排在居中位置;内部办公用房可在顶层;机器设备用房、仓库等可在地下层。

动区、半静区、静区合理组织安排,将产生噪音的部分安排在阅览区之外。在阅览藏书空间,靠窗布置读者阅览座位。

报告厅、多功能厅、展厅等宜与阅览藏书空间分开布置,有单独的出入口。书店、读者休闲阅览室、服务部等宜在底层,且有直接的对外出口。

少年儿童阅览室既有可从图书馆内进入,又有直接对外出口,按《图书馆建筑设计规范》要求室外设儿童活动场地。

（3）面积分配

图书馆建筑面积为20 000 m²,要求平面利用系数达到0.7,使用面积为14 000 m²。

图书馆各功能区的使用面积及其比例如下:

阅藏研究区　　　　6 800m²　　　　占48.6%

电子网络区　　　　1 700m²　　　　占12.1%

交流培训区　　　　2 600m²　　　　占18.6%

公共活动区　　　　1 600m²　　　　占11.4%

管理设备区　　　　1 300m²　　　　占9.3%

使用面积总计14 000 m²,面积分配如下表:

1. 阅藏研究区

序号	房间名称	座位	藏书（万册）	使用面积(m²)	备　注
1.1	图书开架借阅室	200	30	2 000	阅览 2.5m²/座，开架藏书 250 册/m²
1.2	报刊阅览室	200	10	1 200	含报刊合订本库 150 册/m²
1.3	地方文献、工具书阅览室	30	10	500	含地方文献、古籍书库
1.4	外文阅览室	30	5	300	
1.5	专题阅览室	50	5	300	
1.6	马列毛邓小平理论研究室	20	3	200	
1.7	陈望道冯雪峰吴晗研究室	20	3	200	
1.9	现代文学、民间美术研究室	20	2	200	
1.8	研究室	30		300	分大中小若干间
1.10	老年人阅览室	40	3	200	
1.11	自学阅览室	300		600	
1.12	儿童阅览室	200	10	800	含活动室关工委办公室
	小计	1 100	80	7 500	

2. 电子网络区

序号	房间名称	容量		使用面积	备注
2.1	电子阅览室	150		700	
2.2	视听阅览室	100	20	400	
2.3	语音室	50		200	
2.4	计算机网络中心			200	
2.5	网站及数据库加工室			200	
	小计	300	20	1 700	

3. 交流培训区

3.1	义乌名人厅		300	
3.2	报告厅	300	800	含贵宾室、休息厅等
3.3	学术会议室	200	400	分大中小 3 间
3.4	多功能展览厅	300	600	含美工室、办公室
3.4	培训中心	200	500	含教师备课室、办公室
	小　计	950	2 600	

4. 公共活动区

4.1	门厅		500	含总咨询台、还书台
4.2	公共查目中心		100	查目终端 20 台
4.2	书店		400	
4.3	读者服务部		300	含复印室
4.4	读者休息室		300	
	小计		1 600	

5. 管理设备区

5.1	馆长室		150	分 3 间
5.2	馆办公室、档案室		100	分 3 间
5.3	接待室		50	
5.4	会议室、活动室		200	分 2 间
5.5	文献采编室		200	
5.6	轻印刷、装订室		200	
5.7	值班室		50	
5.8	监控中心		50	
5.9	仓库		300	
	小计		1 300	

五、档案馆工程

为发展档案事业,更好地为义乌市经济社会发展服务,亟需建设一座独立、专用的档案馆建筑,成为全市的档案资料保管基地、爱国主义教育基地和档案信息服务中心。

1. 档案馆工程的总体要求和设计原则

(1) 以"全国一流、省内先进"为目标,要有超前意识,要求档案馆能充分显示我市档案事业的水平,为城市档案管理一体化打下基础,也为全省档案事业建设作出贡献,并有利于扩大义乌在全国档案界的影响,有利于义乌树立良好的文化形象。

(2) 档案馆工程应符合《档案馆建筑设计规范》,力求功能齐全、布局合理、流程便捷、设施先进、利用方便、环境舒适、管理科学、防护严密,确保档案资料的安全,能充分发展"两个基地,一个中心"的作用。

(3) 档案馆工程应建设成为现代化、开放式、具有文化内涵、时代特点和地方特色的建筑,要高起点、高标准、超前性来规划设计,建成为省内外有影响的档案馆。

(4) 档案馆首先要确保档案资料的绝对安全,在此基础上体现"以人为本、服务至上"的原则,努力面向公众,把便于公众查询利用档案信息放在重要位置,并兼顾文化休闲的需要,创造宽松、宁静、自然的阅档环境。

(5) 档案馆应充分考虑档案工作未来发展趋势,广泛采用新技术和各种现代设施,建设成为一座多功能的智能化建筑。

2. 功能要求

档案馆是本市的大型文化建筑之一,随着公众对档案信息利用程度的提高,对其功能提出了多方面的要求。义乌市新建的档案馆应吸收档案工作的新理念和新经验,突破传统格局,创造出体现21世纪信息时代档案事业发展的新模式。

（1）按照档案资料保管基地、爱国主义教育基地、档案信息服务中心的要求综合考虑档案馆设计。在保障档案资料安全保管的前提下,充分考虑利用档案资料向公众进行爱国主义教育、为公众利用档案信息资源及研究开发档案信息资源提供良好的条件,并安排相应的交流及培训场地及公众休息的场所。

（2）馆藏档案资料现有 13 万卷,待接收 7 万卷,未来接收入馆平均每年 2 万卷,考虑 50 年发展,设计馆藏总容量达 120 万卷（件）,其中纸质档案 108 万卷,含珍贵纸质档案 5 万卷,特种载体、实物档案 12 万件。

（3）设机关档案管理中心,对城建、土管、房产等专门档案集中保管,并对一般党政机关形成的现行档案进行接收,建立机关档案管理中心,预计藏量 40 万卷。

（4）设档案寄存中心,接受未列入进馆范围的企事业单位的寄存档案,预计藏量 10 万卷。

（5）设全宗室,用于保管进馆各立档单位全宗卷,预计藏量 5 万卷。

（6）设开放档案查阅室,能同时容纳 50 人查阅利用。

（7）设内部档案查档接待室,能同时接待 10 人查档利用。

（8）设电子阅览室,终端机 10 台,供公众查阅利用馆藏电子档案,并可用于网上档案资料的查询。

（9）设现行文件查阅室,可同时接待 20 人查阅各单位现行文件。

（10）设目录室,计算机查目终端 10 台。

（11）设多媒体演示厅,可容纳 50 人同时观看。

（12）设永久性陈列室,可容纳 100 人同时参观。

（13）设展厅,用于不定期展出,可容纳 100 人同时参观。

（14）设报告厅,200 座席,有齐全的配套设施。

（15）设业务培训室,可供同时培训 60 名档案工作人员之用。

（16）设计算机网络中心,配置先进的设备,有将纸质档案及各种珍贵档案、实物档案加以数字化的条件。网站的建设和维护也在此安排,具有通过网络向义乌市内外全天候提供档案资料的能力。

(17)设声像资料处理室,用于有关声像资料档案的处置。

(18)设复印室,用于资料复制。

(19)设档案接收室、消毒室,有日处理进馆档案 100 卷的能力。

(20)设裱糊室,用于修复破损档案资料。

(21)设研究室,用于对档案资料的研究和编纂。

(22)档案局、馆办公室,按局领导 5 人、工作人员 10 人配置。

(23)会议室,供召开不同规模的会议之用。

(24)门厅要有浓厚的文化气息,内设大型显示屏、导引触摸屏、存物处等。

(25)设公众休息室,可供 30 人休息,兼具文化休闲功能,可供应茶点等。

(26)为残疾人入馆利用档案资料创造条件,进馆有无障碍设施,上下有电梯,阅览室有专座,卫生间有专用设备。

(27)要为社会公众创造舒适优雅的查档利用条件。建筑要争取好的朝向,以自然通风、自然采光为主,同时设中央空调和通风换气系统,保持室内适宜的温度和空气清新。

(28)应有严密的安全防范设施,包括自动监测、自动报警、消防、紧急逃生、防震、防灾、防盗自动化监测系统,确保档案资料、查档公众、工作人员及设备的安全。

(29)将楼宇自动化、通信自动化、办公自动化和综合布线结合,加以系统集成,信息、语音、电视、电子会议,安保、消防、空调系统等统一监控管理,成为智能化建筑。

3. 工艺、土建要求

档案馆工程要广泛采用适应档案工作社会化、现代化发展趋势的新观念、新技术、新设备,要求达到档案馆建筑的新水平。

（1）档案馆的主出入口可与图书馆的主出入口相对布置。

（2）本工程建筑等级为一级,建筑耐久年限和耐火等级均为一级。按抗 8 级地震设防,并按国家规定做好平战结合的人防工程。

（3）主体建筑档案库为通敞式大开间布局,建议柱网为 7.5 m×15 m,中间无柱。每层净高可为 3.1～3.3 m,与图书馆相一致。档案库荷载数 12 kN/m^2,查阅空间和办公用房荷载可为 3 kN/m^2。建筑平面利用系数要求达到 K = 0.75 以上。

（4）档案馆的围护结构要严格按照有关规范进行设计,屋顶应达到保温隔热的要求。档案库门应做防火保温门,窗户应做防尘隔热双层窗,开启窗户应有密封及防盗措施。

（5）档案库要严格按规范要求设计,对于温湿度控制、防水防潮、防日光和紫外线、防尘防污染、防虫防蛀防鼠、防盗、防火,都必须有严密的措施,确保万无一失。

（6）馆内分隔及交通:档案库与查阅利用区应严格分开布置,其间可设缓冲间。各部分既有便捷的交通联系,又要避免穿插干扰,每层楼均为平层,不得有台阶。

馆内垂直交通以步行楼梯为主,与电梯配合解决,公众活动区设客货两用电梯 2 台。档案库内可考虑另设运送档案的垂直运送装置。

（7）通讯及线路:设自动化总机一台,转接各处,同时有市内直线电话 30 部。

电脑网络布线应支持档案联机事务处理与省内外档案系统网络互联。在研究室、档案查阅室、电子阅览室、培训教室及所有办公室均有网络接续插口。馆内有广播系统。

采用可扩充智能化综合布线系统,将数据、通讯、语音、消防、保安、楼宇自控等都集中于中央控制室,通过电子计算机控制全部子系统,实现智能化管理。

(8)通风采光:档案馆公众查阅利用大楼和业务办公用房争取都有好的朝向,尽可能利用自然通风和天然光线。报告厅、多功能厅等处通风换气须达到有关规范的要求。复印室设排气装置。复印室和卫生间都保持 $30^3/m^2 \cdot h$ 排风量的负压。

(9)照明及用电负荷:室内照明以天然采光和人工照明相结合,尽量在靠窗处布置查阅座位。采用节能型灯具吸顶式安装。灯的开关实现智能化自动控制。

本馆为全市用电负荷为二级,宜采用双路供电系统,重要负荷的末端配电箱设双路电源自动切换装置,确保不间断供电。

(10)给排水系统:档案馆的生活、消防用水,从市政供水干线直接引入。2层及以下由市政管网直接供水,3层以上加压供水。排水采用雨污分流方式。

(11)消防系统:档案馆为重点防火单位,按一级消防标准设计。整座建筑所采用的材料包括装饰材料均为难燃或不燃材料。全馆设置火灾自动报警及自动灭火系统,消防监控室设在首层,有直接的对外出口。建筑物四周消防车均可直达。

按我国现行有关规范,大面积空间依规定的消防分区采取措施设防,并针对不同功能区、功能单元的要求采取不同的消防措施:

计算机房、档案库等不宜使用水的部位采用自动喷淋泡沫灭火系统。

走道、办公室等可采用自动喷水灭火系统、手提式干粉灭火器。

室外等其他部位设置消火栓灭火。

(12)防盗及监测、监视系统:在若干重点部位设监视仪探头,显示屏可在管理人员近旁,部分在总控制室内。

4. 功能分区、布局及面积分配

(1)档案馆的功能布局

档案馆的主入口与图书馆的读者入口相对布置,面向文化广场,可在首层或 2 层。

馆内各功能区的布局原则是:面向广大公众、开放性强、使用频率高的在外侧和低层,档案库在北面及内侧,研究办公区在上层,计算机网络中心居中布置,报告厅、陈列厅、展厅等可在底层。

(2)面积分配

档案馆建筑面积 20 000 m^2,按平面利用系数 K = 0.70 计,使用面积为 14 000 m^2。面积分配如下表:

1. 档案贮藏区

序号	房间名称	藏量 (万卷)	使用面积 (m^2)	备注
1.1	普通档案库	103	2 400	密集库 480 卷/m^2
1.2	珍贵档案库	6	300	
1.3	特种载体档案库	10	300	
1.4	实物档案库	1	300	
1.5	全宗档案库	5	200	
1.6	机关档案管理中心库	40	1 000	
1.7	档案寄存库	10	300	
	小计	175	4 800	

2. 开放利用区

序号	房间名称	座位	使用面积 (m^2)	备注
2.1	普通查阅室	50	200	
2.2	内部档案查阅室	20	100	
2.3	现行文件查阅室	20	100	
2.4	电子阅览室	10	100	
2.5	目录室	10	100	
2.6	研究室	20	200	
2.7	办公室		100	
	小计	130	900	

3. 公众活动区

序号	房间名称	容量	使用面积（m²）	备注
3.1	陈列室	200	400	
3.2	展厅	200	600	含美工室、办公室
3.3	报告厅	200	600	含贵宾室、休息厅等
3.4	多媒体演示厅	100	200	
3.4	培训中心	100	200	含备课室、办公室
3.5	门厅		400	
3.6	休息厅		200	
	小计	950	2 600	

4. 管理业务区

序号	房间名称	使用面积（m²）	备注
4.1	局长、馆长室	200	分 4~5 间
4.2	局办公室	100	分 2 间
4.2	工作人员办公室	200	分 10 间
4.3	会议室、活动室	200	分 2 间
4.4	技术处理室	200	
4.5	计算机网络中心	300	含主机房
4.6	声像资料处理室	60	
4.7	接收、消毒室	100	
4.8	装订、裱糊室	100	
4.8	复印室	40	
	小计	1 500	

5. 辅助设备区

序号	房间名称	使用面积（m²）	备注
5.1	传达、收发、值班室	100	
5.2	总控制室	50	
5.3	配电房	200	
5.4	空调机房	500	含库房各层的空调机房
5.5	泵房	100	
5.6	保洁、绿化用房	50	
5.7	仓库	200	
5.8 汽	汽车库、自行车库	3 000	
	小计	4 200	

五、投资估测

　　为把义乌市图书馆档案馆建设成为功能齐全、设施先进、装饰考究、造型美观的现代化、智能化建筑,达到"省内先进、全国一流"水平,本工程土建、安装、装修综合造价预计为 2 800 元/m²,总投资控制在 1.1 亿元。

2004 年 3 月 28 日

对义乌图书馆档案馆新方案(3 号)的
评价及修改意见

一、对方案的评价

　　1. 图书馆、档案馆分区明确,互不干扰,而建筑外观又合为一体,处理得较好,建筑高度与体量也较为适宜。

2. 方案为地下 1 层,地上 5 层,较为适合图书馆、档案馆的使用要求。

3. 结合两馆合建的条件,对某些可共用的部分尽可能考虑共享而不重复建设,有利于节约资源,建成投入使用后可节省营运费用。

4. 图书馆档案馆的房间都没有好的朝向,全为东西晒,很不相宜。

5. 档案馆很大部分似没有窗户,图书馆外墙内墙为玻璃,南北入口及顶棚均为玻璃,整座建筑封闭,全依赖机械通风、人工照明,用电量及空调负荷很大。

6. 中庭设计为"意大利广场"及"街道",与图书馆档案馆的要求与格调不符。街道两旁过于曲折,上方 4 层布置休息厅,其上又有玻璃顶,均不可取。

7. 建筑面积达 45 000 m²,设计任务书规定为 40 000 m²,设计规模超过太多。

8. 造型上大下小,给人以不稳定感,不符合文化建筑典雅庄重的要求。向着宗泽路的主立面为档案馆,其形象未必能显示义乌文化和社会发展的面貌。

设计者对义乌的历史文化似未能领会,对图书馆档案馆建筑发展趋势缺乏了解。此设计与国内省内同类建筑相比,有明显的缺陷而无突出优越之处。

二、修改调整建议

1. 按照节约型社会及人与自然和谐相处的要求,设计方案要节能、高效,把图书馆档案馆建成为别具特色的生态型绿色建筑,尽量降低日常管理营运费用。

2. 将方案按逆时针方向转 90 度,使图书馆档案馆都要有好的朝向。而且能使朝宗泽路的主立面形象丰富,在主干道和湖面都可同时看到图书馆和档案馆。

3. 要求以自然通风天然采光为主,图书馆档案馆都要求能开窗通风换气。

4. 取消中庭上方的休息厅及玻璃顶棚,中庭在 1 层布置,为 28~32 m 宽的绿化庭院,利于两馆的通风采光,并形成馆在园中、园在馆中的格局,周围可为义乌名人廊。

5. 图书馆、档案馆的主入口均设在 2 层,但 1 层要安排好残障人出入口及到各层的电梯位置。1 层为报告厅、多功能厅、学术会议室、培训中心,有直接对外的出入口。儿童阅览室可在 2 层。行政办公和采编等业务用房、储存书库可置于顶层。

6. 图书馆布置 3~4 部电梯即可,不必设 6 部电梯。

7. 现代图书馆、档案馆均强调其社会化、开放性和多功能,都应是开放式建筑,故原封闭型的设计应加以改变。玻璃幕墙不适合图书馆,务必改变设计。

8. 图书馆档案馆楼顶均设计为屋顶花园。

9. 强调图书馆档案馆作为义乌市文化发展水平的重要标志,要求建筑具有的高雅的文化品位,反映深厚的文化积沉,要重视义乌文化长廊的设计布置。

10. 总规模按设计任务书及相关规定执行,以使总投资不致突破并保证建设标准。

李明华

2005 年 7 月 16 日

文章岁久而弥光 事业日新须学创(节选)

http://www.chinalibs.net 2012 - 5 - 16

作者　刘锦山

单位　北京雷速科技有限公司

摘要　李明华,1960 年 8 月,北京大学图书馆学系毕业,先后在中央编译局图书馆、长沙铁道学院图书馆、浙江大学图书馆、杭州图书馆工作,1988—1996 任杭州图书馆副馆长,1997 年 1 月退休。2000 起任杭州时代图书馆建筑咨询有限公司经理。1989—1993 国际图书馆学会联合会(IFLA)图书馆建筑组常委 1993 通讯委员;1988 年 4 月任中国图书馆学会学术委员会委员、图书馆建筑与设备研究分委员会副主任;1992—1997 中国图书馆学会图书馆建筑与设备研究组副组长;1998—2009 年任中国图书馆学会图书馆建筑与设备专业委员会顾问。1984 年春,参加筹办浙江省高校图书馆大专毕业生图书馆学情报学进修班,任班主任,2001—2003 年任北京大学情报学专业研究生课程进修班(杭州)班主任。

李明华先生多年来一直致力于我国图书馆事业与图书馆建筑的理论研究和实践工作,为促进我国图书馆事业的可持续发展孜孜不倦地工作,并做出了积极贡献。为使读者朋友全面了解和认识李明华先生的图书馆学以及图书馆建筑理论的基本观点,以其对我国图书馆事业及图书馆建筑的发展有所裨益,e 线图情采访了李明华先生。

一、求学与职业生涯

1. 到北京大学读书

刘锦山：李老师，您好！非常高兴您能接受我们的采访。请您首先向读者朋友谈谈您的从业经历和治学经历。

李明华：非常感谢 e 线图情和刘总对我的关注。……

1956 年初中央召开了知识问题分子会议，号召全国"向科学进军"。正好那年夏天我们高中毕业，大家都想当科学家、工程师，普遍的看法是"学好数理化，走遍天下都不怕"。那时都看不起文科，只有功课差的才报考文科，而我的想法是"向科学进军"也不能不要文科啊，大家不看好文科，我偏要报考文科。填报志愿时本来已经填了北京铁道学院的铁道经济专业，后来听说图书馆专科读 3 年，考虑到自己是家里的老大，想着早些工作帮助父母照顾弟弟妹妹，就把填好的志愿改成了北京大学图书馆学专修科，而到入学后学制改成了 4 年制本科。

就读北京大学图书馆学系，班主任是张树华老师，王重民、刘国钧、周文俊、朱天俊、张荣起、舒翼翚、郑如斯、何善祥，从国外归来的关懿娴、邓衍林等老师都教过我们。文学史课是和中文系同学一起上课的，如章廷谦（川岛）的近代文学史课。世界近代史课是张芝联教的，中国古代史是杨伯峻教的。还有一学年的《科技概论》课，数学、物理、化学、生物、机械、建筑每部分 6 周，讲授生物课是沈同教授，讲建筑的是请清华大学汪坦教授。

我的毕业论文选题是图书馆建筑，那是 1960 年春，关先生是我的指导老师，她在国外就研究图书馆建筑。当时，北京大学要建新的图书馆，为此把北大附小迁走，腾出空地来，其位置就是现在图书馆的所在地。建新馆由耿济安副馆长负责，新馆已经开始设计，我拜访了耿先生，还跑了北京市建筑设计院见了设计师。不过 60 年代北大图书馆没能建起来。我的图书馆建筑毕业论文有了开始却没有写成，当时批判白专道路，不让学生各自写论文了。毕业论文虽然有始无终,但却可以说是我与图书馆建筑研究结缘的开始。

2. 在中央编译局工作

刘锦山:李老师,您从北京大学图书馆系毕业之后分配到哪里工作了?

李明华:1960年8月毕业后,我被分配到中央编译局图书馆工作。

原来图书馆在一片平房里,狭窄又不安全,大约在1962年,局里向上打报告要建图书馆,姜椿芳副局长亲自一次次跑国务院机关事务管理局,争取立项和资金。当时设计任务书是由我起草的。图书馆和办公楼是结合建在一起,书库在一侧,而办公楼和书库的层高不同,电梯就两边都可以开门。书库是钢筋混凝土框架结构,钢质书架,比之前的木书架好很多。那时有的图书馆书库里的书架是水泥支柱搁上木板。图书馆建成以后,很多单位来参观。

3. 陌生工作的历练

刘锦山:李老师,后来您为什么离开了中央编译局?

李明华:文革中我从中办五七干校分配到长沙,到了湖南省农机校。那时,学校刚恢复不久,校党支部书记安排我去搞基建,虽然和我学的专业无关,也只能服从领导的安排做完全陌生的工作。

我参加基建工作的几年里,建起了当时最大的学生宿舍,1 000多平方米的实习车间,还有一栋家属宿舍。那时基建项目批准了,就由湖南省建筑设计院来设计,不要设计费的。我负责联系设计院,和建筑师配合。设计院拿出图纸后,我就按图查《建筑结构设计手册》,计算出各种规格钢筋的长度和重量,想方设法找齐这些钢材。

这几年的工作和我学的专业毫无关联,却是很好的历练。遇到困难我就到图书馆查相关的书,从中去找到解决问题的思路和办法,获得了成功,对学校的发展有所贡献。我付出的辛劳很值得,还接触了基建工程,学到很多有意义的东西。

4. 重新归队回本行

刘锦山:李老师,文革之后百废待兴,图书馆事业也迎来了发展的春天,而您也回到了离开已久的图书馆,调到了长沙铁道学院图书馆工作,迎来了自己工作和事业发展的新起点,请您谈谈这个阶段的情况。

李明华:文革结束,大地回暖。1978 年春我调到长沙铁道学院,回到图书馆本行。

5. 天堂杭州的生活

刘锦山:李老师,您离开了长沙之后,调到杭州工作,此后一直都定居在杭州,尤其是在杭州图书馆工作期间,通过努力,您不仅为杭州图书馆以后的发展奠定了相当的基础,而且您还当选为杭州市人大代表,在更广阔的格局下为图书馆事业的发展工作着。请您向读者朋友谈谈这个阶段的工作情况。

李明华:1982 年 12 月,我调到浙江大学图书馆,从此开始了在"人间天堂"杭州的生活。

1986 年 3 月我离开浙大,调到杭州图书馆,直到 1997 年初我退休为止。

我的专业工作经历就是从专业图书馆到高校图书馆,再到公共图书馆,几个系统都转了一圈,对 3 个类型的图书馆都有所了解,确实非常有好处。

杭州图书馆是我工作的终点站。回首几十年专业生涯,感觉是:今生真乃不虚此行。

6. 新的机缘和平台

刘锦山:李老师,我们知道,1981 年 9 月,教育部召开了全国高校图书馆工作会议,这次会议的召开对于我国高校图书馆事业的发展影响非常深远。而您作为会议的工作人员,对会议的成功召开付出了辛勤的努力。请您谈谈这方面的情况。

李明华:1981 年的全国高校图书馆工作会议是 1956 年召开的全国高校图书馆工作会议之后 25 年召开的。在当时的背景下,有一系列关乎图书馆发展的重要问题亟待解决。

时任北京大学图书馆副馆长的庄守经到教育部专门负责这次会议的筹备工作。筹备组从高校临时借了一些人员分 3 路往东北、华东和中南调研,庄守经到湖南长沙,我也参加了座谈会。后来就点名要张白影和我做会议工作人员。这次会议除大会交流以外还有好几个专题的分组会,安排我主持了"图书馆基本建设"专题会议。

二、关于图书馆建筑研究

1. 图书馆建筑研究的发端及展开

刘锦山:李老师,多年来您一直致力于图书馆建筑的理论研究和实践工作,为促进科学的图书馆建筑理念的形成而孜孜不倦的努力,为我国图书馆事业的可持续发展做出了积极贡献。请您向读者朋友谈谈您是如何开启图书馆建筑研究工作的?

李明华:1981 年秋天,中国图书馆学会、全国高校图工委和建设部设计总局联合筹办图书馆建筑的研讨会,我寄出了论文。会议筹备单位西北设计院 2 位建筑师到长沙来和我面对面进行了讨论。1982 年 3 月"全国图书馆建筑设计经验交流会"在西安召开,我去参加会议,并又提交了论文《从便于管理和节省人力来考虑图书馆建筑设计》,会议总结时,建设部专家特别提到我论文中的"六求六不求"—求其广不求其高;求实用而不求壮观;求发展而不求守常;求借鉴不求临摹;求节能不求花俏;求长远不求片面节约。当时朱强代表高校图工委出席会议,会后我和他一起到兰州参观了几所大学图书馆。

1982 年秋,中国图书馆学会第三次科学讨论会在昆明举行,我的论文"图书馆建筑是图书馆学的重要研究领域"送到会上交流。

1985 年我成为中国图书馆学会图书馆建筑分委员会的委员,

1988－1997 年担任图书馆建筑与设备专业委员会副主任,1998－2009 年担任顾问。1989－1993 年我担任了 IFLA 的图书馆建筑与设备组常务委员会委员,1993 年起为通讯委员。我写的《对北京农业大学新图书馆建筑的评估》在 IFLA 第 60 届年会上交流。

这段时间,我参加了许多活动,有很多机会和图书馆界及建筑界朋友交流,还和台湾的图书馆建筑学者和建筑学教授交了朋友,这些对我在图书馆建筑方面的研究有极大的助益,如果没有这样好的机遇,我就不可能写出那些文字。

1982 年图书馆建筑会议后,编好了论文集送到出版社,据说因为经费问题而没能出版,很可惜。1990 年 5 月在宁波、1991 年 10 月在大庆,我们图书馆建筑分委员会办了两次学术研讨会,我觉得论文不能只是参会的人交流,一定要出版论文集让图书馆界和建筑界都能看到。分委员会一致赞同我的想法,并委托我进行编辑工作。我就近联系了浙大出版社。由于宁波会议时浙江建筑学会和浙大建筑系好几位领导都参加了,因此我邀请浙大建筑系主任合作主编,建筑系也出一部分费用交出版社,而且有了浙大的单位参加主编后,出版社在费用方面也给一些折扣优惠。除了交给出版社的钱以外,印刷费用是要我自筹的。尽管经费不够,但我坚持不向论文作者收钱。经过努力,《论图书馆设计:国情与未来—全国图书馆建筑学术研讨会文集》在 1994 年出版。而我却欠了印刷款,最后把 1992 年到印度时买回的一件皮大衣给印刷厂老板抵了帐。既出力又赔钱来出大家的论文集,别人都说没你这么干傻事的。但我觉得开会的这些积累,通过这本论文集能传播开去,被全国各地所知道,让许多图书馆的建设能参考和利用咱们大家的研究成果,这才是重要的,我出点力赔些钱也值得。1997 年夏我到中科院图书馆新馆筹建办临时帮忙,他们竟然对这本论文集很熟,什么内容在那儿马上翻到那一页,这很让我意外,也感到欣慰。所以我觉得这本书对图书馆界很有用处,我也算为图书馆建设做了一桩好事。1999 年到台湾参加海峡两岸图书馆建筑研讨会,我预先将几十本论文集邮寄到台北,在会上把书送给对岸的同行,起到了很好的交流作用。中国建筑学会说要 200 本论文集发给会员建筑师,我从铁路托运了去,但后来他们却分文未付。

我们中国图书馆建筑专业委员会的一些退下来的老同志,觉得实际帮助图书馆建设好馆舍,要有一个机构来开展咨询服务,于是就商议成立了杭州时代图书馆建设咨询有限公司,由我任经理。2002 年初由浙江省高校图工委、浙江省图书馆学会主办了"浙江省新馆建设研修班",交由我们公司来具体承办。从 2002—2008 年,全国高校图工委、图书馆建筑专业委员会等连续主办、由我们公司承办了七八期全国性的图书馆建筑研修班,前后共 360 多人次参加,先后有高校党委书记、校长、副校院长,建筑设计院院长、总建筑师 14 人来参加,还有澳门特别行政区政府文化局的副局长、建筑师和澳门中央图书馆的几位朋友。我们邀请全国最好的图书馆建筑专家和建筑学教授来讲课,还包了车一起到杭州、绍兴、宁波、苏州、南京、常熟、上海等地,参观考察那些有代表性的图书馆,大家都说收获极大。

为了迎接海峡两岸再次筹备图书馆建筑研讨会,在广东省立中山图书馆的主导和支持下,我和李昭淳馆长及河北农大图书馆赵雷通力合作,花了好几个月功夫,从 10 年间的近千篇论文中精选了 126 篇,汇编成《中国图书馆建筑跨世纪论文集》,由北京图书馆出版社出版。2003 年 12 月初在中科院图书馆举行海峡两岸图书馆建筑研讨会时,中山图书馆将此论文集分赠给与会代表。

《图书馆建筑设计规范》中有一个基础参数——书库内每平方米使用面积能够放多少册书? 以往由于取值不当,不少图书馆的书库没有到预定年限早就饱和了。我在 1992 年就实测书架上放书的册数,写了《书库容书量指标要重新测算》一文作探讨。1997年《图书馆建筑设计规范》的主编单位对《规范》进行修订,我看到"征求意见稿"中对公共图书馆的单位面积藏书量指标订得太高,如果不修正会发生很大的问题。于是我给东南西北中十多个地方的朋友写信,请每个地方的一座公共图书馆和一座高校图书馆的朋友帮忙实测书架上放书的册数,然后把这些数据汇总,加上分析和说明,寄给了主编单位。他们吸收了我的意见,参考了我提供的数据,对《规范》中的"藏书空间容书量设计估算指标"做了调整。《规范》的条文说明里有我的名字,在第84页上。

2. 图书馆建筑的基本观点

刘锦山:李老师,请您具体谈谈您在实践中形成的图书馆建筑的基本理论和观点。

李明华:从1982年发表第一篇图书馆建筑的论文算起到如今,前后持续了30年,我和图书馆建筑研究确实结下了不解之缘。30年前那篇论文所提出的"六求六不求",在今天看来似乎也还没有过时。这些年,经过实地观察图书馆建筑、参与图书馆工程设计方案评审、为一些单位做咨询顾问服务、参加学术研讨会、和图书馆界建筑界朋友交流等等过程中,我逐渐积累和加深了对图书馆建筑的认识,也不断提出自己的看法。

近几年发表的对图书馆建筑比较系统的论述有:《对中国图书馆建筑文化的思考》(2005)、《多管齐下力促图书馆建筑科学发展》(2007)、《国情和时代要求图书馆建筑又好又省节能环保》(2008)、《大学图书馆建筑的走向》(2009)、《面对图书馆与文教建筑共同的挑战》(2010)、《绿色节能建筑有赖于各方协同努力》(2010)《图书馆建筑文化的传承借鉴与创新》(2011)等。

关于图书馆建筑方面,我的基本观点有:

第一,现代图书馆应是社会化、开放式、综合性、多功能、网络化的图书馆系统,与读者良好互动,不断扩大交流,广泛参与社会生活。

第二,现代图书馆是社会的交流场,建筑要为人和知识的交流、读者与馆员的交流、社会的人们相互之间面对面的交流营造良好的条件和氛围,要增强交流空间的设计。

第三,图书馆建筑文化的包括一系列新理念:现代观念、文化观念、人本观念、开放观念、网络观念、服务观念、功能观念、环境观念,节能观念。

第四,建筑的内涵已经大大超出一座房子的概念,而扩展为"房舍+设施+网络+管理+文化+环境"的综合。新型图书馆建筑要求方便适用、高效率、省人力、享健康、保安全、低成本、低能耗、可持续发展。

第五,图书馆建筑的基本要求是:好用——实用永远是第一要求;好管——必须有利于科学管理;好看——崇尚文雅神形韵兼修;还要省人——节省管理力量为要务;省能——节能设计标准要执行;省钱——节省投资和运营管理费用,以节俭为荣糜费为耻。要以科学发展观为指导,力求又好又省节能环保。必须强调国情地情馆情,从实际出发,功能优先,以人为本,人与建筑与环境、功能与造型相协调,持续发展,馆人合一,绿色和谐。

第六,图书馆建筑要走向以科学发展观为指导、以人为本的人性化建筑,走向符合图书馆建筑科学理念、富有中国特色的创新型建筑,走向节能环保、可持续发展的绿色建筑,走向人与建筑、环境相和谐的环境友好型建筑,走向人文与科技相交融的文化建筑,走向功能优先、功能与造型完善结合的精品建筑,走向专家和专业人员更多参与和合作、综合融入各种学科研究成果的智慧型建筑。

第七,图书馆建筑的价值观是图书馆建筑文化的内核。图书馆建筑的价值观包括五个方面的内容:一是社会价值——图书馆建筑是供社会成员平等享用知识信息和进行交流的处所,现代图书馆是社会的图书馆;二是文化价值——图书馆建筑是用以积累、保存、传播人类智慧成果的场所,是文化的象征和文化传承的体现;三是人文价值——尊重人,尊重人的尊严,尊重人的精神需求,开放、亲和、平民化、无障碍,体现普遍的人文关怀;四是艺术价值——图书馆建筑的形象给人以美感,表现公共艺术;而归根结底是它的使用价值—图书馆建筑是用来服务于读者的,是为人建的,为使用而建造的,因此它的功能总是应该占主导地位。

3. 十项基本原则

刘锦山:李老师,据我们所知,您不仅提出了图书馆建筑的基本理论,还进一步提出了图书馆建筑的十大基本原则,其中充满着辩证思维,使得图书馆建筑工作有了更加具体的指导原则。请您谈谈这方面的情况。

李明华:图书馆建筑的基本原则可以概括为"十则":1. 实用——建造是为了使用,实用第一。2. 高效——为读者和馆员节省时间。3. 开放——设计观念的开放,让读者和馆员参与,空间格局的开放,为开放式服务管理创造条件。4. 灵活——建筑结构、布局、管线接口等都为未来发展变化提供调整的可能。5. 舒适——建筑为人,舒适为上,营造健康、方便的阅读及交流环境。6. 安全——保障人、文献信息资源、设备的安全。7. 经济——优化土建装饰投资的成本效益,节省营运费用,节省管理人力。8. 文雅——外形及内部装饰富于文化蕴涵,雅致,典雅大方。9. 绿色——节能、节地、节材、节水,利用可再生能源,可持续发展,在设计和工程评优活动中采取节能一票否决制,图书馆建筑都应当建造成为节能环保型的绿色建筑,不能造起来以后用不起。10. 和谐——力求人与建筑的和谐、建筑与环境的和谐、功能与造型的和谐,天人合一、馆人合一。

图书馆建筑是一门交叉学科,涉及许多方面,我的知识面窄,对建筑学和建筑工程缺乏了解,研究起来就"先天不足"了,所以不够深入,难免有许多失当的地方,诚望得到指正。

4. 关于我国的图书馆建筑

刘锦山:李老师,最近十几年是我国图书馆事业发展的高潮,也是图书馆新馆建筑发展的高潮,认真总结这一阶段图书馆建筑的发展状况,对于我们未来的图书馆新馆建设无疑具有十分重要的意义。而您在更加广阔的视野上对图书馆建筑展开了总结,2010 年《大学图书馆学报》第 4 期发表了您的大作《大学图书馆建筑的六十年变迁》。请您结合六十年来我国图书馆建筑的变迁着重谈谈新世纪以来我国图书馆建筑发展状况，其中有哪些值得我们骄傲的地方，还有哪些需要我们加以注意的地方？

李明华：中国图书馆建设取得非常大的成就，而图书馆建筑的状况，可以说喜忧参半。

我们建造了一批很有水平的图书馆，比如：原深圳图书馆、广东省立中山图书馆、上海图书馆、北京大学图书馆新馆及其对1975年馆舍的改造、中国科学院图书馆、南京师范大学敬文图书馆、苏州图书馆、山东交通学院图书馆、海南省图书馆等，共同特点是符合国情馆情，既满足图书馆当前的需要，又考虑了未来发展的要求，实用又经济，并且节省能源。

特别是广东省立中山图书馆的改造和扩建工程，为"可再生能源与建筑集成技术示范工程"和建设部"既有建筑综合改造技术集成示范工程"，以生态环保图书馆为目标，成为具有浓郁人文特色和文化底蕴，体现岭南建筑风格和时代风貌的文化绿洲，有着良好综合节能效果，是具有示范效应的绿色图书馆建筑。在节能方面，尽量利用自然通风和自然采光，在建筑物群的屋顶设置太阳能高负荷供电系统，解决所有用房的照明供电，还有雨水回用系统。这些都很了不起。尤其应当注意的是，上面提到的这些建筑都是中国建筑师设计的，是值得我们骄傲的，而图书馆方面也出力甚多。

然而，值得称道的图书馆建筑甚少，存在的问题很多。比如一些图书馆的门厅很大，共享空间很高，楼道、走廊很宽，浪费了很多面积及空间。曾见到有图书馆建筑的平面积利用系数还不到60%，耗费了投资又不合用，非常可惜。概括起来，目前图书馆建筑存在的主要问题有如下几个方面：

一是指导理念偏差，很多工程违反图书馆建筑的客观规律；二是脱离国情馆情，价值观迷失，崇信洋设计；三是对"标志性建筑"的要求失真，贪大求高；四是追求造型奇特，重外形损害功能；五是不遵循相关标准和过规范，检查督导缺失；六是片面追求和攀比高标准,不讲求经济性,投资浪费,运营耗费大;七是高能耗建比比皆是,与绿色建筑背道而驰,违反环保和节能减排的重大战略决策。

之所以出现这样的问题,原因很多。其中很关键的一项是设计方案评审制度的不科学、欠民主、缺监督。很多有影响的大型图书馆工程,设计方案的遴选请院士和所谓"国际著名建筑大师"来当评委,而不请图书馆建筑专家和自己的专业人员来参加。那些"大师"可能并不熟悉图书馆,也不了解中国国情,很多奇形怪状的高能耗建筑就是经由那些"大师"投票之后堂而皇之出笼的。评审制度设计很不合理,强调评审的保密而把评审过程神秘化,没有公示,不听取公众和图书馆人员的意见。有的地方的做法是上午从建筑师专家库里随机抽专家当评委,打电话通知,专家临时得到通知后匆忙赶来已经是下午2点甚至3点钟了,两三个小时选定了方案。而有的专家实际上没有接触过图书馆建筑,有的可能没看过图书馆设计规范,对图书馆的规律并不了解。我们有不少图书馆专业人士对图书馆建筑很有研究,但建设单位不请,起不到作用。这是机制上存在的问题,从而设计方案选定以后,建设单位必须接受,又没有请图书馆专家把关,造成许多无法弥补的缺陷。

一些人认为现代化建筑就是要洋气、高大、玻璃幕墙、全空调,而这些恰恰违反图书馆建筑的规律,不符合图书馆建筑设计规范,违反绿色建筑要求的。还有领导的原因,所谓"交钥匙工程",设计师按领导的意图去闭门造车,不让管理者—图书馆发言,馆长不得参与,更不听使用人—读者的意见要求,设计与使用脱节,建好后交付给图书馆,最后的结果必然是不好用,问题一大堆,难以弥补,成为长久的遗憾。

多年来图书馆建筑的研究积累了很多很好很实用的成果,但是得不到重视,领导者决策者不会看,建筑师设计师不想看,评审专家们不曾看,我们大家辛辛苦苦的研究成果很少被应用,这也是好的图书馆建筑不多的一个原因,甚觉无奈与悲哀。

所谓国外著名建筑师给中国设计的图书馆,十之八九是高能耗建筑。一些名气很大的洋建筑师事实上并非名副其实的。不要迷信外国人的设计，要从中国的实际出发，要节能、绿色建筑，这是全世界的潮流。能源供应紧张是长期存在大的问题，不能只从本单位的角度来看，我不差钱，而要从国家大的战略角度出发，必须服从国家的大决策，严肃对待。设计师尤其是国外的建筑师往往不考虑这些，而我们要清醒，要把关，要坚持原则。

我参加中国科协2007年会交流的论文中说："建筑师们、教授和馆长们一起为中国现代图书馆建设呕心沥血，神州大地上建起了许多各具特色的优秀图书馆建筑，显示出中国建筑师及图书馆建筑学者的水平绝不逊于国外设计者。在科学发展大道上，建筑界和图书馆界的科学家要勇于承担起自己的社会责任，拿出科学家的良心，追求科学真理，反对崇洋、媚俗、浮躁及奢华倾向，拒绝高能耗非环保的建筑垃圾和怪胎，不断把科学发展、以人为本的图书馆建设推向前进，为社会营造大批符合科学规律的、彰显中国风格特色建筑文化的、实用经济节能和谐的图书馆建筑，作出无愧于时代的贡献，造福当今读者，泽被后代子孙。"

三、关于图书馆基础理论

1. 社会的图书馆

刘锦山：李老师，我们知道，图书馆建筑实践是依靠科学的图书馆建筑理论来指导，而科学的图书馆建筑理论是建立在科学的图书馆学理论之上。最近十多年来，随着信息技术在图书馆的深入运用，图书馆的形态和发展模式都发生了深刻的变化。与此相应，图书馆学理论也发生着深刻的变化。而图书馆理论所要回答的基本问题不外乎是图书馆是什么和图书馆怎么办两个问题。您在这方面也做了深入的思考和探讨，请您向读者朋友谈谈这方面的情况。

李明华：从图书馆发展历史来看，近代图书馆本质上是"读者的图书馆"，现代图书馆本质上是"社会的图书馆"。从读者的图书馆发展成为社会的图书馆,这就是近代图书馆向现代图书馆的转变。

80年前印度图书馆学家阮冈纳赞的《图书馆学五定律》出版,他所提出的"五定律"即是以读者为中心的图书馆学说,反映了图书馆的实质是"读者的图书馆"。近代图书馆是站在图书馆的角度,以读者为中心考虑图书馆的一切方面。进入20世纪下半叶,社会文明进步加快,新技术革命渗透到社会生活的各个方面,社会对图书馆提出了新的要求,也提供了充分的经济、技术条件,催生了图书馆的新理念,文献信息资源共享则借着计算机网络技术的广泛应用而得以逐步实现,极大地推动了图书馆的社会化、自动化、网络化、整体化和国际合作,由此,"读者的图书馆"发展成为"社会的图书馆"。现代图书馆是居于全社会的视野,以社会为中心观察和处理图书馆的一切方面。大视野带来大开放,形成大格局。

现代图书馆的立脚点包含又超越了读者的概念,不仅仅为自己的读者而存在、对自己的读者负责,而且要与整个社会的发展密切联系在一起,对全社会负责,以社会生活各个方面对图书馆的要求来营建图书馆。社会的经济生活、政治生活、文化生活,小康社会、和谐社会、信息社会、书香社会对图书馆的要求,总之,社会文明进步对图书馆的种种要求,这些就是图书馆建设、发展、服务的根本方向和着力点。图书馆不仅面向读者,更要面向社会,面向社会的全体成员,面向社会的所有组织、机构、团体、企业,面向社会的经济、政治、文化及各个层面。经济发展、政治清明、文化繁荣、社会和谐、科技进步、教育提升、民生幸福所要求图书馆的,社会文明进步的各项目标及相应的要求,图书馆必须与之相适应,都必须满足,都必须达成,都应努力做好。

图书馆历来承担着传播知识信息的社会职能,是社会的一个学习中心、信息中心。现代图书馆扩大了职能:组织交流活动的社会职能,它成为社会的一个综合性的文化中心,包含着原有的职能,"读者的图书馆"的一切优点都得以传承,并且做得更好更完善。社会的图书馆是在信息化条件下,在现代社会广阔的空间里定位自己的坐标,更新观念,作为一项社会事业,利用现代信息技术,实现图书馆资源的社会共建、共有、共享、共开发,为全体社会成员提供所需要的各种服务。只有现代图书馆才有可能实现阮冈纳赞"读者都有其书"和"节省读者的时间"的美好理想。

图书馆是公益性的文化服务基础设施,属于公共文化服务体系,以全体人民为服务对象,实现人民基本文化权益,以保障人民群众读书看报、进行公共文化鉴赏、参与公共文化活动等基本文化权益。现代图书馆面向社会,融入社会,为社会办图书馆,社会办图书馆,成为社会生活的有机组成部分,像磁铁那样吸引社会公众和各种社会组织,又像人造小太阳向社会各方辐射能量。现代图书馆不仅传播知识、传递信息,更要组织文化鉴赏和各种文化活动,为社会成员提供进行交流活动的条件,以提高公民的文化素养、丰富群众的精神生活。

图书馆与其他公益性文化设施相比,与文化馆、博物馆、美术馆、科技馆、纪念馆、工人文化宫、青少年宫等公共文化服务设施相比,具有综合性、广泛性、开放时间长、吸纳量大等特点,其优势是其他文化设施所不能比拟的。一个图书馆每年进馆的人数以百万计,还有下属网点及难以计数的网上远程服务,图书馆无疑是最大数量的公众得到多样服务的、影响力最大的文化设施。

2. 社会交流场论

刘锦山:李老师,您曾经指出,交流是人类社会得以存在和发展的基础,交流越活跃,社会进步越快。中国近30年来的快速发展完全依仗于改革开放,而"开放"的实质就是扩大交流。基于此,您提出了"图书馆是社会交流系统的一部分,是一个广泛的社会交流场",请您谈谈这方面的情况。

李明华:社会交流系统非常广泛,可分为直接交流和间接交流两大类。传统图书馆主要承担间接交流,即文献信息交流,而现代图书馆则同时具有直接交流和间接交流两种功能。

图书馆是一个广泛的社会交流场,是读者与知识、读者与馆员、社会成员相互之间的交流场,是"三个交流场"的结合体,这是现代图书馆的一个显著的特点和标志。周文骏先生认为,图书馆是交流的枢纽,是文献交流的枢纽,是信息交流的枢纽。

读者来到图书馆进行阅读,"读一本好书,就是和许多高尚的人谈话"(歌德),"实际上是人的心灵和上下古今一切民族的伟大智慧相结合的过程"(高尔基),也就是和智者交流。读者吸取了营养会反哺,把自己的著作赠送给图书馆,让其他读者分享,进一步活跃了交流。

读者来到图书馆可以和馆员交流互动,在交流过程中得到馆员的帮助,解决各种疑难,也可帮助馆员扩大知识面,提高检索能力和业务水平。近年来许多图书馆加强了咨询服务工作,配备了学科馆员,就是为增进读者和馆员的交流,提高服务效能。

读者来到图书馆可以参观展览,参加培训,专题座谈讨论,听讲座报告,和作家、艺术家、企业家见面,观看艺文演出,欣赏音乐,还有各种各样的活动,参与互动,可以在这里休闲、交谈。一些图书馆投入许多人力和相当经费,以很大的力度和很高频度推出多种多样的活动,组织和促成社会成员间的直接交流,吸引了大量公众来参与,提高了图书馆的知名度,影响力和辐射力倍增。适应社会的要求,贴近生活、贴近群众,满足社会各界的期待,社会效益显著,"在全社会形成积极向上的精神追求和健康文明的生活方式"方面能起很大的作用,今后会更加向这方面拓展。

有学者把图书馆说成"第二起居室"的,也有"第三空间"的说法,这些从不同的视角来描述现代图书馆,都有一定的道理。而我把现代图书馆看作"交流场",是否妥当,愿和大家一起来探讨。"场",宇宙有引力场,地球有磁场,我们日常接触到的有电场,人和人群有气场。图书馆是个交流场,我们将这个交流场称为"图书馆场"也未尝不可。

　　图书馆不仅是一个三维空间,不仅有书、书架阅览桌椅,有电脑和网络,更重要的是一个个活生生的人—读者和馆员,时时刻刻在这里进行着多种交流活动,我们要观察所有这些叠加而形成的氛围,包括人气和人对物理空间内外装饰、布置、环境的感受,人们使用设备设施的感觉,人们参加和参与的活动的情感交流体认,对服务、对规章制度的感受,读者与馆员互动时相互的感受,读者与馆长、馆员与馆员、馆长与馆员相互之间的感受,等等,这里更多的是非物质形态的内容,包含情感、心理因素,时间因素,不是静态的而是动态的、多元的,所有这些综合起来,可以称之为"交流场",图书馆是社会的一个很大的、多元的、综合性的、全方位的交流场,当然还有社会环境和许多外在因素的影响,而图书馆这个交流场又是与社会场进行着交互作用的,图书馆这个"交流场"又会影响社会的许多方面,尤其在推动全民阅读,丰富群众的文化生活,优化社会的精神风貌等方面,会有持久的影响。

　　把图书馆看成是"交流场",这也回答了另一个问题:图书馆会不会消亡? 当年中国图书馆界很推崇的兰开斯特(F・W・Lancaster)在 20 世纪 80 年代初预言:"再过 20 年,现在的图书馆可能完全消失。"事实上,无论是美国或其他发达国家,图书馆迄今仍然存在着、发展着。进入 21 世纪,在中国大地上,图书馆越建越多、越造越大,而且非常活跃,丝毫没有将要"消亡"或"消失"的迹象,相反,现代图书馆正以崭新的面貌融入社会,不断壮大,越发兴旺,更加受到读者公众的广泛的欢迎和拥戴。事实证明,图书馆在 21 世纪仍然是社会所不可缺少的,也是无可替代的。

　　从理论上探讨,正是由于紧紧跟随社会前进的步伐,从"读者的图书馆"演进为"社会的图书馆",从单纯的"知识宝库"转变为多功能的社会的文化中心,从单一的传播知识的功能跃升到综合性的"交流场",既是社会的学习资源宝库和信息传递枢纽,又是社会的交流活动中心,文献信息的间接交流和人与人的直接交流完美地结合于一体,读者与知识的交流、读者与馆员的交流、社会成员的相互交流在此熔于一炉,这样的多功能图书馆正是社会文明进步所需要的,所不可缺少的,所要倚重的。这不是图书馆人主观意愿和少数人的臆想,这是公众的需求,这是客观规律,这是社会发展文明进步的必然要求和大趋势。

李明华作品目录

一、著作

1 中国图书馆建筑研究跨世纪文集．李明华,李昭淳,赵雷主编．北京图书馆出版社,2003

2 信息交流与现代图书馆系统．北京:书目文献出版社,1996

3 论图书馆设计:国情与未来——全国图书馆建筑学术研讨会文集．(主编)杭州:浙江大学出版社,1994

4 李明华论文选．吉林省图书馆学会等编．成都:东方图书馆学研究所出版,1988

二、文章

1 阅读、交流、服务、功能及图书馆建筑的转型．中国图书馆学会2011年会征文

2 图书馆建筑文化的传承借鉴与创新．第五届海峡两岸大学图书馆建筑学术研讨会,武汉:2011

3 面对图书馆与文教建筑共同的挑战．见:走向未来的大学图书馆与文教建筑．中国建筑工业出版社,2011:36~41

4 绿色节能建筑有赖于各方协同努力．建筑节能,2011(1):34~37

5 大学图书馆建筑的六十年变迁．大学图书馆学报,2010(4):84~95

6 因地制宜组织安排图书馆的空间格局．见:中国图书馆学会年会论文集2010年卷．国家图书馆出版社,2010:333~338

7 图书馆建筑:方便读者与管理,节省人力与费用．图书馆论坛,2009(6):227~230

8 大学图书馆建筑的走向．大学图书馆学报,2009(3):24~

27,33

9 多管齐下,力推节能型图书馆建筑. 河北科技图苑,2009(3):4～7,82

10 国情和时代要求图书馆建筑又好又省节能环保. 见:中国图书馆学会年会论文集 2008 年卷. 北京图书馆出版社,2008:365～370

11 多管齐下力促图书馆建筑科学发展. 见:节能环保 和谐发展—2007 中国科协年会论文集(四),2007－09

12 探讨图书馆建筑的价值观与基本准则. 见:中国图书馆学会年会论文集 2007 年卷. 北京图书馆出版社,2007:235～240

13 论以人为本的图书馆建筑. 图书馆工作与研究,2006(3):83～85

14 中国图书馆建筑文化探讨. 见:建筑与文化论集·第八卷. 北京:机械工业出版社,2006:279～283

15 对中国图书馆建筑文化的思考. 中国图书馆学报,2005(3):90～92

16 百年中国图书馆建筑文化简述. 见:中国图书馆学会编 中国书馆事业百年. 北京图书馆出版社,2004:63～70

17 世纪之交图书馆建筑的新进展与新思考. 见:戴利华主编. 2003 海峡两岸图书馆建筑设计论文集. 北京图书馆出版社,2003:48～55

18 海峡两岸图书馆的网上咨询服务. 图书馆论坛,2002(5):109～112

19 图书馆建筑规划设计的新理念新模式. 南方建筑,2002(4):38～40

20 新理念 新模式 新建筑. 大学图书馆学报,2002(2):68～70

21 中国公共图书馆21 世纪议程. 见:21 世纪中国图书馆建设与发展. 北京图书馆出版社,2002:

22 龙腾有叶云天阔——中国科学院图书馆50 周年感言. 图

书情报工作,2001(2):65~69,23

　　23 台湾图书馆建筑及其研究．图书馆论坛,2001(1):52~54,19

　　24 朱成功,李明华,朱强．图书馆员与建筑师友好合作获益良多——中国图书馆学会图书馆建筑与设备研究组的经验．大学图书馆学报,2000(5):22~27

　　25 海峡两岸图书馆建筑规范标准比较．见:海峡两岸第五届图书资讯学学术研讨会论文集(A辑),2000:43~51

　　26 薪火相传 事业兴旺——弟子们发扬光大刘国钧先生学说述略．见:北京大学信息管理系等合编．一代宗师:纪念刘国钧先生百年诞辰学术论文集．北京图书馆出版社,1999:364~377

　　27 港澳台人士捐资建造的图书馆建筑之特点．见:1999海峡两岸图书馆建筑研讨会论文集,台北,1999:231~40

　　28 改革开放与中国图书馆建筑．见:跨世纪的思考——中国图书馆事业高层论坛．北京图书馆出版社,1999:474~502

　　29 台湾图书馆事业见闻．图书馆论坛 1999(6):65~67

　　30 大众图书馆哲学初探．中国图书馆学报,1999(2):3~12

　　31 书林新城展锦绣——中国图书馆建筑巨大进步掠影．南方建筑,1998(4):45~47

　　32 1988年以来图书馆建筑的进展．见:张白影主编．中国图书馆事业(1988-1995),四川科技出版社,1997:372~389

　　33 新时代要求新的图书馆文化．图书馆理论与实践,1997(1):3~6

　　34 加速图书馆自动化:求共享、上网络、定政策、促发展．图书馆论坛,1997(1):37~39

　　35 中美图书馆界扩大交流合作走向21世纪．大学图书馆学报,1996(4)23~26

　　36 世界图书馆文化史上的九大里程碑．中国图书馆学报,1996(4):60~64

37 科教兴国与图书馆发展战略．图书情报工作,1996(2):23~26

38 走向辉煌而不是消亡——对图书馆未来的探讨．中国图书馆学报,1996(1):81~85

39 阅图索骥,建新播文:喜看中国图书馆建筑之进步．见:杜克主编,夏国栋执行主编．中国图书馆建筑集锦．中国大百科全书出版社,1996:1~3

40 到国际学术论坛上以文会友．浙江外事,1995(11):12~14

41 读者服务工作的新发展与新突破,图书馆杂志,1995(3):35~36

42 建设文明图书馆,为天堂杭州增辉．图书馆研究与工作,1985(2):1~3

43 用户市场与数据库．科学数据库与信息技术第三届学术研讨会论文集．1995

44 对中国图书馆发展战略的几点建议．中国图书馆学会工作通讯,1995(6):23~26

45 公共图书馆面对市场经济的思考．图书馆建设,1994(6):3~7

46 参与信息市场 开发信息产品．图书馆学刊,1994(6):1~5

47 对未来图书馆及其建筑的探索．图书馆建设,1994(2):68~70,1994(3):63~66

48 新时期图书馆的方针．图书情报工作,1994(3):1~4

49 从读者的图书馆到社会的图书馆．中国图书馆学报,1994(3):73~79

50 对北京农业大学新图书馆建筑的评估．南方建筑,1994(1):50~52

51 论图书馆建筑设计原则．见:李明华等主编．论图书馆设计:国情与未来．浙江大学出版社,1994:25~29

52 网络协作与共享:图书情报工作自动化之路．见:信息技术

与信息服务国际研讨会论文集·A集·中国社会科学出版社，1994:255~258

53 马克思主义文化学说是图书馆学的理论基础.图书馆界，1993(3)6~11

54 国际图联第58届大会交流的论文简析.津图学刊，1993(2)38~47

55 盛开的理论之花必能结出丰硕的实践之果.图书情报工作，1993(1):14~21

56 社会的图书馆:走向实现"五定律"——纪念阮冈纳赞诞辰百周年.图书馆，1992(6):1~4

57 别开生面,富有实效——记全国图书馆建筑设计学术研讨会.南方建筑，1990(4):1~2

58 论图书馆建筑设计原则.南方建筑，1990(4)16~20

59 年初一读者借阅情况略记.1990-01 见:信息交流与现代图书馆系统.北京:书目文献出版社，1996:463~468

60 浙江大学图书馆建筑简评.(与黄种娴合作) 见:张白影主编.中国图书馆事业十年(1976—1987)，湖南大学出版社，1988:704~706

61 发展战略九题.见:华东六省一市图书馆学会协作会论文集.1987:300~312

62 改革前进展宏图——"七五"图书馆事业展望，江苏图书馆学报，1986(2)1~6

63 大学毕业生分配来馆后的培养使用.高校图书馆工作，1986(1):39~42

64 有关图书馆建筑的三个条件.高校图书馆工作，1985(1):8~10

65 关于加速浙江省图书馆事业建设的建议.图书馆研究与工作，1984(4):1~2

66 图书馆学的对象、内容和性质.图书馆研究与工作，1984

(4):6~9

67 铁道系统工科院校图书馆的藏书建设. 铁路高校图书馆通讯,第2号.1984:40~47

68 书库容书量指标要重新测算. 图书馆学研究,1982(5):55~61

69 从便于管理和节省人力来考虑图书馆建筑设计. 大学图书馆动态,1982(7):21~23,又见:图书馆学研究,1985(4):16~21,31

70 厚望之所寄——记参加全国高校图书馆工作会议的中青年代表座谈会. 高校图书馆工作,1981(4):11~12

71 为教学科研服务的几点体会. (署名:长沙铁道学院图书馆)高校图书馆工作,1981(2):59~62

72 侯振挺教授谈图书馆. 高校图书馆工作,1981(2):57~58

73 高等学校图书馆工作刍议. 四川图书馆学报,1981(2):

74 高等学校图书馆建设的重要历史文献——重读一九五六年全国高等学校图书馆工作会议文件. 高校图书馆工作,1981(1):14~22

75 高等学校图书馆是分担教学科研任务的学术性机构. 湖南省图书馆学会1980年年会论文集.1980:14~22

76 图书馆事业的调整、改革、整顿、提高. 湘图通讯,1980(5):3~12

77 略谈高等学校图书馆工作重点的转移. 湘图通讯,1980(2):9~11

78 科学图书馆——生产力. 湖南省图书馆学会成立大会暨第一、二届科学讨论会文集.1979:31~35

李明华：图书馆建筑研究

任职

国际图书馆学会联合会（IFLA）图书馆建筑组常委（1989 - 1993），通讯委员（1993 - ）

中国图书馆学会图书馆建筑与设备专业委员会副主任（1988 - 1997）、顾问（1998 - 2009）

温州大学图书馆建设设计顾问

集美大学图书馆建设设计顾问

浙江大学城市学院图书馆建设顾问

杭州图书馆新馆筹建处顾问

绍兴县图书馆（筹）顾问

鄂尔多斯市图书馆新馆建设顾问

莆田学院新图书馆建设顾问

石狮市图书馆新馆建设顾问

杭州时代图书馆建设咨询有限公司经理

著述

从便于管理和节省人力来考虑图书馆建筑设计．全国图书馆建筑设计经验交流会，西安，1982 - 03（获中国图书馆学会成立十周年优秀论文奖）大学图书馆动态，1982（7）：21 ~ 23，又见：图书馆学研究，1985（4）：16 ~ 21，31

书库容书量指标要重新测算．全国图书馆建筑设计经验交流会，西安，1992 - 03．图书馆学研究，1982（5）：55 ~ 61

图书馆建筑是图书馆学研究的重要领域．中国图书馆学会第三次全国科学讨论会交流论文，昆明，1982 - 10

有关图书馆建筑的三个条件．高校图书馆工作，1985（1）：8 ~ 10

努力设计好图书馆．在浙江省文化厅举办的馆长培训班上的报告．甬图通讯,1985 – 09

杭州图书馆新馆工程概况．浙江省公共图书馆工作会议交流材料.1986 – 03

浙江大学图书馆建筑简评．见:张白影主编．中国图书馆事业十年(1976 – 1987),湖南大学出版社,1988:704 ~ 706

别开生面,富有实效——记全国图书馆建筑设计学术研讨会．南方建筑,1990(4):1 ~ 2 又见:大学图书馆学报,1990(5):

《论图书馆设计:国情与未来 – – 全国图书馆建筑学术研讨会文集》(主编)浙江大学出版社,1994

论图书馆建筑设计原则．见:李明华等主编．论图书馆设计:国情与未来．浙江大学出版社,1994:25 ~ 29

对未来图书馆及其建筑的探讨．图书馆建设,1994(2):68 ~ 70,1994(3):63 ~ 66

又见:李明华等主编．论图书馆设计:国情与未来,浙江大学出版社,1994:358 ~ 366

对北京农业大学新图书馆建筑的评估．国际图联第60届年会交流论文,哈瓦那,1994 南方建筑,1994(1):50 ~ 52

阅图索骥,建新播文:喜看中国图书馆建筑之进步．见:杜克主编,夏国栋执行主编．中国图书馆建筑集锦．中国大百科全书出版社,1996:1 ~ 3

1988年以来图书馆建筑的进展．见:张白影主编．中国图书馆事业(1988 – 1995),四川科技出版社,1997:372 ~ 389

书林新城展锦绣——中国图书馆建筑巨大进步掠影．南方建筑,1998(4):45 ~ 47

改革开放与中国图书馆建筑．见:跨世纪的思考——中国图书馆事业高层论坛,北京图书馆出版社,1999:474 ~ 502

图书馆员与建筑师友好合作获益良多．(朱成功,李明华,朱强合著)大学图书馆学报,2000(5):22 ~ 27

港澳台人士捐资建造的图书馆建筑之特点．见:1999 海峡两岸图书馆建筑研讨会论文集,台北,1999:231~240

海峡两岸图书馆建筑规范标准比较．见:海峡两岸第五届图书资讯学学术研讨会论文集(A 辑),2000:43~51,

台湾的图书馆建筑及其研究．图书馆论坛,2001(1):52~54,19

新理念,新模式,新建筑．大学图书馆学报,2002(1):68~70

文化视野中的图书馆建筑．在全国图书馆馆长高层论坛上的发言,南京,2002 - 10

图书馆建筑规划设计的新理念新模式．南方建筑,2002(4):38~40

尊重科学 慎重决策 顾问咨询 馆长负责——对高校新图书馆规划设计的建议与忠告．

为"新世纪中国图书馆建筑发展研讨会"报告提纲,广州,2003 -11

世纪之交图书馆建筑的新进展与新思考．见:戴利华主编．2003 海峡两岸图书馆建筑设计论文集．北京图书馆出版社,2003:48~55

《中国图书馆建筑研究跨世纪文集》(李明华,李昭淳,赵雷主编)．北京图书馆出版社,2003.11

百年中国图书馆建筑文化简述．见:中国图书馆学会编．中国图书馆事业百年．北京图书馆出版社,2004:63~70

对中国图书馆建筑文化的思考．中国图书馆学报,2005(3):90~92

中国图书馆建筑文化探讨．见:建筑与文化论集·第八卷．北京:机械工业出版社,2006.1:279~283

论以人为本的图书馆建筑．(中国图书馆学会 2005 年年会征文优秀论文)．图书馆工作与研究,2006(3):83~85

同济大学设计院图书馆建筑作品简评．2007 - 05 见:海峡两岸

图书馆建筑学术研讨会论文选编．同济大学图书馆,2007:99~112

　　探讨图书馆建筑的价值观与基本准则．中国图书馆学会2007年会征文优秀论文一等奖,见:中国图书馆学会年会论文集2007年卷．北京图书馆出版社,2007:235~240

　　多管齐下力促图书馆建筑科学发展．中国科协2007年会12.1分会场交流论文．2007－09－09,武汉

　　国情和时代要求图书馆建筑又好又省节能环保．中国图书馆学会2008年会征文一等奖．见:中国图书馆学会年会论文集2008年卷．北京图书馆出版社,2008:365~370．又见:建筑与环境,2010(1):46~49

　　大学图书馆建筑的走向．大学图书馆学报,2009(3):24~27,33

　　多管齐下,力推节能型图书馆建筑．河北科技图苑,2009(3):4~7,82

　　图书馆建筑:方便读者与管理,节省人力与费用．图书馆论坛,2009(6):227~230

　　国情和时代要求图书馆建筑又好又省节能环保．建筑与环境,2010(1):46~49

　　大学图书馆建筑六十年变迁．大学图书馆学报,2010(4):84~95

　　因地制宜组织安排图书馆的空间格局．中国图书馆学会2010年会征文一等奖．

　　见:中国图书馆学会年会论文集2010年卷．国家图书馆出版社,2010:333~338

　　绿色节能建筑有赖于各方协同努力．建筑节能,2011(1):34~37

　　面对图书馆与文教建筑共同的挑战．见:走向未来的大学图书馆与文教建筑．中国建筑工业出版社,2011:36~41

　　阅读、交流、服务、功能及图书馆建筑的转型．中国图书馆学

会年会 2011 年会征文二等奖

图书馆建筑文化的传承借鉴与创新．建筑与环境,2012(4)：13～17

〖评论〗孙玉宁．试探李明华的图书馆建筑观点．图书馆工作与研究,2005(6):65～66

〖评论〗刘君君．李明华的图书馆建筑思想．图书馆工作与研究 2008(3):86～88

相关工作

担任"钢书架"等五项图书馆家具国家标准审定委员会副主任,常州,1991

担任"阅览桌椅"等四项图书馆家具设备国家标准审定委员会副主任,北京,1992

担任《图书馆建筑设计规范》审查委员会副主任,西安,1998

在全国高校图书馆工作会议上主持"图书馆基本建设"专题会议,北京,1981-09

被借调到浙江图书馆参与筹建新图书馆工作,论证新馆建设规模,新起草浙江图书馆新馆工程设计任务书(初稿),1985-1～6

应邀在浙江省市、县图书馆馆长研讨会上作图书馆建筑专题报告,1985-9

为浙江大学建筑系毕业班开设选修课讲授"图书馆建筑设计",1985-09～12

组织主持全国图书馆建筑设计学术研讨会,组织对若干设计方案的评议,起草会议纪要,宁波,1990-05

参与组织和主持图书馆未来及其建筑研讨会,组织对若干设计方案的咨询,起草会议纪要,大庆,1991-10

参与组织和主持全国中小型图书馆建筑设计研讨会,商讨图书馆建筑评估标准,起草会议纪要,铜陵,1993-01

执笔起草北京农业大学图书馆建筑评估报告,1993 – 09

撰写金华职业技术学院图书馆(金华市图书馆)项目可行性研究报告、设计任务书, 1994 – 1995

参与组织图书馆建筑评估研讨会,执笔起草"图书馆建筑工程项目建设工作规程",牡丹江,1996

参与执笔编制中国科学院新图书馆工程可行性研究报告、项目建议书,1997 – 07 ~ 09

作为绍兴图书馆新图书馆的顾问,对设计方案提出修改建议,1998

参加海峡两岸图书馆建筑研讨会,发表《港澳台人士捐资建造的图书馆建筑之特点》. 台北,1999 – 05

与友人联名写信给李岚清副总理,认为深圳市新图书馆设计方案华而不实根本不可取,应予否定,建议另起炉灶重新征集和选定设计方案。李岚清副总理作了批示。1999 – 06

为云南玉溪市新图书馆工程起草设计任务书,1999

为安徽蚌埠市新图书馆工程起草设计任务书, 1999

为温州大学起草新校区图书馆工程设计任务书,2000

为浙江商业职业技术学院图书馆设计方案提出修改意见,2000

为仙居县图书馆起草新馆工程设计要求,2000

为衢州市图书馆起草扩建工程项目建议书,2000

在内蒙古自治区图书馆学会举办的学术报告会上作报告:图书馆建筑的规划设计问题,2000 – 08

为集美大学图书馆设计方案提出调整修改建议,2000

为浙江工业大学之江学院起草新图书馆工程建设纲要、项目建议书,提出方案修改建议,2000 – 2001

为杭州师范学院图书馆起草下沙新校区图书馆规划要求纲要,2001

应邀出席广东外语外贸大学图书馆新馆设计方案招标说明

会,并作专题发言,2001

为中国科学院上海分院编制图书馆工程项目建议书,提出改扩建方案,2001

为浙江大学城市学院起草图书馆工程方案招标书、设计任务书,对方案提出评价报告,2001

为萧山图书馆提出新图书馆规划建议,2001

应邀为绍兴文理学院新图书馆设计提出修改建议,2001 - 12

承办浙江省图书馆新馆建设研讨班,并作专题报告:百年大计设计第一,2002 - 01

应邀参加湖州师范学院新图书馆设计方案论证,提出修改建议,2002

承办并主持全国图书馆新馆建设高级研修班,专题报告:新图书馆建设的若干重要问题,2002 - 06

应邀参加茂名市图书馆新馆单体设计方案评审会,提出评审意见,又提出专题建议,2002 - 07

在全国图书馆馆长高层论坛上作专题讲演:文化视野中的图书馆建筑,南京,2002 - 10

承办并主持全国图书馆新馆建设高级研修班(第 2 期),专题报告:新图书馆建设问题,杭州 2003 - 04

为第二炮兵学院起草新图书馆建设规划纲要,2003 - 06

为河南科技大学草拟新校区图书馆规划要求,洛阳,2003 - 06

为郑州工程学院新校区图书馆建设规划提出建议,2003 - 06

应邀为"义乌市国际文化中心工程"一期中有关图书馆、档案馆的规划要求提出建议,2003 - 07

为广州大学图书馆起草新校区图书馆规划要求,2003 - 07

应绍兴县文广局之邀参加绍兴县图书馆建筑设计专家咨询论证会,2003 - 09,绍兴

应山东师范大学图书馆之邀共同商议新校区图书馆设计任务书,起草新馆规划要求纲要,济南,2003 - 09

应广东省高校图工委邀请,为"新世纪中国图书馆建筑发展研讨会"作学术报告:尊重科学　慎重决策　顾问咨询　馆长负责——对高校新图书馆规划设计的建议与忠告,广州,2003 – 11

应许昌学院邀请参加新图书馆初步方案论证会,起草对设计方案的调整修改意见,重新编制图书馆工程设计任务书, 2003 – 12

对黄河水利职业技术学院新校区图书馆设计方案提出修改建议,起草图书馆设计任务书,开封,2004 – 01

为河南科技大学图书馆起草设计任务书,洛阳,2004 – 02

承办并主持全国图书馆新馆建设高级研修班(第 3 期),专题报告:新图书馆的规划设计问题,杭州,2004 – 03

为义乌市国际文化中心建设指挥部起草图书馆档案馆合建工程招标文件、设计任务书,2004 – 03

应邀参加中国矿业大学图文信息中心设计方案评审会,并对中标方案提出修改建议,徐州,2004 – 04

应邀参加义乌市图书馆档案馆合建工程设计方案评审会议,任评审委副主任,2004 – 05 – 25

应邀参加山东轻工业学院图书馆设计方案专家论证会,任专家论证委员会主任,并提出对设计方案的评价与建议,济南,2004 – 07

致信总理:《请温总理亲自关注国家图书馆二期工程》. 温家宝总理做了批示。2004 – 10 – 4

应邀参加安徽大学新校区图书馆设计方案审查会,提出修改意见,合肥,2004 – 10

应邀对山西大学商务学院图书馆设计方案提出修改意见,太原,2004 – 11

应邀对东南大学新图书馆设计方案提出修改建议,南京,2004 – 11

应邀参加中国海洋大学新图书馆设计方案评审会,提出修改建议,青岛,2004 – 11

为义乌图书馆档案馆设计方案提出修改建议,2005 – 01

承办并主持全国图书馆新馆建设高级研修班(第 4 期),作专题报告,杭州,2005 – 03

为杭州图书馆新馆工程起草设计任务书,2005 – 04

应河北省高等学校图书馆科学管理研究会之邀,在第四次学术研讨会上作题为"高校图书馆服务管理与图书馆建筑文化"的学术报告,保定,2005 – 06 – 13

为河北经贸大学图书馆的规划设计提出建议,2005 – 06 – 16

应河北省图书馆学会之邀,作题为"图书馆精神与图书馆建筑"学术报告,石家庄,2005 – 06 – 17

为义乌图书馆档案馆新方案提出评价及调整修改意见,2005 – 07

应龙岩学院之邀为新馆布局及二次装修工程提供建议与设计方案,龙岩,2005 – 08 – 10

应邀在建设部信息中心主办的"图书馆规划、设计、建设与发展研讨会"上作题为"从社会的要求及读者与馆员的视角审察图书馆建筑"的报告,大连,2005 – 08 – 27

应无锡科技职业学院之邀商讨新图书馆馆装饰设计问题,2005 – 09 – 28

应邀参加重庆大学新校区图文信息中心概念性方案审查会,2005 – 10 – 21

应湖北经济学院之邀为新图书馆提供装饰工程建议方案,武汉,2005 – 11 ~ 12

承办由中国图书馆学会高校图书馆分会主办的"图书馆管理与建筑研讨会",宁波,2005 – 11

承办浙江万里学院图书馆和宁波大学院区图书馆主办的"图书馆服务管理与建筑新格局"研讨会,作"方便读者便于管理节省人力节省运营费用的图书馆建筑"报告,宁波,2005 – 11

应邀为鄂尔多斯市新区图书馆工程起草设计任务书,内蒙古

鄂尔多斯市,2006 – 01

应邀到宁海图书馆商讨利用其他建筑改造为图书馆的可行性,2006 – 01,浙江宁海

应邀参加义乌市图书馆档案馆调整方案审查会,2006 – 03

陪同重庆科技学院领导及图书馆馆长进行新馆建设考察,杭州 – 宁波 – 上海,2006 – 03

承办并主持全国图书馆新馆建设高级研修班(第5 期),作"从服务管理的要求考虑图书馆建筑规划设计"报告,2006 – 04,杭州

提出《对"内蒙古大学新校区规划　图书馆"的看法与建议》,2006 – 04,杭州

为桂林医学院新图书馆设计方案提出修改意见,2006 – 04

应邀参加"重庆科技学院新馆建设论证会",执笔提交《对重庆科技学院新图书馆初步设计的修改完善建议》,2006 – 04 – 20,重庆

提出《对内蒙古民族大学及通辽市图书馆建筑设计方案的意见与建议》,2006 – 05

提出对杭州图书馆新馆建筑设计方案的看法与建议,2006 – 05

应邀至莆田学院,向院领导提出新图书馆建设的建议,并起草莆田学院新图书馆设计任务书,2006 – 06

陪同莆田学院党委书记、图书馆党支部书记、副馆长等一行7人参观考察杭州、绍兴、宁波三地的7所图书馆博物馆,2006 – 07

陪同河北农业大学常务副校长、图书馆党总支书记、馆长等一行4人参观考察宁波、杭州、苏州三地的6所图书馆博物馆及1家家具公司,2006 – 08

承办并主持科学发展观与新图书馆建设研修班(全国图书馆新馆建设高级研修班第6 期),作"落实科学发展观,建设好新图书馆"报告,2006 – 11,宁波—杭州

为内蒙古民族大学审阅新图书馆施工图,提出修改调整与完

善建议,2006 – 11,通辽

为内蒙古通辽市图书馆审阅新图书馆工程施工图,提出调整布局的建议,2006 – 11,通辽

为无锡商业职业技术学院图书馆建设方案提出内部布局调整建议,2006 – 12,无锡

为莆田学院修图书馆修订设计任务书,提供有关征求方案的建议,2007 – 02

向中国图书馆学会提出《公共图书馆建设标准(征求意见稿)》的意见建议,2007 – 03

提出对西南大学中心图书馆设计方案的调整建议.重庆,2007 – 04

在"2007 海峡两岸图书馆建筑研讨会"作题为"现代图书馆建筑基本定则"的发言.上海同济大学,2007 – 05 – 12

应邀参加中国海洋大学崂山校区新图书馆开馆典礼,青岛,2007 – 05 – 28

在中国图书馆学会 2007 年会图书馆建筑分会场作题为"探讨图书馆建筑的价值观与基本准则"的发言.兰州,2007 – 08 – 06

应邀参加漳州师范学院新图书馆装饰设计方案评审会,提出新馆内部布局调整建议.漳州,2007 – 08 – 08

在中国科协 2007 年会 12.1 分会场作题为"多管齐下力促图书馆建筑科学发展"的发言.武汉,2007 – 09 – 09

应邀参加东南大学新校区图书馆开馆典礼,南京,2007 – 09

承办并主持"以科学发展观指导新图书馆建设研修班"(全国图书馆新馆建设高级研修班第 7 期),作主题报告"以科学发展观为指导规划建设好新图书馆".杭州,2007 – 10

对海南大学三亚学院新图书馆建设规模提出建议.2007 – 12

到三亚学院向陆丹院长面陈对新图书馆工程的建议,并起草新图书馆工程设计任务书.三亚,2008 – 01

到琼台师范专科学校就图书馆工程向党委书记、校长、馆长及

设计师提出建议．海口，2008－02

到海南医学院与馆长一起讨论图书馆工程的问题．海口，2008－03

为深圳南山图书馆加层扩建工程提出建议．深圳，2008－03

为重庆大学新校区图书馆建设方案提出完善和修改建议．2008－04

应浙江树人大学城建学院之邀为建筑学专业作"图书馆建筑设计泛谈"讲座．杭州，2008－05－28

为西南大学中心图书馆新方案提出评价意见和建议．2008－06

受委托为义乌市文化广场二期工程起草方案招标文件，2008－06

受委托编写石狮市图书馆新馆工程设计任务书、设计方案招标文件．2008－08

为连云港高等师范专科学校图书馆设计方案提出修改建议．2008－11

"第2届海峡两岸大学图书馆建筑研讨会"组委会成员，发表"大学图书馆建筑的走向"．南京，2008－11－28

为南京特殊教育职业技术学院利用原实验楼改造为图书馆提供功能布局建议．2008－12

为山西交通职业技术学院编写图书馆工程设计任务书．2009－01

为南京特殊教育职业技术学院编写原实验楼改建为图书馆设计任务书．2009－01

应邀到唐山考察图书馆建设，对唐山市丰南区新图书馆工程提出重新选址的建议，2009－03

应邀到上海市宝山区图书馆讨论新馆建设问题，提出调整总体布局的建议．修订完善宝山图书馆工程设计任务书，2009－03

应邀到山东外国语学院讨论新图书馆建设，提出图书馆布局

调整的建议,编写图书馆工程设计任务书,山东日照,2009 – 03

参加石狮市图书馆新馆建筑方案评选会,提出对方案进一步评审的建议 . 2009 – 03 – 26

参加石狮市图书馆新馆建筑方案设计竞赛第 2 轮评选会,之后提出对选中方案调整完善的建议 . 2009 – 11 – 05

参加"第三届海峡两岸大学图书馆建筑学术研讨会",为组委会成员,发表"大学图书馆建筑六十年变迁略述". 成都,2009 – 11 – 25

陪同南京航空航天大学图书馆、基建处、建筑师一行 18 人到杭州参观考察,并对设计方案提出内部布局调整的建议,2010 – 03 – 12/13

陪同海口经济学院副院长、图书馆长等一行 10 人到杭州参观考察,2010 – 03 – 18/19

应山东财政学院东方学院之邀商讨新馆建设事宜,起草图书馆工程设计任务书,泰安,2010 – 05

参加"第四届海峡两岸大学图书馆建筑学术研讨会暨 2010 文教建筑设计论坛",为组委会成员,发表《面对图书馆与文教建筑共同的挑战》. 哈尔滨,2010 – 06 – 20

参加石狮市图书馆新馆初步设计评审会,为专家组组长,之后执笔提出修改建议 . . 2010 – 06 – 26

应邀参加"全国绿色建筑规划设计与建筑节能新技术交流研讨会",作"绿色节能建筑有赖于各方协同努力"的报告 . 上海,2010 – 08 – 23

应邀到苏州工艺美术职业技术学院为图书馆功能改造提出初步建议 . 2010 – 12

陪同苏州工艺美术学院图书馆一行 9 人参观杭州图书馆,2011 – 01 – 07

陪同莆田学院基建处长、图书馆党支部书记等一行 8 人参观杭州图书馆等,2011 – 02 – 28/03 – 01

应邀参加莆田学院图文中心大楼评标会议,2011 - 03 - 24

陪同西南大学图书馆同行一行 5 人参观杭州图书馆,2011 - 04 - 16

对莆田学院图文中心大楼工程中标方案疑是抄袭剽窃一事向各相关单位进行举报,3 次致信建设部副部长要求查处,2011 - 05 ~ 10

参加"第五届海峡两岸大学图书馆建筑学术研讨会",发表《图书馆建筑文化的传承借鉴与创新》、《图书馆改造的若干实例》. 武汉,2011 - 11 - 18

接受 e 线图情刘锦山先生的采访,谈图书馆建筑研究等问题 . 2012 - 03 - 01

应邀到泰和县图书馆商讨新图书馆建设问题,提出建议,起草新馆工程设计任务书 . 2012 - 05 - 10

应邀到南京特殊教育学院图书馆,就图书馆的文化环境布置问题进行交流 . 2012 - 07 - 03

受委托起草《莆田市图书馆环境和装饰工程设计任务书》,提出设计方案调整和完善的建议 . 2013 - 05

为丽水市图书馆的设计方案提出修改意见,起草新馆工程设计任务书 . 2013 - 10

参加 3013 中国图书馆年会,以"图书馆建筑的交流空间"准备到"自由交流空间"上交流 . 上海,2013 - 11

后　记

撰写一本图书馆建筑的书是我多年的愿望,2007 年 3 月写出初稿,但觉得不满意,就搁下来了。如今加上了近几年的新认知和照片资料,但仍旧不能令人满意。

把对图书馆建筑的体会系统地表述殊感不易。2007 年初清华大学建筑学院高冀生教授、上海建筑设计研究院居其宏高级建筑师鼎力相助,仔细审阅了当时的全部书稿,为我这个建筑学的门外汉把关,指出了许多问题,不少地方加以批改。中国科学院图书馆郑建程研究馆员审阅书稿后也提出不少中肯的意见。这就使我进一步思考斟酌修改,许多错误得以纠正。对他们三位的帮助深表感谢!

高冀生教授在图书馆建筑领域的教育、研究与设计创作成就极丰,向为我所敬佩。高教授为拙著作序,使本书大为增色,在此对高教授表达崇高的敬意与诚挚的感谢!

1960 年春我在北京大学图书馆学系毕业论文的选题是图书馆建筑,指导老师关懿娴先生,由于当时的形势使得毕业论文未能写成。自 1982 年春参加全国图书馆建筑设计经验交流会开始,又从 1988 年起参加中国图书馆学会图书馆建筑与设备专业委员会的活动,有很多机会向同行及建筑学教授专家请益,加上参观学习、参加评审设计方案与咨询服务等,逐渐积累了一些心得。多年来对我给予帮助的专家师友极多,恕难列举大名,在此一并表示感谢!

图书馆建筑涉及图书馆学与建筑学的诸方面,本人学识力所不逮,书中肯定存在许多错误不妥之处,不少观点难免偏颇失当,诚盼图书馆界建筑界专家学者及诸位读者朋友能给予批评指正。本人的电子邮箱为:liminghua@zju.edu.cn,恭候指教。

特别感谢丘东江先生和海洋出版社为本书付出的辛劳。

李明华

2014 年 1 月于杭州